智能制造前沿技术识别与监测研究

Research on the Identification and
Monitoring of Cutting-Edge Technologies
in Intelligent Manufacturing

胥彦玲 凡庆涛 张素娟 著

04 数字经济·系列·

世界图书出版公司
北京·广州·上海·西安

图书在版编目（CIP）数据

智能制造前沿技术识别与监测研究 / 胥彦玲, 凡庆涛, 张素娟著. -- 北京 : 世界图书出版有限公司北京分公司, 2025.4. -- ISBN 978-7-5232-1653-8

I. TH166

中国国家版本馆CIP数据核字第2024JM5304号

书　　名	智能制造前沿技术识别与监测研究 ZHINENG ZHIZAO QIANYAN JISHU SHIBIE YU JIANCE YANJIU
著　　者	胥彦玲　凡庆涛　张素娟
责任编辑	夏　丹
出版发行	世界图书出版有限公司北京分公司
地　　址	北京市东城区朝内大街137号
邮　　编	100010
电　　话	010-64038355（发行）　64033507（总编室）
网　　址	http://www.wpcbj.com.cn
邮　　箱	wpcbjst@vip.163.com
销　　售	新华书店
印　　刷	中煤（北京）印务有限公司
开　　本	710mm×1000mm　1/16
印　　张	20.5
字　　数	316千字
版　　次	2025年4月第1版
印　　次	2025年4月第1次印刷
国际书号	ISBN 978-7-5232-1653-8
定　　价	98.00元

版权所有　翻印必究
（如发现印装质量问题，请与本公司联系调换）

前　言

随着全球经济一体化的加速发展和科技的飞速进步，智能制造已成为推动制造业转型升级的重要力量。各个国家纷纷出台以先进制造业为核心的"再工业化"战略，积极探索适合自己国情的发展道路，智能制造已成为全球制造业竞争的战略制高点。我国在2015年推出的"中国制造2025"战略中也强调了智能制造的重要性，2021年发布的《"十四五"智能制造发展规划》进一步明确了智能制造发展的细节纲要，发展智能制造不仅是我国企业转型升级的突破口，也是重塑制造企业竞争优势的新引擎，是制造业的未来方向。中国作为制造业大国，拥有广阔的市场和丰富的应用场景，发展智能制造迎来前所未有的机遇，但随着我国智能制造转型升级的外部环境日益严峻，也面临核心技术攻关、产业链完善、人才培养等多重挑战，加快技术创新驱动智能制造升级发展已成为我国制造业提质增效和提升国际竞争力的必然选择。

前沿技术的识别是探索新兴领域中技术创新发展态势及研究动向的关键，对前瞻布局高技术创新领域和推动新兴产业发展具有重要支撑作用。加强智能制造领域前沿技术识别和动态监测，支撑关键技术创新领域的准确研判和前瞻布局，对引领我国制造业加快向高端化、智能化和绿色化发展，推动我国在全球制造业竞争格局中占据有利地位具有重要战略意义。

本书旨在在系统梳理智能制造技术体系的基础上，围绕人工智能、工业物联网、集成电路、下一代通信技术、高端数控机床、工业软件、3D打印、传感器、大数据分析、增强现实和虚拟现实十大智能制造核心技术领域，基于WOS（Web of Science）数据库、incoPat专利数据库以及国内外智能制造技术创新政策和研发战略布局相关数据信息，以定量和定性相结合的方法实现对智能制造前沿技术的识别与监测研究。全书共分为十二章：

第1章"绪论"。分析梳理智能制造全球发展形势、研究进展，以及该研究的思路方法和研究内容等。

第2章"智能制造前沿技术识别与监测理论"。归纳总结智能制造的相关概念、内涵与特征，系统梳理智能制造的历史起源、国内外发展历程和发展现状等，构建智能制造技术体系和核心技术领域，探讨智能制造前沿技术识别与监测的方法等。

从第3章到第12章，就人工智能、工业物联网、集成电路、下一代通信技术、高端数控机床、工业软件、3D打印、传感器、大数据分析、增强现实和虚拟现实这10个方向，分别讨论了各个方向的前沿技术识别与动态监测。在对各个方向发展概况进行综述的基础上，结合前人研究成果，分别从科技文献、专利信息等方面开展文献计量研究，识别其前沿技术热点领域，并从技术创新战略布局的角度开展国内外技术创新政策布局和研发布局的动态监测；最后，结合研究结果，提出我国在这10个方向的前沿技术创新发展面临的挑战与建议。

参与编写各章节的人员情况如下：胥彦玲负责章节框架搭建，撰写第3—8章内容和第2章的智能制造技术体系和智能制造前沿技术识别与监测方法部分，负责统稿等；凡庆涛撰写第1—2章和第11—12章；张素娟撰写第9—10章；刘宇、刘静、张颖岚、卢絮等参与了相关内容的讨论。

特别感谢北京市科学技术研究院科技情报研究所张士运所长、肖雯副所长的关心和支持。智能制造技术体系复杂，外部竞争环境严峻，技术创新方面存在诸多不确定性和影响因素。本书旨在从技术情报学的视角对智能制造前沿技术进行识别与监测，为智能制造领域的科研人员、政策制定者、企业和投资机构等提供有益的参考，助力我国智能制造技术进一步发展和应用，推动我国制造业向更智能、高效、环保的方向前进。由于作者学术水平以及对智能制造相关技术认识存在局限性，本书难免存在疏漏和差错，恳请广大读者批评指正！

希望本书的出版能够为智能制造领域的研究和实践带来一定的启示和帮助。

目录

第1章 绪 论 001

1.1 研究背景 002
1.2 智能制造研究进展 007
- 1.2.1 国外智能制造研究进展 007
- 1.2.2 国内智能制造研究进展 010

1.3 研究思路、内容与方法 016
- 1.3.1 研究思路 016
- 1.3.2 研究内容 017
- 1.3.3 研究方法 018

第2章 智能制造前沿技术识别与监测理论 019

2.1 智能制造的概念、内涵与特征 020
- 2.1.1 智能制造的概念内涵 020
- 2.1.2 智能制造的特征 022

2.2 智能制造的起源与发展历程 024
- 2.2.1 智能制造的起源 024
- 2.2.2 智能制造的发展历程 025

2.3 发达国家制造业回归趋势下智能制造战略思想演变 030
- 2.3.1 美国"再工业化"发展战略 030
- 2.3.2 德国"工业4.0"战略 031

2.3.3 日本制造业复兴战略 031

2.4 智能制造技术体系 032

2.4.1 智能制造技术路线图 032

2.4.2 智能制造核心技术 034

2.5 智能制造前沿技术识别与监测方法 035

2.5.1 前沿技术识别方法 035

2.5.2 智能制造前沿技术识别与监测方法 036

第3章 人工智能前沿技术识别与动态监测 039

3.1 人工智能前沿技术简述 041

3.2 基于文献计量分析的人工智能前沿技术识别 041

3.2.1 基于论文计量分析的人工智能前沿技术识别 041

3.2.2 基于专利分析的人工智能前沿技术识别 046

3.2.3 人工智能前沿技术发展态势 053

3.3 人工智能前沿技术创新监测 054

3.3.1 国内人工智能前沿技术创新监测 054

3.3.2 国外人工智能前沿技术创新监测 057

3.4 中国人工智能技术创新发展挑战与建议 063

第4章 工业物联网前沿技术识别与动态监测 065

4.1 智能制造中工业物联网技术简述 066

4.2 基于文献计量分析的工业物联网前沿技术识别 067

4.2.1 基于论文计量分析的工业物联网前沿技术识别 067

4.2.2 基于专利分析的工业物联网前沿技术识别 072

4.2.3 工业物联网前沿技术发展态势 077

4.3 工业物联网前沿技术创新监测 078

4.3.1 国内工业物联网前沿技术创新监测 078

4.3.2 国外工业物联网前沿技术创新监测 082

4.4　工业物联网技术发展挑战与建议　088

第 5 章　集成电路前沿技术识别与监测　091

5.1　智能制造中集成电路技术简述　093

5.2　基于文献计量分析的集成电路前沿技术识别　093

5.2.1　基于论文计量分析的集成电路前沿技术识别　094

5.2.2　基于专利分析的集成电路前沿技术识别　098

5.2.3　集成电路前沿技术发展态势　104

5.3　集成电路前沿技术创新监测　105

5.3.1　国内集成电路前沿技术创新监测　105

5.3.2　国外集成电路前沿技术创新监测　109

5.4　中国集成电路技术创新发展挑战与建议　114

第 6 章　下一代通信技术前沿技术识别与监测　117

6.1　智能制造中下一代通信技术简述　119

6.2　基于文献计量分析的下一代通信技术前沿技术识别　120

6.2.1　基于论文计量分析的下一代通信技术前沿技术识别　120

6.2.2　基于专利分析的下一代通信技术前沿技术识别　124

6.3　下一代通信技术前沿技术创新监测　131

6.3.1　国内下一代通信技术前沿技术创新监测　131

6.3.2　国外下一代通信技术前沿技术创新监测　135

6.4　中国下一代通信技术创新发展挑战与建议　138

第 7 章　高端数控机床前沿技术识别与监测　141

7.1　高端数控机床技术简述　142

7.2　基于文献计量分析的高端数控机床前沿技术识别　143

7.2.1　基于论文计量分析的高端数控机床前沿技术识别　143

7.2.2　基于专利分析的高端数控机床前沿技术识别　147

7.2.3 高端数控机床前沿技术发展态势 153

7.3 高端数控机床前沿技术创新监测 154

7.3.1 国内高端数控机床前沿技术创新监测 154

7.3.2 国外高端数控机床前沿技术创新监测 158

7.4 高端数控机床技术发展建议 162

第 8 章 工业软件前沿技术识别与监测 165

8.1 工业软件技术简述 166

8.2 基于文献计量分析的工业软件前沿技术识别 167

8.2.1 基于论文计量分析的工业软件前沿技术识别 167

8.2.2 基于专利分析的工业软件前沿技术识别 171

8.2.3 工业软件前沿技术发展态势 177

8.3 工业软件前沿技术创新监测 178

8.3.1 国内工业软件前沿技术创新监测 178

8.3.2 国外工业软件前沿技术创新监测 181

8.4 工业软件技术发展建议 185

第 9 章 3D 打印前沿技术识别与监测 187

9.1 3D 打印前沿技术简述 189

9.2 基于文献计量分析的 3D 打印前沿技术识别 189

9.2.1 基于论文计量分析的 3D 打印前沿技术识别 189

9.2.2 基于专利分析的 3D 打印前沿技术识别 193

9.2.3 3D 打印前沿技术发展态势 200

9.3 3D 打印前沿技术创新监测 201

9.3.1 国内 3D 打印前沿技术创新监测 201

9.3.2 国外 3D 打印前沿技术创新监测 204

9.4 3D 打印技术发展挑战与建议 209

第 10 章　传感器前沿技术识别与动态监测 211

10.1　传感器前沿技术简述 213

10.2　基于文献计量分析的传感器前沿技术识别 213

10.2.1　基于论文计量分析的传感器前沿技术识别 213

10.2.2　基于专利分析的传感器前沿技术识别 217

10.2.3　传感器前沿技术发展态势 225

10.3　传感器前沿技术创新监测 226

10.3.1　国内传感器前沿技术创新监测 226

10.3.2　国外传感器前沿技术创新监测 230

10.4　传感器技术发展建议 235

第 11 章　大数据分析前沿技术识别与动态监测 239

11.1　大数据分析前沿技术简述 241

11.2　基于文献计量分析的大数据分析前沿技术识别 241

11.2.1　基于论文计量分析的大数据分析前沿技术识别 241

11.2.2　基于专利分析的大数据分析前沿技术识别 246

11.2.3　大数据分析前沿技术发展态势 252

11.3　大数据分析前沿技术创新监测 253

11.3.1　国内大数据分析前沿技术创新监测 253

11.3.2　国外大数据前沿技术创新监测 258

11.4　大数据分析技术发展建议 263

第 12 章　增强现实和虚拟现实前沿技术识别与动态监测 265

12.1　增强现实和虚拟现实前沿技术简述 266

12.2　基于文献计量分析的增强现实和虚拟现实前沿技术识别 267

12.2.1　基于论文计量分析的增强现实和虚拟现实前沿技术识别 267

12.2.2　基于专利分析的增强现实和虚拟现实前沿技术识别 272

12.2.3　增强现实和虚拟现实前沿技术发展态势 278

12.3 增强现实和虚拟现实前沿技术监测 279

12.3.1 国内增强现实和虚拟现实前沿技术监测 279

12.3.2 国外增强现实和虚拟现实前沿技术创新监测 284

12.4 增强现实和虚拟现实技术发展建议 289

参考文献 291

图目录

图 1-1　智能制造领域外文文献产出趋势图　008

图 1-2　智能制造领域中文文献产出趋势图　011

图 2-1　智能制造技术路线图谱　033

图 2-2　智能制造核心技术领域前沿技术预测方法　037

图 3-1　人工智能领域论文发文量年度变化趋势　042

图 3-2　人工智能领域发文重点国家/地区分布　043

图 3-3　人工智能领域前沿技术研究关键词词云图（关键词词频 TOP200）　044

图 3-4　人工智能领域前沿技术研究关键词共现网络（关键词词频 TOP200）　044

图 3-5　人工智能专利申请 - 公开趋势　047

图 3-6　人工智能专利全球申请趋势　047

图 3-7　人工智能领域专利申请 TOP20 机构　048

图 3-8　人工智能专利申请技术趋势　051

图 3-9　人工智能领域 2018—2023 年间被引证前 10 000 的专利技术类别分布　051

图 3-10　人工智能专利申请技术功效趋势　052

图 4-1　工业物联网论文发文量变化趋势　069

图 4-2　工业物联网发文重点国家/地区分布　069

图 4-3　工业物联网前沿技术研究关键词词云图（关键词词频 TOP200）　070

图 4-4　工业物联网前沿技术研究关键词共现网络（关键词词频 TOP200）　071

图 4-5　工业物联网专利申请 - 公开趋势　073

图 4-6　工业物联网专利全球申请趋势　074

图 4-7　工业物联网专利申请 TOP10 机构　074

图 4-8　工业物联网专利申请技术趋势　076

图 4-9　2018—2023 年被引证前 20 000 的专利技术类别分布　076

图 5-1　集成电路领域论文发文量年度变化趋势　095

图 5-2　集成电路领域发文重点国家 / 地区分布　096

图 5-3　集成电路领域前沿技术研究关键词词云图（关键词词频 TOP200）　096

图 5-4　集成电路领域前沿技术研究关键词共现网络（关键词词频 TOP200）　097

图 5-5　集成电路专利申请 – 公开趋势　099

图 5-6　集成电路专利全球申请趋势　100

图 5-7　集成电路领域专利申请 TOP20 机构　100

图 5-8　集成电路专利申请技术趋势　102

图 5-9　集成电路领域 2018—2023 年被引证前 10 000 的专利技术类别分布　103

图 6-1　下一代通信领域论文发文量年度变化趋势　121

图 6-2　下一代通信领域发文重点国家 / 地区分布　122

图 6-3　下一代通信领域前沿技术研究关键词词云图（关键词词频 TOP200）　123

图 6-4　下一代通信领域前沿技术研究关键词共现网络（关键词词频 TOP200）　123

图 6-5　下一代通信专利申请 – 公开趋势　125

图 6-6　下一代通信专利全球申请趋势　126

图 6-7　下一代通信领域专利申请 TOP20 机构　126

图 6-8　下一代通信专利申请技术趋势　128

图 6-9　下一代通信领域 2018—2023 年被引证前 10 000 的专利技术类别分布　129

图 7-1　高端数控机床领域论文发文量年度变化趋势　144

图 7-2　高端数控机床领域发文重点国家 / 地区分布　145

图 7-3　高端数控机床领域前沿技术研究关键词词云图（关键词词频 TOP55）　146

图 7-4　高端数控机床领域前沿技术研究关键词共现网络（关键词词频 TOP55）　146

图 7-5　高端数控机床专利申请 – 公开趋势　148

图 7-6　高端数控机床专利全球申请趋势　149

图 7-7　高端数控机床领域专利申请 TOP20 机构　150

图 7-8　高端数控机床专利申请技术趋势　151

图 7-9　高端数控机床领域 2013—2023 年被引证前 10 000 的专利技术类别分布　152

图 8-1　工业软件领域论文发文量年度变化趋势　168

图 8-2　工业软件领域发文重点国家 / 地区分布　169

图 8-3　工业软件领域前沿技术研究关键词词云图（关键词词频 TOP200）　170

图 8-4　工业软件领域前沿技术研究关键词共现网络（关键词词频 TOP200）　170

图 8-5　工业软件专利申请 - 公开趋势　172

图 8-6　工业软件专利全球申请趋势　173

图 8-7　工业软件专利申请 TOP20 机构　174

图 8-8　工业软件专利申请技术趋势　176

图 8-9　工业软件领域 2018—2023 年被引证前 20 000 的专利技术类别分布　176

图 9-1　3D 打印领域论文发文量年度变化趋势　190

图 9-2　3D 打印领域发文重点国家 / 地区分布　191

图 9-3　3D 打印领域前沿技术研究关键词词云图（关键词词频 TOP200）　191

图 9-4　3D 打印领域前沿技术研究关键词共现网络（关键词词频 TOP200）　192

图 9-5　3D 打印专利申请 - 公开趋势　194

图 9-6　3D 打印专利全球申请趋势　195

图 9-7　3D 打印领域专利申请 TOP10 机构　196

图 9-8　3D 打印专利申请技术趋势　198

图 9-9　3D 打印领域 2014—2023 年被引证前 10 000 的专利技术类别分布　198

图 9-10　3D 打印专利申请技术功效趋势　199

图 10-1　传感器领域论文发文量年度变化趋势　214

图 10-2　传感器领域发文重点国家 / 地区分布　215

图 10-3　传感器领域前沿技术研究关键词词云图（关键词词频 TOP200）　215

图 10-4　传感器领域前沿技术研究关键词共现网络（关键词词频 TOP200）　216

图 10-5　传感器专利申请 - 公开趋势　218

图 10-6　传感器专利全球申请趋势　219

图 10-7　传感器领域专利申请 TOP20 机构　219

图 10-8　传感器专利申请技术趋势　223

图 10-9　传感器领域 2014—2023 年被引证前 10 000 的专利技术类别分布　223

图 10-10　传感器专利申请技术功效趋势　224

图 11-1　大数据分析领域论文发文量年度变化趋势　242

图 11-2　大数据分析领域发文重点国家 / 地区分布　243

图 11-3　大数据分析领域前沿技术研究关键词词云图（关键词词频 TOP200）　244

图 11-4　大数据分析领域前沿技术研究关键词共现网络（关键词词频 TOP200）　244

图 11-5　大数据分析专利申请 - 公开趋势　247

图 11-6　大数据分析专利全球申请趋势　247

图 11-7　大数据分析领域专利申请 TOP20 机构　248

图 11-8　大数据分析专利申请技术趋势　250

图 11-9　大数据分析领域 2014—2023 年被引证前 10 000 的专利技术类别分布　251

图 11-10　大数据分析专利申请技术功效趋势　251

图 12-1　增强现实和虚拟现实领域论文发文量年度变化趋势　268

图 12-2　增强现实和虚拟现实领域发文重点国家 / 地区分布　269

图 12-3　增强现实和虚拟现实领域前沿技术研究关键词词云图
　　　　（关键词词频 TOP200）　270

图 12-4　增强现实和虚拟现实领域前沿技术研究关键词共现网络
　　　　（关键词词频 TOP200）　270

图 12-5　增强现实和虚拟现实专利申请 - 公开趋势　273

图 12-6　增强现实和虚拟现实专利全球申请趋势　273

图 12-7　增强现实和虚拟现实领域专利申请 TOP10 机构　274

图 12-8　增强现实和虚拟现实专利申请技术趋势　276

图 12-9　增强现实和虚拟现实领域 2014—2023 年被引证前 10 000 的
　　　　专利技术类别分布　276

图 12-10　增强现实和虚拟现实专利申请技术功效趋势　277

表目录

表 1-1　外文文献高频关键词分布　009

表 1-2　智能制造领域中文文献高频关键词分布　012

表 3-1　我国人工智能政策规划　055

表 4-1　工业物联网与传感器行业相关政策　079

表 5-1　国内集成电路行业相关政策　106

表 6-1　下一代通信行业相关政策　132

表 7-1　高端数控机床行业相关政策　154

表 8-1　工业软件行业相关政策　178

表 9-1　我国 3D 打印政策规划　202

表 10-1　我国传感器政策规划　228

表 11-1　我国大数据政策规划　255

表 12-1　我国国内增强现实和虚拟现实政策规划　281

第1章

绪 论

智能制造是指在产品的整个生命周期，以智能化生产为主线，人工智能技术、信息技术与先进制造技术深度融合的生产过程。

随着新一轮科技革命和产业变革的深入演化，数字经济浪潮席卷全球，驱动传统产业向数字化、自动化、绿色化的"智能制造"方向转型，制造业数字化、智能化成为时代发展的必然趋势，世界主要工业发达国家纷纷将智能制造作为重振制造业的主要抓手。美国先进制造、德国"工业4.0"、英国工业2050、中国制造2025等全球主要工业发达国家智能制造战略分别推出，推动了智能制造技术的不断发展。以人工智能、AI芯片为代表的智能化技术是实现智能制造的基础，以工业机器人、高端数控机床为代表的先进制造技术是智能制造发展的关键共性技术与核心驱动力，以工业软件、工业互联网与传感器、下一代信息技术为代表的信息化技术是实现智能制造信息化发展的关键所在。识别这些智能制造核心技术领域的前沿技术，并动态跟踪前沿技术国际发展态势，能够帮助区域开展技术创新前瞻布局和防范化解新兴技术安全风险，引领产业化落地应用，促进区域在智能制造产业领域赢得国际发展先机。

1.1 研究背景

当前，以新一代人工智能技术与先进制造业的深度融合所形成的新一代智能制造技术，成为第四次工业革命的核心驱动力。在智能制造的引领和推动下，制造业的发展理念、制造模式正发生着深度变革，重塑制造业的技术体系、生产模式、发展要素和价值链，推动智能制造产业生态优化，已成为各国获得制造业竞争新优势的战略重点。从全球制造业产业链竞争格局来看，美国、德国以品牌、核心技术、标准专利等创新驱动优势处于制造业产业链的高端位置；韩国、日本、新加坡、中国台湾地区和部分大陆地区以零部件为代表的中间件、集成电路和半导体元器件制造为主，凭借效率驱动优势处于制造业产业链的中端位置；而中国部分地区、越南、泰国、孟加拉国等以原材料、劳动密集型的基础加工服务、整机的加工和组装为主，主要依靠要素驱动而处于制造业产业链的低端位置。

随着以智能制造为核心的制造业变革被广泛关注，主要工业国家也纷纷出台制造业创新战略，积极部署智能制造发展。美国通过制订"先进制造业国家战略计划"、成立"智能制造领导联盟"、提出"工业互联网"战略等，全面支持智能制造业的发展；德国积极部署并实施"工业4.0战略"，力争成为全球智能制造技术的主要供应商；欧盟于2010年制订促进制造业云项目的FP7计划，并于2014年启动了新的研究创新框架"地平线2020"计划，将智能型先进制造系统列为优先级创新项目；法国于2013年提出"新工业法国"战略，寻求先进制造业发展竞争新优势；日本通过制订《科学技术基本计划》《机器人新战略》等大力推动智能制造的发展，努力构建智能制造的生态系统；韩国于2014年推出了《制造业创新3.0战略》，又于2015年发布了经过补充和完善的《制造业革新3.0战略实施方案》。此外，以印度、巴西为代表的发展中国家也纷纷出台促进制造业发展的战略，如《印度国家制造业政策》（2011）、《"强大巴西"计划》（2011），可见推动制造业智能化发展已经成为全球发展大势。我国高度重视智能制造业的发展，对标德国工业4.0提出的制造业转型，发布了《中国制造2025》，随后又出台《智能制造发展规划（2016—2020年）》，为我国制造业发展指明了方向。《国民经济和社会发展第十四个五年规划和2035年远景目标纲要》也明确提出要"推动制造业优化升级，深入实施智能制造和绿色制造工程，发展服务型制造新模式，推动制造业高端化、智能化、绿色化"。从各国的发展和战略布局来看，技术创新是增强区域制造业国际地位与核心竞争力的关键，而前沿技术作为未来高技术更新换代和新兴产业发展的重要基础，是国家高技术创新能力的综合体现。加快前沿技术的前瞻布局是提升国家技术创新能力，实现创新驱动发展和赢得未来产业竞争先机的关键环节，受到了各国及区域的高度重视。

前沿技术是高技术领域中具有前瞻性、先导性和探索性的重大技术，其特征决定了其基础性、动态性和不确定性的特点，即不同发展时期、不同技术领域的前沿技术均有所不同。前沿技术识别与监测主要是分析研判与经济社会建设密切相关的技术在未来某个时间点成为前沿技术的可能程度，能够为掌握和指明科技发展方向，优化科技资源配置，规划和设计我国科技发展战略，防范和化解"技术突袭"风险等战略决策提供支撑。我国智能制造业进入蓬勃发展期，技术创新能力不断提升，在全球范围内逐步从并跑为主，进入跟跑、并跑、领跑"三跑"并存的发展阶段。当前，我国智能制造技术处于全球领先水平，具有全球独有的发展高端制造业的全产业链条优势，但面对全球智能制造日益激烈的国际竞争态势和复杂严峻的经济形势，我国智能制造仍面临一些基础技术和关键核心技术短板有待加快突破、产业发展不确定性风险增强和国际竞争压力加大的挑战。加快智能制造领域前沿技术识别和动态监测，支撑关键技术创新领域的准确研判和前瞻布局，对引领我国制造业加快向高端化、智能化和绿色化发展，推动我国在全球制造业竞争格局中占据有利地位具有重要战略意义。

（1）贯彻落实国家有关智能制造发展重要战略规划的客观要求

前沿技术对智能制造未来发展至关重要，是决定国家制造业智能化发展水平和全球竞争力的关键所在，在国家层面科技相关规划政策中多次提及前沿技术，显示出国家对前沿技术的高度重视。2006年《国家中长期科学和技术发展规划纲要（2006—2020年）》对前沿技术进行了明确界定，认为前沿技术是高技术领域中具有前瞻性、先导性和探索性的重大技术，是未来高技术更新换代和新兴产业发展的重要基础，是国家高技术创新能力的综合体现。2021年，《中华人民共和国科学技术进步法》明确提出，支持有重大产业应用前景的前沿技术研究和社会公益性技术研究，加强原始创新和关键核心技术攻关。2021年，《国家"十四五"规划和2035年远景目标纲要》也明确指出"布局一批国家未来产业技术研究院，加强前沿技术多路径探索、交叉融合和颠覆性技术供给"。智能制造（Intelligent Manufacturing，IM）是一种由智能机器和人类共同组成的人机一体化智能系统，其高度集成化，包含智能制造技术和智能制造系统，是世界制造业今后发展的必然趋势。识别和跟踪监测相关领域前沿技术发展现状和趋势是贯彻落实国家科技发展和远景目标等法规政策的重要内容。

（2）完善国家智能制造技术创新体系的重要前提

当前，我国虽然确立了智能制造为主攻方向，但技术创新仍面临诸多困境和挑战，创新研发体系不完善，这些核心技术对外依赖度高等，尤其是关键核心技术与世界制造强国相比依然差距明显，这些成为制约我国智能制造相关产业发展的重要瓶颈，突出表现在：①关键基础能力不强。原始创新能力仍显薄弱，核心技术与世界先进技术相比仍有一定差距，一些核心零部件（如测控装置、仪器仪表、传感器、高端数控系统等）仍依赖进口。关键战略性材料受制于人，性能稳定性较差，无法应用到重要领域的重大装备中；前沿新材料有待突破，"十三五"时期，我国关键新材料进口率高达86%，自给率仅为14%；国产工业机器人关键零部件制造水平与世界先进水平相比仍落后 5—10 年。②集成电路"短板"明显，国内半导体企业在技术研发上采取跟随策略，原始创新动力和研发投入均不足，导致产品从低端市场向中高端市场切入困难。此外，"缺芯"问题日益凸显，受中美贸易争端的冲击，国产芯片的制造和产业应用趋紧。同时，在集成电路制造方面，由于技术及设备的高度复杂性，光刻机、高端离子注入机、光刻胶等自主攻关难度较大。③工业软件基础相对薄弱，规模小、竞争力弱，研发设计类中高端软件多依赖进口。可见，加快构建和完善以前沿技术和关键共性技术为引领的技术体系，是智能制造技术创新的重中之重，而前沿技术的跟踪监测可以为优化智能制造技术体系、推动智能制造领域关键"卡脖子"技术不断破壁提供重要支撑依据。

（3）支撑政府制订智能制造技术发展政策规划的参考依据

当前，智能制造已成为全球制造业发展的必然趋势，以美国、德国、日本、韩国为代表的科技强国纷纷制定促进制造业智能化发展的战略规划，积极推进智能制造业发展。我国也陆续发布《中国制造2025》《智能制造发展规划（2016—2020年）》《高端智能再制造行动计划（2018—2020年）》《国家智能制造标准体系建设指南》等一系列政策文件，但政策内容对智能制造技术细分领域的布局不足，特别是针对前沿技术创新研发布局的相关政策内容还比较有限。因此，通过监测智能制造领域相关前沿技术的国际战略布局和发展动态，识别影响未来国家间竞争格局及对我国智能制造产业链构建有重大作用的前沿技术，能够为政策管理部门制订智能制造前沿技术研发计划、合理配置科技资源以及遴选研发机构和科研人员等相关决策提供重要依据。

（4）助推我国在全球制造业竞争中占据优势地位的必要举措

21世纪以来，随着互联网、大数据、云计算、物联网、人工智能等技术的群体性突破并加速向制造业领域渗透融合，全球智能制造进入了全新的发展阶段。先进信息技术与先进制造技术的集成创新呈现加速发展趋势，新一代人工智能的突破和广泛应用为实现机器的自动学习以及制造知识生产自动化提供了广阔前景，但2018年以来，中美科技竞争不断升级，特别是工业软件、半导体、芯片关乎智能制造领域的科技竞争日益加剧，逐渐成为中美战略博弈中的核心与前沿问题，美国、德国、日本等依托强大的信息技术支撑和创新能力，实现制造、设计、通信、控制的有机整合，强调凸显本国技术优势与制造业发展特点，力争通过制造的数字化、网络化、智能化发展，提升本国制造业竞争力，抢占全球制造业智能转型升级带来的巨大市场机遇，积极谋求新一轮制造业竞争的战略制高点，掌握智能制造前沿技术则是赢得智能制造业竞争先机和发展主动权的关键。因此，开展智能制造前沿技术的识别和动态监测，引领技术创新研发布局和产业化应用落地，是助推我国在全球制造业竞争中占据优势地位的必要举措。

（5）加快制造业企业关键技术选择和成果转移转化的重要依据

企业作为科技创新的重要主体，是前沿技术的主要掌握者，特别是独角兽企业、隐形冠军企业、专精特新企业等，代表了先进生产技术的研发力量，在某种程度上也反映了我国在智能制造领域技术创新的最高水平。对前沿技术的跟踪监测可以为智能制造业企业技术选择和转化应用提供高价值情报信息。一方面，为制造业企业提供其所属领域全球前沿技术的分布及国际领先企业的技术应用情况，发现国内企业技术劣势，进而为企业关键技术的选择、引进、吸收和应用、前沿技术的自主研发等提供科学依据，进一步提高前沿技术的核心竞争力；另一方面，发现国内企业具有竞争优势的前沿技术，有助于完善企业前沿技术创新成果的转移转化，促进科学研究与产业需求的紧密结合，将企业研发技术优势转化为产品竞争优势，加快企业的技术升级和智能化、数字化转型。

在此背景下，如何适应我国科技发展新形势，围绕智能制造发展的关键环节进行前沿技术识别,全面跟踪全球范围智能制造相关前沿技术的发展态势和竞争格局,研判前沿技术的发展趋势,提前感知和发现前沿技术,进行规划引导和科学布局,是当前和今后一段时期国内智能制造领域迫切需要关注的焦点。

1.2 智能制造研究进展

1.2.1 国外智能制造研究进展

以Web of Science(WOS)核心合集作为信息源,采用主题检索的方式,以"intelligent manufacturing"为主题词,文献时间跨度不限,以"article"为文献精简类型,检索日期为2023年2月2日,共检索获得1235条文献。采用文献调查和内容分析法,从文献数量分布、国家地区分布、研究方向、研究热点等方面进行梳理,展现国外智能制造研究的现状和特点。

1.2.1.1 发文趋势

对各年发文数量进行统计发现(图1-1),国外关于智能制造的研究起步较早,最早的产出文献可以追溯至1987年,早期的文献产出数量较为有限,1990年之前,年发文量均在15篇以内;从1991年开始,关注智能制造的相关研究开始增多,发文数量稳定在30篇以上,但1999年之前,基本保持在60篇以内,由此可将1987—1998年划为智能制造的初期发展阶段。1999—2016年,文献产出数量相对稳定,部分年份的文献量出现小幅波动,如2007年、2008年较2006年出现下滑,整体来看,年文献量保持在60—100篇之间,这一阶段是智能制造研究的平稳发展阶段。2017—2022年,文献数量呈快速上升趋势,由2017年的180篇快速上升到2022年的771篇,增长高达328.33%,2017—2022年可以被界定为智能制造的快速发展阶段,这一阶段的形成与智能制造受到世界各国的关注不无关系。2013年以来,随着全球制造业的转型发展,智能化逐渐成为制造业竞争的关键环节，世界各国相继出台促进智能制造的相关战略部署，如德国"工业4.0"战略（2013）、美国"工业互联网"联盟（2014）、"中国制造2025"行动计划（2015）等，关注智能制造的机构和学者越来越多，智能制造相关研究文献迎来"井喷式"产出。可以推断，随着世界经济的发展以及发达国家"再工业化战略"的深入实施，国外智能制造领域的文献产出量仍将保持快速增长。

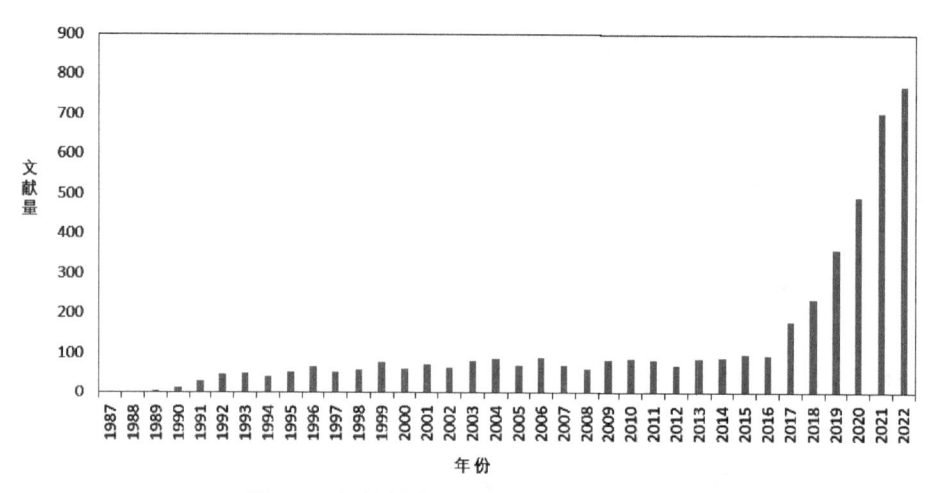

图1-1 智能制造领域外文文献产出趋势图

从国家地区分布来看，中国在智能制造领域具有"一骑绝尘"的领先优势，发文量是排名第二的美国的2倍之多，占全球总发文量的40.94%，中、美两国在智能制造领域研究方面发挥了引领性作用。此外，英国、德国、韩国、加拿大、西班牙、澳大利亚、法国、意大利等发达国家对智能制造的关注度也较高，排名均在前10以内。欧洲、北美洲在智能制造领域的研究优势较为突出，中国成为该领域研究中不可忽视的重要力量。值得注意的是，除中国外，发展中国家对智能制造的研究也逐渐重视，如印度（170篇）、巴西（60篇）的文献量排名均进入前20。

从研究方向来看，智能制造研究文献主要涉及工程科学、计算机科学、材料科学、自动化控制、管理科学、通讯、化学等方向，这与智能制造涵盖的学科领域、产业方向和技术构成高度契合，未来开展智能制造前沿技术的识别和跟踪监测，上述学科方向值得密切关注。

1.2.1.2 研究主题分析

利用Bibexcel软件，以WOS数据库中下载的4640篇文献记录为分析对象，生成共现矩阵。然后将生成的共现矩阵导入CiteSpace软件进行关键词共现分析，生成频次大于40的高频次关键词表（表1-1）。

表1-1 外文文献高频关键词分布

关键词	频次	关键词	频次
Intelligent manufacturing	253	production	57
MANUFACTURING	251	MONITORING	54
INTELLIGENT	131	genetic algorithm	52
Machine learning	129	LEARNING	50
industry 4	202	Feature extraction	50
artificial intelligence	111	manufacturing systems	49
digital twin	109	sensors	48
smart manufacturing	100	big data	48
Deep learning	96	Cloud computing	46
Internet of Things	88	automation	46
NEURAL NETWORKS	83	neural network	46
simulation	81	Industrial Internet of Things	45
Scheduling	67	algorithm	44
Additive manufacturing	61	smart factory	43
Fault diagnosis	60	cloud manufacturing	41

（1）智能设计方面

Gillenwater等主要从信息科学的视角，研究了将计算机辅助制造/设计（CAM/CAD）、网络化协同设计、模型知识库等各种智能化的设计手段和方法应用到企业的产品研发设计中，以支持设计过程的智能化提升和优化运行。

（2）智能生产方面

Prickett等主要从制造科学的角度，研究了将分布式数控系统、柔性制造系统、无线传感器网络等智能装备、智能技术应用到生产过程中，支持企业生产过程的智能化。Ruiz等将多主体系统（Multi-agent Systems）引入到生产过程的仿真模拟中，以适应智能制造生产环境的新要求，最后通过实例验证了该仿真方法的优势。

（3）智能管理方面

Choy和Su从管理科学的角度，研究了智能供应链管理、外部环境的智能感知、生产设备的性能预测及智能维护、智能企业管理（人力资源、财务、采购及知识管理等），最终目的是达到企业管理的全方位智能化。

（4）智能制造服务方面

Tso和Hu从服务科学的角度，研究了智能制造服务，主要包括产品服务和生产性服务。其中产品服务主要针对产品的销售以及售后的安装、维护、回收、客户关系的服务；生产性服务主要包含与生产相关的技术服务、信息服务、金融保险服务及物流服务等。

（5）其他相关方面

Cagnin等对不同文化背景下的国家和地区智能制造组织管理模式进行了研究，重点阐述了人在系统中的重要性，强调智能制造需要"以人为本"。

综上可见，国外智能制造研究已经较为成熟。研究内容上涵盖了智能制造研究领域的各个方面，呈现出多视角、动态化的趋势，多学科交叉融合；研究方法已从早期的概念阐述、理论论述等定性研究方法，逐步转变为计算仿真、数据调查、案例研究等实验和定量分析方法；研究背景上已开始注重不同人文环境对智能制造的影响，顺应了智能制造跨学科、跨文化的发展趋势，增强了研究的现实针对性。

1.2.2　国内智能制造研究进展

国内文献以中国知网期刊全文数据库为信息源，以"智能制造"为主题词，检索式为："TI=智能制造 OR KY=智能制造"，时间范围不限，来源期刊限定为"核心期刊+CSSCI"，共得到1598条记录。对检索结果进行筛选，剔除与主题相关度不大的文献、会议通知、征文信息等非学术性记录，最后得到555篇文献。

1.2.2.1 发文趋势

统计发现（图1-2），与国外相比，国内关于智能制造研究的起步稍晚，国内最早文献可以追溯至1992年，由华中理工大学杨叔子发表的题为《智能制造技术与智能制造系统的发展与研究》一文，该文系统评述了智能制造技术与智能制造系统，认为智能制造确系21世纪的制造技术，指出当前智能制造发展中面临的理论、技术和社会等智能化相关的问题，提出智能制造的研究重点应以关键基础技术作为出发点。此后，智能制造相关研究文献持续产出，但2015年以前，年产出文献均在10篇以内，这一阶段，国内机构和学者对智能制造的关注度不高，仅华中理工大学、华中科技大学、南京航空航天大学等少数高校开展相关研究。可见，1992—2014年可划定为国内智能制造研究的缓慢发展阶段。2015年，该领域研究论文产出首次突破10篇，2016年达到25篇，并于2022年达到132篇，是2015年的12倍之多，分析认为，该领域研究热度的增强受国家层面的政策驱动。2015年5月，国务院印发了部署推进实施制造强国的战略文件：《中国制造2025》，以培育有中国特色的制造文化，实现制造业由大变强的历史跨越。此后，《智能制造发展规划（2016—2020年）》《"十四五"智能制造发展规划》等相继发布，为我国制造业发展进一步指明了方向。在相关政策规划的引导和推动下，智能制造受到更多研究机构和学者的关注，相关研究快速进入蓬勃发展阶段。

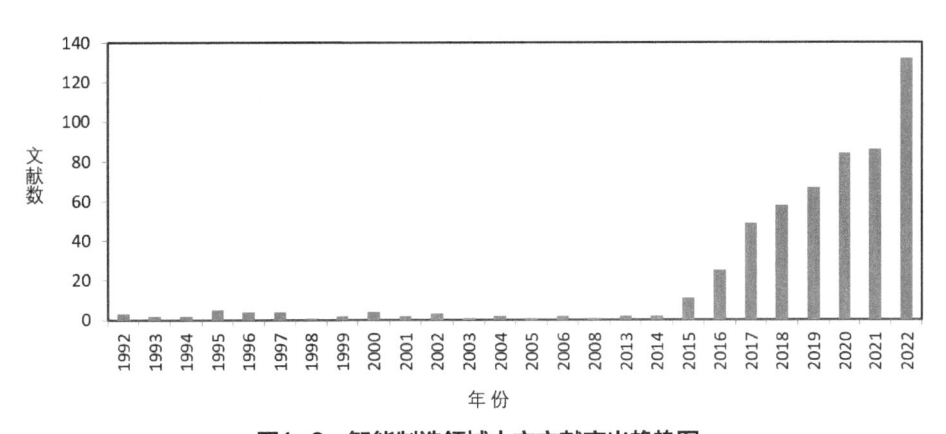

图1-2 智能制造领域中文文献产出趋势图

运用分列与数据透视表功能梳理智能制造领域关键词出现频率，将关键词以频率排序，抽取前30个频率较高的关键词与排序前的关键词逐个比较（表1-2）。智能制造以其宽广的研究范围位居首位，总频率为421次，人工智能、数字孪生、工业4.0、智能制造系统、人才培养、中国制造2025等关键词则紧跟其后，上述关键词囊括了政策（中国制造2025）、技术手段（人工智能、数字孪生、智能制造技术）、行业发展（工业机器人、智能制造装备、智能装备）、人才发展（人才培养、职业教育、新工科）等领域，反映出在智能制造相关战略规划的引导下，智能制造研究开始在各个制造行业中蔓延，研究更具广度，研究维度也更加多元和细化。

表1-2 智能制造领域中文文献高频关键词分布

关键词	频次	关键词	频次
智能制造	421	新工科	7
人工智能	23	转型升级	7
数字孪生	21	中国制造	7
工业4.0	18	数字化	7
智能制造系统	18	智能化	7
人才培养	17	知识图谱	6
中国制造2025	16	信息物理系统	6
制造业	16	深度学习	6
工业互联网	13	互联网	6
工业机器人	11	智能制造装备	6
智能制造技术	11	数据驱动	5
大数据	11	生产线	5
职业教育	10	影响因素	5
新一代智能制造	10	高质量发展	5
物联网	8	智能装备	5

结合关键词频次分布情况，可以将智能制造的研究热点归纳为以下几个方面：

(1) 智能制造相关理论研究

该研究热点主要集中于构建智能制造发展的基础，对智能制造发展状况的描述以及智能制造理论框架的构建。由于制造技术、信息技术、网络技术等不断发展，智能制造的概念和内涵，也处在不断变化的过程中。早期代表性学者杨叔子和丁洪从智能制造的研究背景和发展现状出发，对智能制造的概念、内涵、特征等进行探析，搭建了智能制造研究的基础，比如智能制造过程、产品可视化模型特征等。朱剑英从科学、技术和产业三者关系的角度对智能制造进行了研究，并指出在实现智能制造时要重视中小企业和传统产业的数字化、智能化，另外相比于机器设备的智能化，企业管理的智能化更为重要。熊有伦从产业交叉融合的角度对智能制造进行了阐述，指出智能制造是工业化和信息化深度融合的产物，并概括了智能制造的范围：智能制造技术、智能制造装备、智能制造系统和智能制造服务及衍生出的各类智能产品。虽然学界对智能制造理解的侧重点不同，但总体上可概括为两个层面，一是制造设备、产品的智能化；二是制造过程、管理的智能化，前者关注制造对象，后者关注制造主体，关于后者的研究正受到越来越多学者的重视。

智能制造的问题、背景、模式、发展路径和影响因素等描述智能制造及相关领域发展现状的研究也不在少数，该类研究还随着时代热点的变更不断变化，如祁国宁等人分析了计算机集成制造产生的背景、现状及其未来发展情况，毕学工等人则在"工业4.0"和"中国制造2025"大背景下讨论智能冶金发展状况。也有国内学者大都是在借鉴国外先进经验的基础上展开相应研究。如张爽生以全球信息化为背景，分析了企业生产制造所面临的新问题，提出需借鉴发达国家经验，对中国企业生产模式进行改造。易开刚和孙漪主要从要素环境、制度环境、产业环境等方面，探讨了民营制造企业智能化转型的影响因素，并针对民营企业"低端锁定"问题，提出了相应突变路径。

(2) 智能制造与产业的相关研究

该部分主要研究智能制造与制造业转型升级的相互关系，以定性为主。例如，丁纯和李君扬从德国"工业4.0"的动因、内容、前景等方面入手，介绍了德国制造业智能化的特点和发展趋势，并给出了中国应对全球制造业变革的对策和建议；杜晓君和张序晶研究了国外发达国家制造业升级路径，总结了国外经验对中国制造业转型升级的启示和借鉴意义；陈雪琴针对高端制造向发达国家回流，低端制造向东南亚等国转移这一新形势，指出中国制造业亟须从要素驱动转型升级为效率驱动、创新驱动，并强调需积极开展智能制造试点示范，提升制造业的智能化程度，推动产业升级。以上结果说明，智能制造已成为发达国家产业转型升级的重点发展领域，中国也必须给予足够的重视，积极开展相关研究和实践。

（3）智能制造与企业的相关研究

该部分主要探讨智能制造环境下的企业集成、企业智能化升级、企业管理智能化、企业运营绩效等问题。如胡春华等人在分析制造业发展趋势和企业面临问题的基础上，提出了智能制造环境下企业集成的总体目标和原则，以及企业集成的信息模型和实现技术。易开刚和孙漪等论证了智能制造可有效打破民营企业"低端锁定"路径依赖，并从外部政策支持及企业内部变革两方面，提出了民营企业应从内部技术与生产方式变革及外部政策三方面推动智能制造发展的相关策略和实现路径。蔡为民以轮胎制造企业为例，研究了智能制造与企业运营绩效的关系，并从生产效率、节能减排、服务质量等方面进行了统计，分析表明智能制造可助力制造企业提质增效。此后，研究开始关注企业智能制造评价指标的确定以及对智能制造能力的评估，如龚炳铮从智能制造的意义出发，从生态环境、关键业务智能化水平和企业效益三个方面构建企业智能制造评价模型；中国电子技术标准化研究院则更进一步，发表白皮书，确定了智能制造能力成熟度模型，为所有制造企业实行智能化提供了标准。

（4）智能制造技术研究。这一方面主要是对智能制造相关技术的介绍和技术的运用研究。智能制造关键技术是推动智能制造实施的关键因素，通过各个学者的介绍，智能制造系统、智能制造工程、柔性制造系统、虚拟制造、神经网络、工业机器人等一大批先进制造技术、系统和方法被呈现出来，并且被运用于实际操作中。例如李萍和徐安林通过BP神经网络优化特征向量、提取图像特征，从而提高智能制造系统的图像识别性能；赵福民等人采用逻辑Agent和物理Agent技术，对制造系统进行升级。不仅如此，这些技术与不同行业、不同产业融合推动了对航空制造业、食品工业，乃至服务业的研究热潮，致使各行各业的研究开始聚焦于智能制造技术的运用。张映锋等针对智能制造所涉及的物联制造、云制造、服务型制造和制造网格等几种制造模式的体系架构，将该领域的关键共性技术概括为四种类型：基于制造物联的制造服务智能感知与互联技术、基于信息物理系统的制造服务智能化建模技术、基于大数据分析的设计—制造—运维一体化协同技术以及基于人工智能的制造服务决策优化技术，并对关键技术的国内外发展近况进行描述和分析。

（5）智能制造典型案例研究

在智能制造领域的理论研究不断取得创新和突破的同时，国内外已经有许多企业对智能制造模式进行了实践应用。这不仅可以为制造企业提供额外的服务增值和资源配置优化，而且以用户为主导的个性化服务也能使用户成为制造过程的决策者和参与者，从而拉近企业与用户的距离，最终提高企业核心竞争力并推动其可持续发展。芜湖格力通过生产过程执行系统和物料需求计划系统采集的系统数据，连接Yonghong Z-Suite进行实时的多维分析，替代以往物料短缺的人工查询与核实，检查结果在分析平台实时展现，指标体系可以根据情况灵活调整，大幅提高了人员的工作效率。红领集团通过应用物联网技术，实现订单下达、产品设计、定制数据传输等全流程的一体化与数字化，多个生产单元和上下游企业通过信息系统实时传递并共享数据，实现全业务的协同联动及决策的动态优化。海尔在产品设计阶段，借助大数据分析平台对产品的市场竞争情况进行了全面的分析，通过对市场份额、增减情况、主要竞争对手的深入分析，进行自我定位、密切监控市场变动、时刻掌控竞争对手的市场动态，进而占据市场先机。

（6）其他方面的研究

除上述研究热点外，其他研究主题也开始引起学者的注意，如陈佳贵针对中国管理学创新发展问题，指出"以大数据、智能制造、移动互联网为代表的新技术正在激发企业组织结构、制造模式等一系列管理范式的变革"。李伯虎基于云计算的思想，提出一种基于知识、面向服务的网络化智能制造新模式。姚锡凡等在云制造、制造物联、企业2.0等基础上，提出了智慧制造，并探讨了从云制造到智慧制造的实现路径。此外，还有学者就智能制造管理创新和升级、智能制造环境下人才和教育问题等展开探讨，文献数量相对有限，但进一步完善了智能制造领域研究的体系。

对比国内外技术研究重点可以发现，国外智能制造技术研究更多集中在对人工智能与新兴信息技术的交叉融合及应用方面，技术体系相对成熟，而我国更多地侧重于智能制造理论探讨、智能制造与产业和企业的关系探讨等层面，智能制造基础理论和技术体系建设相对滞后。未来，智能制造技术发展态势呈现人工智能与新兴信息技术交叉融合应用持续深入的特点，中国在人工智能与制造业融合应用方面已具备一定基础，但在新一代信息技术与人工智能交叉融合产生的前沿技术应用方面仍存在诸多挑战。因此，加快智能制造前沿技术的识别和动态跟踪，支撑技术创新加速发展，对助力我国智能制造业弯道超车，实现2035年进入第二方阵和2049年进入制造业第一方阵领军位置的目标具有重要的研究价值。

1.3 研究思路、内容与方法

1.3.1 研究思路

智能制造涉及的技术领域广泛，基本形成了以人工智能、集成电路、工业机器人与高端数控机床、工业软件、工业物联网与传感器、下一代通信技术、大数据分析、虚拟现实和增强现实等为核心技术的智能化、信息化的先进制造技术架构体系，随着这些技术的创新发展和交叉融合，将不断催生新的技术领域，从而推动智能制造技术的升级迭代。

针对以上考虑，本研究思路如下。

首先，立足技术情报学视角，开展理论方法研究。综合运用文献调研、专家咨询、网络调查、内容分析、文献计量法等多种方法，在系统梳理智能制造研究背景、概念内涵、发展历程、技术体系的基础上，针对智能制造的核心技术遴选出本研究的相关技术领域，分析确定研究中智能制造前沿技术识别与监测的方法体系。

其次,围绕智能制造核心关键技术开展前沿技术识别与动态监测的实践应用研究。以智能制造的智能化、先进制造、信息化关键技术为主线,围绕人工智能、工业物联网、集成电路、下一代通信技术、高端数控机床、工业软件、3D打印、传感器、大数据分析、增强现实与虚拟现实这十大核心技术开展前沿技术的识别,并从技术创新政策布局、国内外技术创新发展态势、技术创新发展特征等视角进行前沿技术创新发展的监测。在此基础上,发现中国智能制造相关核心技术领域面临的问题与挑战,并提出相应的对策和建议,为我国智能制造相关技术领域的技术创新和产业化发展战略决策提供参考借鉴。

1.3.2 研究内容

本研究共分12章,具体内容如下:

第1章"绪论"。首先,从全球竞争和宏观政策维度对国内外智能制造领域发展背景进行了整体描述。然后,从贯彻落实国家有关智能制造发展重要战略规划、构建并完善我国智能制造技术创新体系、支撑政府部门制订智能制造技术发展政策规划、助推我国制造业在全球制造业竞争中占据优势地位、制造业企业关键技术选择和成果转移转化5个方面入手,梳理了智能制造研究与实践的时代背景。最后,从多个方向系统梳理国外智能制造研究进展和国内智能制造领域研究进展,并提出研究思路、研究内容和研究方法。

第2章"智能制造前沿技术识别与监测理论"。采用文献调研、网络调研、归纳总结等方法,对智能制造的相关概念、内涵与特征进行总结,系统梳理智能制造的历史起源、国内外的发展历程和发展现状等,探讨智能制造的技术构成,提出技术架构体系和核心技术领域。

从第3章到第12章,就人工智能、工业物联网、集成电路、下一代通信技术、高端数控机床、工业软件、3D打印、传感器、大数据分析、增强现实和虚拟现实这10个方向,分别讨论了各个方向的前沿技术识别与动态监测。在对各个方向发展概况进行综述的基础上,结合前人研究成果,分别从科技文献、专利信息等方面开展文献计量研究,识别其前沿技术热点领域,并从技术创新战略布局的角度开展国内外技术创新政策布局和研发布局的动态监测；最后，结合研究结果，提出我国在这10个方向的前沿技术创新发展面临的挑战与建议。

1.3.3 研究方法

本研究主要采用的研究方法包括文献调研法、网络调查法、专家咨询法、计量分析法、比较分析法、内容分析法等，在实际研究过程中，各种方法并不是单独使用，而是相互结合、综合运用。

（1）文献调研法。本研究中文献调研法的使用频次较高，几乎贯穿于本书的整个研究过程。该方法主要应用于国外、国内智能制造领域研究进展，智能制造的相关概念、内涵、特征，前沿技术识别研究综述和指标体系构建，以及第3—12章中相关领域前沿技术识别与监测实证研究等。

（2）网络调查法。网络调查法同样是使用最多的研究方法之一。本研究中主要利用网络调查法调查全球主要国家在智能制造核心领域前沿技术的相关政策规划、研发项目，主要国家智能制造前沿技术突破的案例与实践等。

（3）专家咨询法。本研究涉及智能制造核心领域，由于专业性较强，专家咨询法在研究中应用较多。该方法主要集中使用在3—12章，主要针对前沿技术热点领域的研判和技术创新发展态势和特征的辅助分析等。

（4）计量分析法。主要用于第3—12章中基于科技论文、专利文献的智能制造各领域核心技术的前沿技术识别。

（5）比较分析法。比较分析法主要应用于各章节中国内外相关技术创新现状与态势的对比分析，以便发现中国相关技术领域创新发展的问题与不足。

（6）内容分析法。内容分析法的使用比较广泛，主要运用于智能制造相关研究进展、智能制造相关理论、前沿技术识别方法综述、主要国家政策规划和研发项目等，保证研究结果的真实性和可靠性。

第2章
智能制造前沿技术识别与监测理论

2.1　智能制造的概念、内涵与特征

2.1.1　智能制造的概念、内涵

随着新一轮科技革命和产业变革的加速演进和不断深化，作为工业化与信息化深度融合的产物，智能制造已经成为引领新一轮科技和产业革命的核心。厘清智能制造的概念，深刻理解智能制造的内涵和特征，是开展智能制造前沿技术监测和跟踪的基本要求和重要前提。针对智能制造的概念或定义，国内外学者开展了广泛而深入的探讨。

国外有关智能制造的相关研究起步较早，其中，"智能制造"概念的理论拓展及其影响的探索性研究可以追溯到20世纪80年代末。智能制造（Intelligent Manufacturing）最早是在美国D. A. Bourne与P. K. Wright（1988）两位学者发表的著作 *Manufacturing Intelligence* 中提出，他们认为智能制造是"利用集成知识工程、制造软件系统及机器人视觉等技术，在没有人工干预的条件下，智能机器人独自完成小批量生产的过程"。此后，其他学者围绕智能制造的概念也进行了相关研究。Kusiak认为智能制造是在制造过程中通过计算机来模拟人类脑力活动进行分析与决策，旨在替代或延伸人力的脑力与体力功能。Davis认为智能制造是以优化产品生产与交易为目标，利用先进的信息和制造技术来提高制造过程的灵活性和柔性以应对动态变化的全球市场。Thoben等将智能制造描述为在车间及以上级别应用数据密集型信息技术，以实现智能高效和实时响应的操作系统。此外，一些著作、政府部门也对智能制造进行了定义。《麦格劳—希尔科技语辞典》认为，智能制造是通过生产工艺及技术的使用，自动适应不断变化的环境和不同工艺要求，能在最少的操作人员的监督和协助下生产各种产品。美国国家标准与技术学会将智能制造定义为实时响应以满足工厂／供

应网络/客户要求中不断变化的需求与条件的全集成且能协同生产的系统。

国内学者对智能制造的概念研究虽晚于国外，但也形成了一些代表性专家观点。周佳军和姚锡凡（2015）从技术的角度对智能制造进行了解读，指出智能制造技术是在新一代信息技术和人工智能等技术的基础上通过感知、人机交互等类人行为操作来实现产品设计、制造、管理与维护等一系列流程，是两化融合的集中体现。王喜文（2015）从企业的边界与关联的角度将智能制造解读为工厂内实现"信息物理系统"，工厂间实现"互联制造"，工厂外实现"数据制造"。韩江波（2017）认为智能制造是智能技术对制造业价值链的各环节的渗透，并"模糊化"不同阶段的界限，是制造业价值链创新的必要条件，其特征表现为体力劳动逐渐被资本智能化所取代。2016年，工信部、财政部联合发布《智能制造发展规划（2016—2020年）》，对智能制造的概念进行了较为全面的阐述，指出智能制造是基于新一代信息通信技术与先进制造技术深度融合，贯穿于设计、生产、管理、服务等制造活动的各个环节，具有自感知、自学习、自决策、自执行、自适应等功能的新型生产方式。规划对智能制造概念的界定也得到了学术界、产业界的广泛认同，不少学者在其论著中对该定义进行了引用。

综上可知，国内外对智能制造的定义尚未达成统一，但结合国内外学者、相关机构和规划纲要对智能制造概念的解读和界定可以看出，智能制造是基于新一代信息技术与先进制造技术深度融合，贯穿于设计、生产、管理、服务等制造活动各个环节，具有自感知、自决策、自执行、自适应、自学习等功能，旨在提高制造业质量、效益和核心竞争力的先进生产方式。

随着数字化、智能化的新一轮技术革命浪潮的加速推进，智能制造也不断被赋予新的内涵。从智能制造的概念出发，其内涵可以从以下几点来理解。①基础要素投入是基础。智能制造的目的是产品生产，人工智能等技术只是各个环节生产效率提升的手段，因而智能制造仍然需要落实到人力资源和生产资料等基本要素的投入。人力资源投入是最重要的投入，与一般的劳动力投入不同，智能制造的人力资源投入更多地需要脑力投入，需要利用技术、知识、经验等来保障智能制造的稳定运行和解决制造活动中的问题。智能设备投入是基本组成要素，智能化设备是智能制造的集中体现，智能设备能够替代人力处理生产活动中的各种问题。互联网基础设施是企业网络化生产的支撑。智能制造背景下，企业将呈现出网络化的趋势，互联网向工业领域拓展延伸，将有助于构建工业互联网体系，形成基于数据驱动的智能生产力。②软件技术开发与应用是智能制造的关键。智能制造强调人工智能技术的应用，注重新一代信息通信技术和先进制造技术的融合，而这又离不开软件的开发与应用。实现制造业智能化转型升级的一个关键因素就是智能软件，智能软件可以替代人类脑力劳动，大大促进制造业智能化程度的提高。从成本角度来看，智能软件的开发与应用在一定程度可以减少劳动力投入，减少人为操作失误带来的风险损失。从价值角度来看，智能软件释放了更多的劳动生产力，同时将生产运营过程中产生的数据重新利用起来预防运营风险并开发新的价值。③创造经济效益与社会效益是智能制造发展的目的。智能制造除了与设备投入与技术应用息息相关，更强调其所产生的经济效益与社会效益。智能制造集中体现了制造业劳动效率提升和智力替代的现实诉求，因此，必然会在市场经济中体现其发展价值，尤其是带动制造业新一轮的技术创新，将智能制造技术贯穿制造全流程，达到引领产业实现转型升级的目的。可见，实现经济效益和社会效益也是智能制造内涵的重要内容。

2.1.2 智能制造的特征

智能制造是制造业未来发展的重要趋势，与传统产业相比，具有独有的特征。从智能制造的流程和环节来看，主要表现为产品智能、生产智能和模式智能。①产品智能。产品是制造的目标，也是智能制造的突破口。产品智能化一方面表现为产品本身"智能"，即产品本身具备可追溯、可识别、可定位、可管理等特点；另一方面则表现在产品使用过程中，比如智能制造装备，这种特殊的产品能够将人类专家的知识和经验融入制造工艺中，并通过设备的全面联网与通信建成智能工厂。②生产智能。智能生产是智能制造的重要组成，生产智能化不仅包括智能化的生产技术，还包含智能化的设计技术。一方面以智能感知技术、大数据分析和云计算为代表的新一代信息技术通过将海量的数据信源进行收集、整合和传输，为概念化的产品设计提供支持，加之模拟仿真、3D

打印等完成产品的初级创造。另一方面，智能机器与数字化制造设备相结合使制造工厂具备自感知、自适应、自决策等功能特征，能够在一定程度自主应对复杂多变的生产环境和产品要求，基于实时的信息反馈，及时优化调整加工参数，充分发挥智能动态调度能力，实现混流生产与预测性生产。③模式智能。新型生产方式必将引起产业模式的转变，智能制造将完成由产品导向向需求导向的产业模式转变。个性化定制、极少量生产、服务型生产以及云制造将成为新的发展方向，产业链被进一步延伸，新的产业价值不断被创造。

关于智能制造的特征，也有学者从企业、产业和宏观三个维度进行了深入剖析。①企业特征。企业特征是智能制造微观特征的体现，包括产品智能化、装备智能化、生产方式智能化、管理智能化、服务智能化等。产品智能化是智能制造的动力源泉。为满足用户对产品的科技化和个性化的追求，智能化产品的设计和生产客观上要求制造业的各个流程环节实现智能化，以推动产品的智能化并赋予产品更多的科技含量，从而实现价值增值。装备智能化是制造业智能化的基本要求。装备智能化需要高端智能装备产业的支撑。生产方式智能化是制造业智能化的重要体现。制造业生产方式的变迁蕴含着生产技术和装备的变迁，表现为从生产技术到生产方式实现质变的过程。管理智能化是制造业智能化的关键环节，将智能技术应用于管理，建立基于智能技术的全面管理体系，可以更为准确地发现和寻找管理漏洞，从而提高工作效率，减少运行成本。服务智能化是制造业智能化的必然选择。智能化服务是以智能技术为支撑，通过历史数据积累并应用智能分析手段为客户或企业提供按需或主动获取的服务。②产业特征。产业特征反映了制造业在智能化过程中呈现的发展特点，主要包括以下三点：（a）以人工智能等作为技术支撑。智能制造的"智能"是依托人工智能技术来实现的，因此，人工智能技术是智能制造的支撑技术。（b）以工业互联网作为连接方式。工业互联网可以将生产制造中的机器、设备、网络、人员联系起来，并基于多种智能预测算法来量化制造活动和环节，通过构建庞大的工业互联网，成为连接制造业企业协同发展的重要纽带。（c）以构建新型制造体系作为发展目标。智能制造以推进制造业企业智能化作为主要发展方向，充分发挥相关产业对制造业企业配套支撑作用，鼓励不同产业领域企业信息互联跨界融合。③宏观特征。宏观特征反映了智能制造在国家层面所表现出来的特点，具体来讲表现为：智能制造可以通过吸收和培养人才来构建国家核心竞争力，以统筹兼顾和全面推进来摆脱发展短板，以重点突破来引领智能化全方位发展。

2.2 智能制造的起源与发展历程

2.2.1 智能制造的起源

20世纪80年代，信息技术还未对人类生活产生巨大影响，但其在制造领域却率先引发了变革。从产品信息化角度看，由于产品性能提高、产品结构复杂和产品功能多样等因素驱动，产品的生产流程所需要的设计信息、工艺信息的数量急剧增加，直接导致制造过程和管理工作中信息量提升，这势必要求提高智能制造系统对急剧增加的信息的处理效率，推动智能制造系统由能源驱动向信息驱动转变。从人力成本角度看，过去的生产制造虽注重机械设备自动化和智能化水平的提高，但这对提高生产过程中的产品设计和管理效率的作用十分有限。因此，机械的智能化并不能完全替代人的作用，在生产过程中仍然存在着许多问题等待人类去解决。因此，在提高制造业智能化水平和降低对人类智慧依赖的需求下，美国的Wright和Bourne教授首次提出智能制造的概念。随着研究的不断深入，欧美等发达国家也开始高度重视，制造业智能化由此发展开来，并展现出广阔的发展前景，多国政府相应出台不同类型的政策，旨在促进制造业的发展。2009年，美国"再工业化计划"，重点发展先进制造业；同年，韩国发布《新增长动力规划及发展战略》，对未来的高科技融合产业进行了规划；2013年，德国推出"工业4.0计划"，依托强大的制造业基础，建立智能工厂；2013年，法国发布《新工业法国》，鼓励创新重塑工业实力；2014年，印度推出"印度制造"计划，大力发展基础设施建设、制造业和智慧城市；2014年，英国推出"高价值制造"计划，发展智能化技术，提高产品附加经济值；2015年，中国发布《中国制造2025》战略，根据我国目前的工业化程度提出制造业的发展目标和步骤；2018年，日本发布《制造业白皮书》，通过采用智能机器人代替普通劳动力，改造传统制造业面貌，实现制造业的降本增效；2018年，美国发布《先进制造业领导力战略》，通过智能技术革新，对制造业、劳动力、产业链重新定义，维护其战略地位；同年，德国发布《绿色技术德国制造2018》，在制造业方面考虑了对环境的影响，实现行业的绿色发展。

2.2.2 智能制造的发展历程

经过40多年的发展，数字化、信息化和智能化等现代技术的广泛应用和深度融合大大促进了智能制造的长足发展。针对智能制造的发展历程，国内外学者也进行了相关探讨，如魏笑笙根据智能智造的保障措施理论和实践的发展理论，将其发展历程划分为五个阶段：全员生产系统阶段、精益制造和6-Sigma阶段、大数据建模预测阶段、基于运营的资源决策优化阶段、"信息-物理"系统阶段。李廉水基于智能制造技术构成及其发展过程，将智能制造的发展过程划分为三个阶段：初始阶段（数字化制造）、发展阶段（网络化制造）、成熟阶段（智能化制造）。任磊基于制造模式变革与演化过程，将智能制造划分为萌芽期、发展期、快速成长期、颠覆创新期四个阶段，并对各阶段的特征进行分析。结合主要专家学者的观点剖析可以发现，国内、国外智能制造的发展呈现出不同的发展历程和阶段特征。基于此，本书将分别对国外、国内智能制造的发展历程进行梳理，从时间序列对智能制造的发展阶段进行划分，并结合智能制造技术、制造范式、智能制造理论、智能制造发展实践对各阶段特点进行总结，以全面呈现全球范围智能制造发展的整体现状。

2.2.2.1 国外智能制造的发展历程

自20世纪50年代起，信息技术的不断发展使社会生产不再局限于单台机器，互联网应用使机器间可以互联互通，计算机、机器人、航天、生物工程等高新技术得到了快速发展，人类发展进入"信息化时代"。回顾每一次工业革命，人类社会的发展都离不开科学技术的进步。世界工业正面临着一场新的产业升级与变革，智能制造将成为第四次工业革命的核心推动力量。回顾国外智能制造70多年的发展历史，其所涵盖的理念、模式、技术和应用已日趋成熟。根据智能制造的时间维度演进过程，从制造模式、制造技术的更新发展视角出发，可将国外智能制造发展历程划分为萌芽期、发展期、成长期和颠覆创新期四个阶段。

第1阶段：萌芽期（20世纪70年代—90年代初）。20世纪80年代，GE、IBM等公司开始从产品向自动化服务转变，为客户提供满意的自动化服务解决方案。服务型制造开始成为被关注的焦点，包含了产品或服务、产品+服务、产品+技术支持+售后三个相互重叠的阶段，注重向用户提供一体化的自动化服务。智能制造的萌芽时期，强调制造过程的自动化，注重产品功能服务化和相关支持服务，以外包为主的服务性生产较少，消费者没有参与到制造价值的共创过程中，参与主体只包括少量的服务商和供应链成员。这一阶段仍然以传统大规模制造模式为主，产品同质化严重，客户多样化需求难以满足。

第2阶段：发展期（20世纪90年代—21世纪初）。20世纪90年代，GE主张为客户提供整体的服务解决方案，公司的价值创造源于以物理产品为载体的各类衍生服务，需要用户积极参与生产过程，并向客户提供全生命周期的服务。智能制造的发展期，关注产品服务系统、生产性服务和信息服务，服务性生产仍以外包的形式出现，虽然能够在全球范围内配置资源，但可用资源较少，协同交互成本较高。这一阶段以大规模定制和网络化协同制造为主，以提升供应链的协同绩效为主要目标，用户开始参与到生产、研发过程中，协同主体从供应链成员拓展到外围服务提供者，整个时期的产品丰富但缺少新型服务模式。

第3阶段：成长期（2008—2025年）。随着云计算、大数据等信息技术在制造领域的广泛应用，智能车间、数字化工厂出现，一切制造资源、制造过程均能够以服务的形式在云平台上得到社会化共享和集中使用。制造与服务的边界变得模糊，谷歌开始制造无人驾驶汽车，作为信息技术公司的小米生产手机，传统的设备制造企业开始提供远程实时监测、智能诊断和维修服务。智能制造的成长期，重点关注制造过程智能化、资源作为服务和智能互联产品。这一阶段以智能制造、云制造为主要模式，参与主体拓展到社会化的制造主体，通过制造生态系统为用户实时提供定制化、情景化产品服务。

第4阶段：颠覆创新期（2025—）。物联网、智能终端设备、机器人的广泛应用，实现了万物互联、普适感知，使得物理空间、信息空间和社会空间进一步相互关联和深度融合，形成"一切即服务"的智慧社会。服务型制造作为社会系统中的一个子系统，受到其他子系统（如交通系统、教育系统、医疗系统等）的影响，需要企业改变以往的战略，构建开放式创新和多系统协同的理念，拓展和融合产业边界，增加更多的协调领域，跨越企业及业种间藩篱。这一时期的服务型制造已经与其他社会子系统紧密连接，实现信息、资源、知识共享，为用户提供预测性、个性化、准时化的服务，通过人—物—机的深度关联融合，最终交织构造成一个智慧社会服务生态系统。

2.2.2.2 国内智能制造的发展历程

国内智能制造技术起步于20世纪80年代，经过40余年的发展，智能制造领域取得了巨大进步，在感知技术、控制技术、可靠性技术、工业通信网络技术、数控技术等诸多重点领域均取得了显著成果。关于国内智能制造的发展历程，国内学者姚振玖、成圭东、李儒水等进行了深入探讨，并就国内智能制造的发展历程及阶段特征进行了梳理分析。各学者对国内智能制造发展历程阶段划分虽稍有差别，但基本上反映了我国智能制造发展的整体情况。本书结合国内学者的研究结论和观点，将我国智能制造的发展历程大体划分为缓慢发展阶段、酝酿加速阶段、全面布局阶段和提速推进阶段四个阶段，我国智能制造体系实现了从无到有、从慢到快、由表及里的蓬勃发展的变化过程。

第一阶段：缓慢发展阶段（1956—2006年）。从该阶段的持续时间看，我国智能制造的发展在较长时期处于缓慢发展阶段，该阶段的一个显著特征是工业化带动信息化。自1958年第一台数控机床研发成功，直到1978年改革开放，我国制造业信息化发展才步入正轨。从1979年开始，高新技术产业化发展走上了快车道，电子工业作为优先发展行业，将电子技术应用到机床改造、工业炉窑控制等多个方面。1986年，国家在高科技领域推行"863计划"，即高技术研究发展计划，目的是提高我国在科学技术领域的实力。计划实施以来，以生物技术、激光技术、航天技术、自动化技术、信息技术为突破口，在智能制造领域取得了重要进展。20世纪80年代末，科技部提出建设"工业智能工程"，标志着我国探索智能制造发展的开端。20世纪90年代—21世纪初，中国逐步开展先进制造技术的推广应用和互联网建设，重点科研院所和高校连接上国际互联网，诞生了众多互联网公司和软件服务企业，覆盖全国范围的信息网络逐渐成形。2006年，政府发布《国家中长期科学和技术发展规划纲要（2006—2020年）》及若干配套政策和措施，将制造业和农业、交通业列为纲要的重点领域，其中数字化和智能化设计制造，流程工业的自动化、绿色化等为制造业发展的主体。

第二阶段：酝酿加速阶段（2007—2014年）。该阶段又可以划分为"两化"融合阶段（2007—2012年）、酝酿起步阶段（2012—2014年）。2007年，党的十七大提出"大力推进信息化与工业化融合，促进工业由大变强，振兴装备制造业"，即提出"两化融合"战略，标志着"两化融合"的开启。2010年，全国已基本实现信息化，信息产业成为国民经济的重要支撑部分。2012年后，我国经济开始由高速发展转向高质量发展，数字技术飞速发展和应用，数字经济日渐兴起，并在全球呈现出蓬勃发展的态势，智能制造等新兴制造模式大放异彩。世界各国陆续制定智能制造战略，如《美国先进制造业国家战略计划》（2012）、美国通用电气公司（GE）"工业互联网"计划（2012）、"工业4.0"（2013）、"新工业法国"、"英国制造2050"等。我国政府对智能制造装备产业的政策支持力度也不断加大，2012年，《智能制造科技发展"十二五"专项规划》和《高端装备制造业"十二五"发展规划》相继出台。2013年，工信部发布了《关于推进工业机器人产业发展的指导意见》，推动制造业朝着数字化、智能化的方向发展。这一阶段，国家层面充分认识到制造业转型升级是大势所趋，制造业智能化发展是实现经济高质量发展的必然选择，但与同期发达国家相比，虽然在工业机器人、核心技术、关键装备等领域都推进落实了诸多有益政策，但尚未形成针对智能制造的系统战略部署，我国的智能制造事业在这一重大历史机遇期开始酝酿起步。

第三阶段：全面布局阶段（2015—2017年）。2015年，《中国制造2025》正式发布，明确提出要以加快新一代信息技术与制造业深度融合为主线，以推进智能制造为主攻方向，并制定了若干个"1+X"配套指南，进一步明确了我国智能制造的重点发展方向与领域，标志着智能化成为我国制造业发展的新目标和新方向，同年，《国家智能制造标准体系建设指南（2015年版）》提出了智能制造标准体系应用标准的建设目标，大数据、物联网、云计算等新兴业态不断与传统产业融合，我国智能制造呈现出良好的发展态势。2015—2017年，《关于积极推进"互联网+"行动的指导意见》《关于深化制造业与互联网融合发展的指导意见》《智能制造发展规划（2016—2020年）》《关于深化"互联网+先进制造业"发展工业互联网的指导意见》等重大政策文件密集出台，从基本原则、总体目标、重点任务、组织实施和保障措施等方面为智能制造指明了前进方向。这一阶段，工信部总计支持了308个智能制造综合标准化与新模式应用项目和206个智能制造试点示范专项项目。

第四阶段：提速推进阶段（2018—2022年）。2018年以来，我国在智能制造领域战略部署初见成效，工业互联网和5G的快速发展成为助推我国智能制造发展的"加速器"。同时，由于中美贸易战和新冠肺炎疫情的冲击，传统制造业企业数字化改造升级进程大大加快。2017年11月，《国务院关于深化"互联网+先进制造业"发展工业互联网的指导意见》正式印发，积极搭建工业互联网等智能制造平台被提升到国家战略高度。受此影响，工业互联网建设获得的支持力度不断加大。仅2018年，工信部便陆续发布了《工业互联网发展行动计划（2018—2020年）》《工业互联网平台建设及推广指南》《工业互联网平台评价方法》等相关政策，有4类72个项目入选试点示范项目。与此同时，5G进一步加快了智能制造的发展进程。2019年6月，5G商用牌照正式发放，此后，工业、医疗、教育、交通等产业领域的5G融合实现突破性进展，5G在实体经济数字化、网络化、智能化转型升级中发挥了重要作用。

从世界制造业智能化和中国制造业智能化的发展历程来看，世界制造业智能化发展的每个阶段跨越时间较长，并且以新兴技术的开发与应用作为发展的历程拐点，长时间的技术积淀为下一个阶段的跃迁做好了充分准备。中国制造业智能化的发展更多是以国家政策文件引导作为开端，体现了中国社会主义市场经济下制造业发展的特点。中国制造业智能化初始阶段的时间跨度较长，这与中国制造业基础薄弱有关，需要通过长时间的规模扩张、技术引进和模仿学习来实现技术创新。同时，中国制造业智能化各个阶段时间跨度差异较大，反映了中国制造业不断追赶发达国家制造业智能化发展的轨迹，并通过压缩中间跨越阶段的时间来尝试超越世界制造业发展进程。

2.3 发达国家制造业回归趋势下智能制造战略思想演变

为了在2008年金融危机之后重振经济，美、德、英、日等主要发达国家纷纷出台"再工业化"战略，近几年为了重构本国的制造业供应链，相继掀起了"制造业回归"潮流。

2.3.1 美国"再工业化"发展战略

美国在2008年金融危机后，美国制造业产值处于持续下滑趋势，"产业空心化"态势明显，加上过度依赖金融和房地产等虚拟经济所带来的弊端，造就了美国振兴实体经济的总体思路。奥巴马政府于2009年底启动"再工业化"发展战略，随后陆续启动了《重振美国制造业框架》《先进制造业伙伴计划》《先进制造业国家战略计划》和《制造业创新中心网络发展规划》，并通过积极的工业政策，鼓励制造企业重返美国，意图达到全面振兴国家制造业体系，最终巩固其经济领先地位和全球领导地位的目的。特朗普上台后也保有"再工业化"的态度，一直想方设法恢复美国制造业光荣的过去，提倡美国优先，将海外制造业就业机会重新带回美国本土，这是对奥巴马重振制造业行动的延续，体现了美国制造业变革方向和战略思维的高度转变。美国制造业回归是一个切实的产业和经济思维，然而美国面临的重要局面是传统制造业衰落的趋势难以挽回。拜登上台后，面临以中国为代表的新兴国家崛起的巨大压力，以及世界格局重塑过程正在加快的国际环境，为了巩固"美国优先"和"美国至上"地位，拜登政府提出"以中产阶层为起点实现经济增长"，正式将振兴美国制造业的动机定位在经济安全保障上。2022年8月16日，拜登签署的《美国降低通货膨胀法案》是美国有史以来针对气候能源领域的最大投资计划，重点覆盖清洁能源制造业，包括太阳能电池板、风力涡轮机、电池、电动汽车以及关键矿物在内的众多制造业细分领域。

2.3.2 德国"工业4.0"战略

随着新一轮技术浪潮的到来和国际科技竞争的加剧,作为西方工业化强国的德国敏锐地感觉到了新的机遇和挑战,并于2013年及时制定和推进"工业4.0"战略,旨在支持工业领域新一代革命性技术的研发与创新,落实德国政府2011年11月公布的《高技术战略2020》目标,打造基于信息物理系统的制造智能化新模式,巩固全球制造业龙头地位和抢占第四次工业革命国际竞争先机的战略导向。"工业4.0"战略之后,德国陆续出台了一系列指导性规划框架。2014年8月德国政府通过《数字化行动议程(2014—2017年)》,确定了以宽带扩建、劳动世界数字化、IT安全问题等为主要内容的跨部委数字化战略;2016年3月,德国经济与能源部发布了"数字战略2025",引领和布局德国数字化转型进程;2018年10月,德国政府发布"高技术战略2025"(HTS2025)和《数字化实施战略》,指出以"工业4.0"为抓手,注重使用物联网、人工智能和先进机器人技术来提高工业生产率。

2.3.3 日本制造业复兴战略

二战以后,制造业铸就和支撑了战后日本经济强国地位。2008年金融危机后,随着物联网、大数据、人工智能等高科技的快速发展,主要国家也纷纷制定和实施制造业发展战略,并将之视为培育创新力和竞争新优势的强力支撑,日本也将振兴制造业作为国家复兴战略的重要内容。2016年,安倍政府成立"第四次产业革命官民会议",下设人工智能技术战略会、第四次产业革命人才培养促进会等,大力发展代表人工智能技术产业化的机器人产业。2018年以来,日本央行坚持超宽松货币政策,签订《日欧经济伙伴关系协定》(EPA)和《全面与进步跨太平洋伙伴关系协定》(CPTPP)等,甚至从2020年开始酝酿的"经济安保法",均鼓励本国的制造业企业回归,日本企业正在加速回归本土。2022年以来,受俄乌冲突等多重因素影响,日本国内的制造业企业成本压力不断加大，发展信心也不断减少。作为以出口为主的制造业超级大国，2022年10月，日本政府将出资100亿日元（约合6728万美元），以帮助大约1万家企业扩大出口，提高就业率，并促进制造业回流本土。

2.4 智能制造技术体系

智能制造的核心是利用现代信息技术来提高生产效率和质量，实现智能化、数字化和柔性化生产。实现智能制造是一个复杂的体系化的系统工程，包括产品设计—制造过程—售后服务全生命周期管理，涉及物联网、大数据、云计算、人工智能、机器学习、自动化控制等多个层次和领域的技术集成。在智能制造体系中，关键技术的研究和应用是推动智能制造发展的重要动力。首先，基于物联网的集成与优化技术，通过集成设备、人员、物料等各类制造资源，实现制造过程的优化调度和资源的高效利用。其次，基于大数据的智能制造技术，通过对制造数据的挖掘分析，实现对制造过程的智能监控和预测，提高制造过程的质量和效率。再次，基于云计算的制造服务技术，通过云平台服务，实现对制造资源的共享和协同，提高制造过程的灵活性和响应能力。基于人工智能和机器学习的智能制造技术，通过对制造数据的学习和建模，实现对制造过程的智能感知和优化控制。此外，基于自动化控制的智能制造技术，通过自动化设备和控制系统的应用，实现制造过程的自动化和智能化。人工智能、大数据、物联网、云计算、区块链、移动互联网等新兴技术交叉融合并深度应用于先进制造领域，加速了传统制造业向智能制造的转型升级。同时，机器人、3D打印等技术的创新和应用领域不断扩展，软件供应商持续扩展智能制造系统平台的功能，助力制造业智能化水平提升。

2.4.1 智能制造技术路线图

技术路线图是指应用简洁的图形、表格、文字等形式描述技术变化的步骤或技术相关环节之间的逻辑关系。它能够帮助使用者明确该领域的发展方向和实现目标所需的关键技术，厘清产品和技术之间的关系。技术路线图是一种结构化的规划方法，可以广泛应用于技术规划管理、行业未来预测、国家宏观管理等方面。技术路线图的作用在于为技术开发战略研讨和政策优先顺序研讨提供知识、信息基础和对话框架，提供决策依据，提高决策效率。

本研究中技术路线图是在对大量与智能制造技术相关文献搜集分析的基础上，通过专家座谈会研讨后梳理形成，目的在于方便进行智能制造前沿技术的预测和战略决策的跟踪监测。见图2-1和附件1。

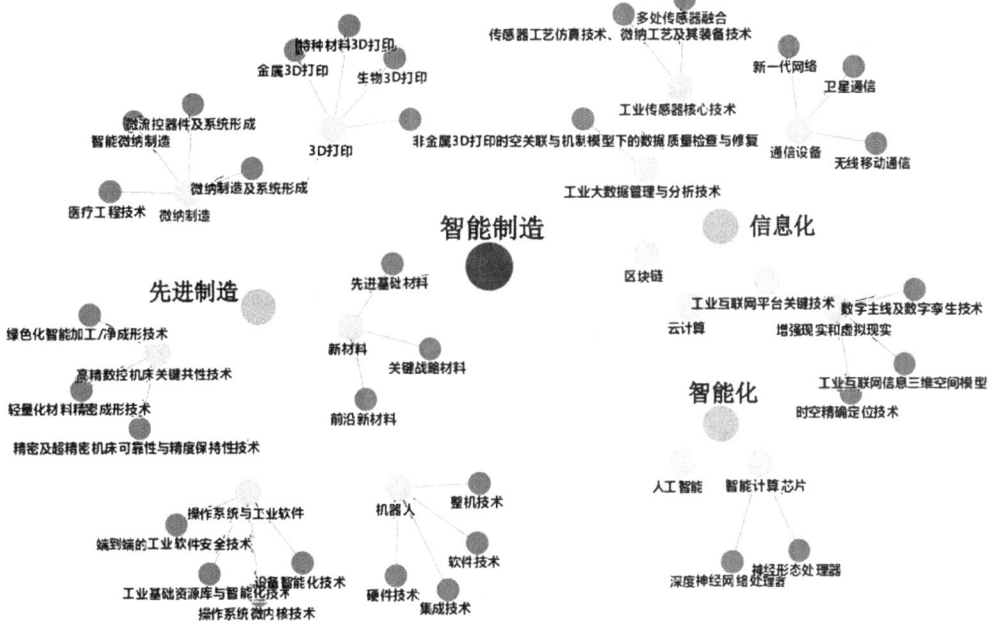

图2-1 智能制造技术路线图谱

可见，智能化技术、先进制造技术、信息化技术是智能制造的三大关键技术。智能化技术在应用中主要表现为计算机技术、精密传感技术、GPS定位技术的综合应用，能够极大地改善作业者环境，减轻工作强度，提高工作效率，特别是在一些危险的特殊环境下，智能化技术的应用能够有效地降低危险系数，提高自动化程度及智能化水平，降低维护成本等。先进制造技术（Advanced Manufactuing Technology），是传统制造技术不断汲取现代科学技术，特别是微电子技术、计算机技术和信息技术等而形成的现代制造技术的总称，主要包括计算机辅助设计、计算机辅助制造、集成制造系统等。先进制造技术能够提高制造企业的劳动生产率和柔性，是企业取得竞争优势的必要条件之一。信息化技术可以实现生产过程的智能化和信息化，提升生产效率和产品质量，促进企业转型升级，提升市场竞争力。

2.4.2 智能制造核心技术

人工智能、工业物联网、传感器、集成电路、下一代通信技术、高端数控机床与机器人、工业软件、3D打印、大数据、增强现实和虚拟现实是智能制造的十大核心技术，推动制造系统逐步向智能化发展。

人工智能在智能制造中发挥着重要作用，赋予制造设备自主学习和决策功能，并进行分析判断和规划自身行为的能力，实现自动化和生产流程优化，监测质量控制，甚至进行产品设计等。物联网与传感器技术，在制造领域意味着将工业设备联入互联网，实现信息交换和通信，同时传感器源源不断地采集设备和环境的信息，实现实时监测并交换信息，从而提高生产效率，减少故障和维护成本。集成电路，是智能制造的硬件基础，多种类型的集成电路芯片为制造业实现信息化、智能化奠定了基础。下一代通信技术（5G/6G）与成千上万的制造装备、工业软件等深度融合，可以实现实时、高速地采集和分析数据，推动传统制造业持续向数字化、网络化、智能化方向跃迁升级。高端数控机床与机器人配合使用，可以实现更高效、精确和自动化的加工过程，提高生产效率和加工精度，推动高端装备制造升级。工业软件，是人工智能与机器设备沟通的桥梁，在生产过程中发挥了大脑的作用，能够促进生产制造流程的优化。3D打印技术作为一项快速成型技术，可以将产品设计和制造过程全部数字化，使生产模式更加灵活、高效，极大地提高制造业的智能化水平，是智能制造技术中的重要组成部分。大数据技术就是不断从制造系统各个环节获取生产、运行、质量等的海量工业数据，并对这些数据进行深度分析，帮助制造企业快速反应和优化调整，提高生产效率和生产质量。虚拟现实与增强现实的融合应用技术正成为智能制造中关注的焦点，通过将虚拟现实和增强现实技术结合起来，可以实现更加全面和深入的生产过程监测和指导，提高生产效率和产品质量，降低成本和风险。

2.5 智能制造前沿技术识别与监测方法

2.5.1 前沿技术识别方法

前沿技术的识别是探索新兴领域中技术创新发展态势及研究动向的关键，近年来，随着技术创新对产业经济驱动作用的日益凸显，前沿技术的识别逐渐成为科研工作者和各国科技政策管理机构所关注的热点。研究界对前沿技术的识别方法进行了大量探索，已形成了定性和定量两种识别方法体系，定性识别法主要以文献综述法和专家评判法为主，定量识别方法主要以资料文献的计量分析法为主。

2.5.1.1 定性分析法

定性分析法主要以文献综述法和专家评判法为主，是通过对各种思想和不同观点进行综合整理、归纳分析所进行的前沿技术识别方法，具有耗时长、主观性强的特点。其中专家评判法则是最常用的一种前沿技术定性识别方法。专家评判法是通过一批相关领域的专家利用其深度研究获取的知识和经验对需要研究的问题进行主观判断，并将其判断结果进行综合研判后得出最终结论。目前，专家评判法是识别和预测科技发展态势的重要手段，不少行业领域和相关机构都有对领域前沿的预测分析，以把握领域发展方向。比较有代表性的研究成果有科技部发布的《中国科学十大进展》、中国科学院发布的《科学发展报告》、《Science》杂志评选的年度十大科学进展、《麻省理工科学评论》的十大突破性技术预测等，均为专家评判为主、数据分析为辅得出的前沿技术方向预测。专家评判法虽然可以充分利用专家的智慧和经验，但由于专家拥有自身独特的研究细分领域和独立的心智模式，潜意识里更容易对自己感兴趣的领域给予更多关注，主观性强，如果没有足够的专家进行多轮论证，可能会存在预测结果的主观偏差。尤其是在研究对象动态变化性强、特征项难以提取的情况下，专家的智慧可能难以发挥最佳效能，不能及时快速地监测研究动态。

2.5.1.2　计量分析法

计量分析法则是通过对大量文献、资料等某些可计量的数据特征进行分析，获取前沿技术热点和特征，从而识别前沿技术的一种方法。计量分析法易操作、客观性强，而且可以利用多种大数据处理软件进行快速处理，因此近年来受到学界的高度关注。计量分析法基于数据来源视角，主要以科技论文计量分析法、专利计量分析法和科技舆情分析法为主。科技论文计量分析法主要是面向基础研究的前沿识别，包括词频分析、词频检测、共词分析、共引分析和聚类分析等。专利计量分析法主要是面向技术应用前沿的识别，分析的方法主要是专利文献计量法和专利地图法，包括词频分析、词频检测、专利类别分析和聚类分析等。科技舆情分析法主要是针对各类网络科技新闻、科技论坛、博客、微博、科技新闻组和即时通信等各类能够反映民众对科技热点认识的相关载体数据进行分析来识别前沿技术动态的一种分析方法。虽然近年来关于市场、社会、公众参与科技前沿预测的科技舆情法逐渐受到学界关注，但相较于传统的科技论文和专利信息而言，科技舆情在技术预测中的运用还较少。

2.5.2　智能制造前沿技术识别与监测方法

在定量分析中，由于前沿技术预测目的不同所采用的预测方法也不同。科技论文作为科学知识的载体，专利作为技术知识的载体，是从事科学研究和技术研发的两种具体表现，两者之间相互结合，能够反映出科学与技术之间的关系。因此，基于论文和专利之间的相互关系，可以利用文献计量学分析方法来反映科学与技术之间相互促进、共同演化的关系。随着互联网技术的发展和社会、公众、市场对科学技术的日益关注，将科技舆情纳入前沿技术识别中也成为学界逐渐探索的方向。

本研究中智能制造前沿技术的识别旨在从客观的角度反映出目前智能制造

关键核心技术领域前沿技术研究热点和社会关注热点，旨在从战略层面对智能制造前沿技术的布局进行国际跟踪和对比分析，从而发现中国智能制造前沿技术创新发展面临的问题和挑战，并提出对策和建议。因此，本研究中对智能制造前沿技术识别方法选择基于科技论文计量分析法与专利文献计量分析法相结合的多源数据预测分析方法，见图2-2。

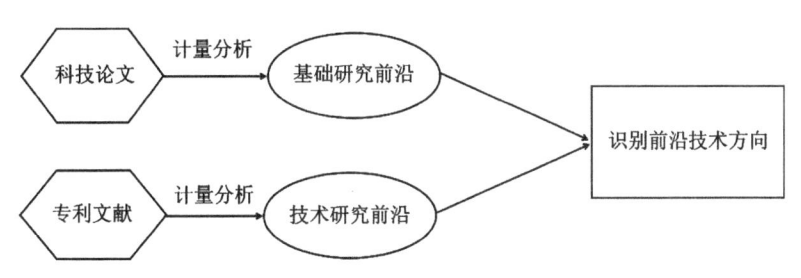

图2-2 智能制造核心技术领域前沿技术预测方法

第3章

人工智能前沿技术识别与动态监测

人工智能（Artificial Intelligence，AI）的迅速发展正深刻地改变着人类社会生活，在理论和方法上，人工智能呈现出深度学习、跨界融合、人机协同、群智开放、自主操控等特征。数据驱动与知识驱动融合、跨媒体协同处理、人机协同增强智能、群体集成智能、自主智能系统等成为人工智能的发展重点，人工智能发展进入新阶段，随着新一代人工智能相关理论建模、技术创新、软硬件升级等整体推进，亟须破解研究中面临的理论、方法、应用等多个层面的挑战性难题。

发达国家目前正经历产业空心化，利润空间高，但就业人数却大量降低；而发展中国家产业低值化严重，基本制造业都是劳动密集型企业。随着大数据、云计算、神经网络等信息化技术的极速发展，不同国家提出新工业革命，如英国提出了高价值制造、人工智能发展计划，美国提出了先进制造、工业互联网与制造业回流，德国提出了工业4.0，中国提出了智能制造2025、新基建等，人工智能已成为大国科技博弈的制高点。据互联网数据中心（IDC）数据，预计到2025年，全球人工智能应用市场总值将达1270亿美元。另据埃森哲公司测算，到2035年，人工智能技术的应用将使制造业总增长值（GVA）增长近4万亿美元，年度增长率达到4.4%。中国是制造业第一大国，又是人工智能第二大国，拥有全球第二多的AI企业，所以人工智能与制造业的融合发展未来可期。我国政府高度重视人工智能的技术进步与产业发展，人工智能已上升到国家战略层面，《新一代人工智能发展规划》提出"到2030年，使中国成为世界主要人工智能创新中心"。中国人工智能发展迅速，人工智能技术发展已跃居全球第一梯队，但推动人工智能深入发展和广泛应用，并引领全球发展仍面临诸多亟待破解的前沿技术难题。本章以2018—2023年为切片进行人工智能领域检索式构建，采用WOS（Web of Science）数据库与incoPat专利数据库，从专利和论文两个角度开展前沿技术识别，并对国内外人工智能技术的战略布局进行监测，为深化人工智能技术创新发展提供决策支持。

3.1 人工智能前沿技术简述

人工智能是指利用计算机科学模拟人类的智能的一种技术，它可以让计算机系统执行类似人类智能的任务，如学习、推理、规划、语言处理等。人工智能技术涉及机器学习、深度学习、自然语言处理、计算机视觉等多个领域。人工智能的发展已经历了三次浪潮，每一次浪潮均受到技术瓶颈的制约而陷入低潮。

当前，新一轮人工智能技术正迎来发展的热潮，人工智能技术已在医疗、交通、教育、金融、安防等各个领域广泛应用，但在通用人工智能、大规模商业化应用等方面仍面临巨大技术挑战。随着技术的不断进步，人工智能在未来可能会实现更多复杂任务的应用，对社会生活和产业发展产生深远影响。新一轮人工智能技术的发展上限高且商业化潜力巨大，其发展路径和速度难以预测。未来几年将是人工智能发展的关键期，加快人工智能前沿技术的创新突破，已成为全球抢占人工智能发展制高点的突破口。

3.2 基于文献计量分析的人工智能前沿技术识别

3.2.1 基于论文计量分析的人工智能前沿技术识别

基于科技论文数据，采用文献计量法和内容分析法，利用HistCite、VOSviewer等工具，对人工智能领域前沿技术的研究进展跟踪监测。

3.2.1.1 数据来源

利用WOS数据库进行文献获取，借鉴已有对该领域发展态势研究的检索方式制定检索策略。其中，高被引论文通常代表着高学术水平与影响力的重要成果，在WOS中表现为被引频次TOP10%的论文。本章将近五年被引频次TOP10%的论文定义为该领域基础研究的前沿技术文章，从论文角度识别该领域前沿技术。

为确保样本数据的质量及权威性，基于科睿唯安Web of Science核心数据库，通过以主题词与发表日期限制构建人工智能领域检索策略，将文献的类型限定为"论文""综述论文""会议论文"，时间跨度为2018—2023年，得到27万余篇文献，检索时间为2023年8月。利用HistCite、VOSviewer等工具，对该重点领域前沿技术的研究进行数据挖掘。

3.2.1.2　论文增长态势及分布

根据本研究的检索策略，截至2023年8月，Web of Science核心合集中近五年共收录全球人工智能领域相关研究论文270 875篇，发文年度变化趋势如图3-1所示。整体发文量呈现稳定的上升趋势，从2018年的18 867篇增至2022年的75 343篇，这直观地说明了"人工智能"领域近年来迎来了研究与发展的热潮。（由于检索日期为2023年8月，且数据库收录数据会有延迟，2023年的数据尚不完整）。基于论文产出的整体趋势，未来人工智能研究领域的论文数量很可能还会稳步增长。

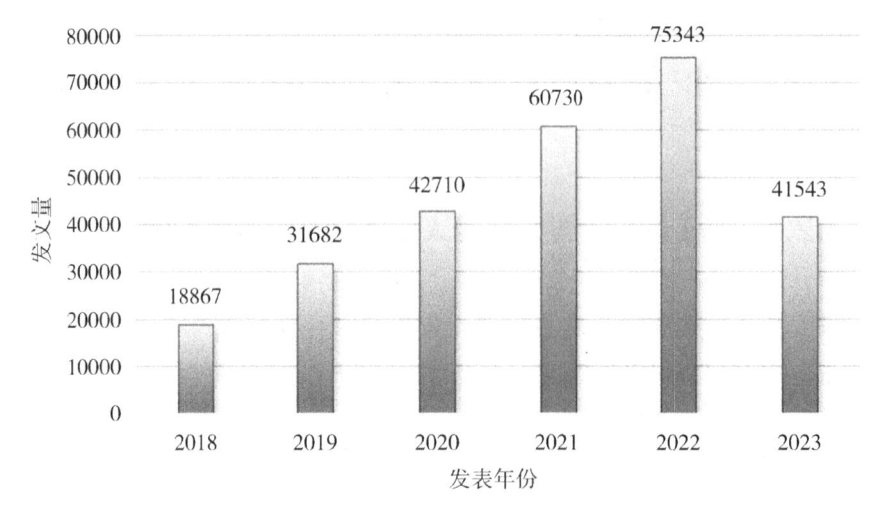

图3-1　人工智能领域论文发文量年度变化趋势

对人工智能领域国家／地区的发文量进行统计可知，该领域的论文广泛分布在190个国家或地区。图3-2显示了发文量前十名的重点国家／地区，总体可分为两大梯度：①第一梯度为中美。位居首位的是中国，其发文量占总量的33%，其次为美国（占总发文量20%），遥遥领先于其他国家/地区，二者相加占据总发文量的半数以上，由此可见，中美两国在人工智能领域前沿技术研究具有绝对优势，占据领先地位。②第二梯度包括印度、英国、韩国、德国、加拿大、意大利、澳大利亚、日本。虽与第一梯度发文量的差距较大，但均占据总发文量的3.5%以上，说明第二梯度的国家/地区在该领域前沿技术的研究中也具备一定实力。

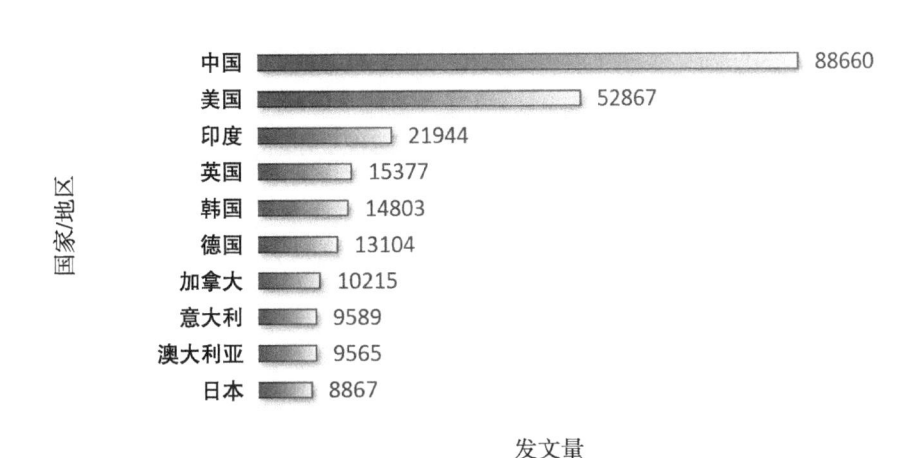

国家/地区	发文量
中国	88660
美国	52867
印度	21944
英国	15377
韩国	14803
德国	13104
加拿大	10215
意大利	9589
澳大利亚	9565
日本	8867

图3-2　人工智能领域发文重点国家/地区分布

3.2.1.3　前沿技术热点分析

通过高频关键词分析可从一定程度上表征该学科领域的研究主题，揭示某一时间段内的研究热点。统计论文关键词可知（图3-3），高频关键词主要包括artificial intelligence（人工智能）、machine learning（机器学习）、deep learning（深度学习）、natural language processing（自然语言处理）、COVID-19（新型冠状病毒）、convolutional neural network（卷积神经网络），可见这些关键词代表了该领域近年来备受关注的研究问题。将人工智能前沿技术研究中高被引（被引频次前10%）论文导入VOSviewer进行关键词共现分析（图3-4）发现，该领域近年来的研究热点主要包括以人工智能算法为中心、以机器人系统为中心、以人工智能的应用为中心，以及以计算机视觉为中心的四大研究方向。

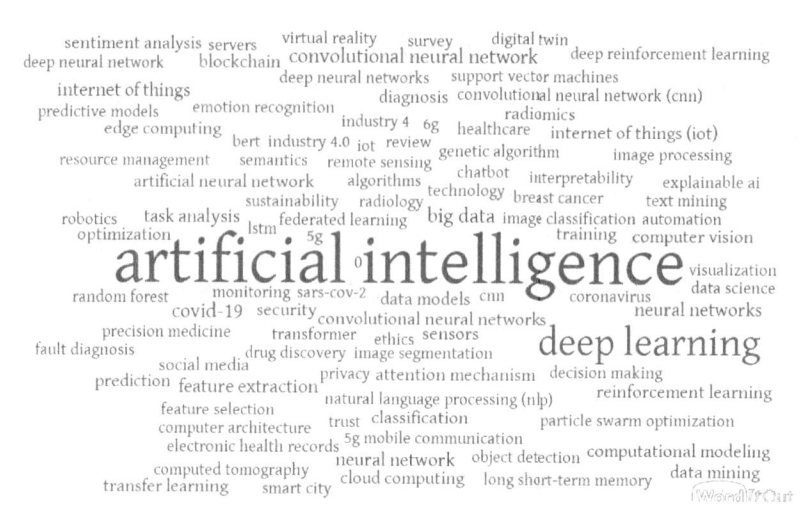

图3-3 人工智能领域前沿技术研究关键词词云图（关键词词频TOP200）

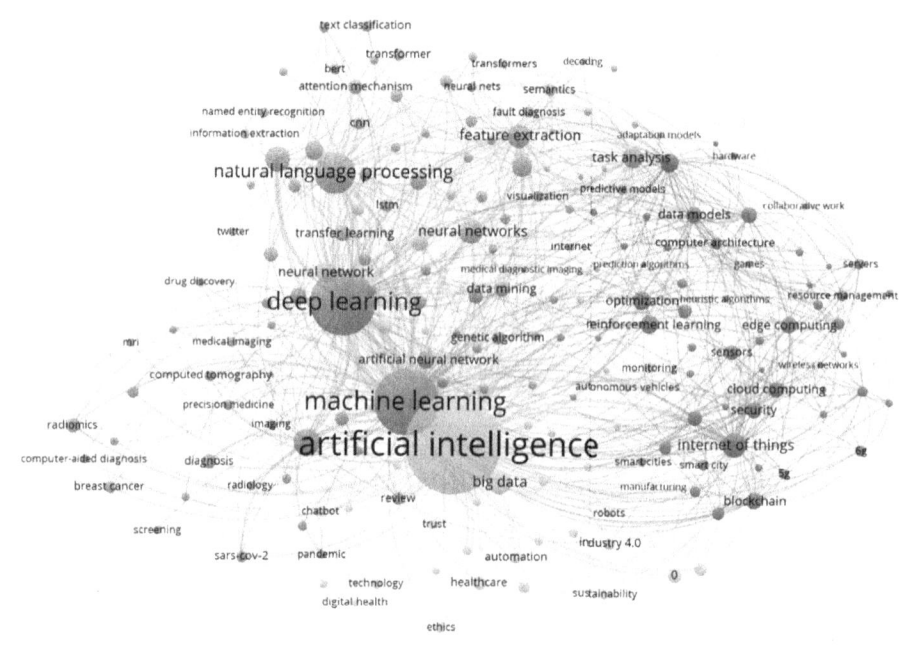

图3-4 人工智能领域前沿技术研究关键词共现网络（关键词词频TOP200）

研究表明，基于论文的人工智能前沿技术研究包括四大热点方向：

（1）人工智能算法研究

主要研究热点包括遗传算法、模型、卷积神经网络、生成对抗网络算法等。算法虽属于基础研究，但人工智能的高速发展离不开基础研究的突破性进展。其中，使用神经网络的深度学习处于人工智能研究的前沿，其热度居高不下，学者致力于提高深度学习模型的效率和有效性、探索新颖的架构以及开发训练大型模型的技术。自然语言处理则是一个快速发展的领域，学者致力于改进语言模型、情感分析、语言翻译，并使人工智能系统更有能力理解和生成人类语言。

（2）机器人控制系统研究

旨在协助或取代人类的工作，主要研究热点包括多机器人系统、智能机器人、自主系统等。其中，强化学习是一个热门主题，学者致力于提高强化学习算法的效率并能够处理复杂的任务。"机器换人"一方面可以节约劳动力成本，提高全员劳动生产率；另一方面推动企业由"制造"向"智造"转型。如有学者研究了一项基于人工智能的虚拟助手Bot-X，用于制造业处理各种复杂的服务，例如订单处理、生产执行等。鉴于此，智能制造再次提上日程，值得学者高度重视。

（3）人工智能融合应用技术研究

随着人工智能技术的广泛应用，围绕人工智能与边缘计算、区块链、数据模型、计算机系统结构、云计算等的融合技术成为研究热点，并致力于将其应用于医疗、金融、制造、交通、教育等行业，推动经济社会领域的发展。如，有学者正在致力于开发人工智能模型，帮助医疗保健专业人员做出更准确、更及时的决策，并增进我们对复杂生物系统的理解。近年来，新冠疫情作为大数据发展的一个重要契机，学者将研究热点聚焦于疫情追踪、传播演化、预测、资源配置等方面。此外，在欺诈检测，以及算法交易和风险评估等金融领域、教育领域均发挥着关键作用。

（4）计算机视觉研究

其研究重点是提高对象识别、图像分割和场景理解，这对于自动驾驶汽车、面部识别和医学图像分析等应用至关重要。随着信息时代的发展，未来的信息社会中将有绝大部分的流量源自图像和视频数据，让机器"看懂"这些视觉数据，掌握解决具体的计算机视觉任务的方法是国内外学术界和工业界最关注的问题。

3.2.2 基于专利分析的人工智能前沿技术识别

基于全球专利数据库incoPat中的专利信息，分析人工智能前沿技术的研发态势，具体包括数据来源、检索策略、技术研发趋势、国家／地区分布、技术热点。

3.2.2.1 数据来源

人工智能技术的应用前景广泛，其中专利申请时间越晚代表这项专利技术的前沿程度越高。采用incoPat内置算法能够较好地识别该领域所属技术类别，筛选被引证次数较高的专利并对专利信息进行聚类，能够在一定程度上反映该领域的前沿技术热点。本章将近五年被引证次数前20 000篇的专利定义为该领域基础研究的前沿技术，从专利角度识别该领域前沿技术。

本节基于全球专利数据库incoPat，依据人工智能相关领域的关键词：人工智能、深度学习、目标检测、语言模型、语音识别、机器学习为检索关键词，时间限定为2018—2023年。共检索到相关专利857 367件，合并申请号后剩余702 603件专利。

3.2.2.2 专利申请态势及分布

图3-5是2018—2023年人工智能领域相关专利申请和公开数量。从图中可以看出全球专利申请量从2018年至2021年逐年递增，但从2021年开始，专利申请量有所下降，但专利公开数量却仍在递增。2023年的专利申请数量较之前呈减少趋势，但专利公开则没有明显减少，这说明专利技术的持有人呈现集中的趋势。

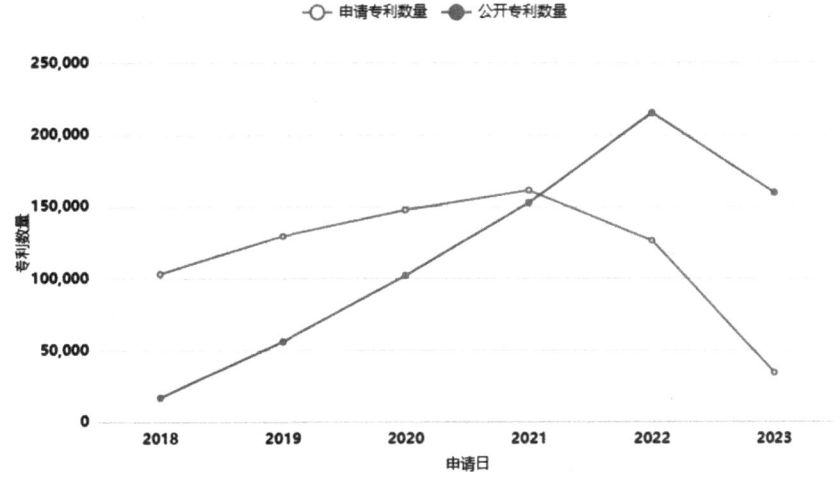

图3-5 人工智能专利申请—公开趋势

图3-6展示了近年来专利公开的主要国家/地区/机构。从专利公开数量上来说，中国是近年来人工智能领域专利公开数量最多的国家，其次是美国和日本。从中、美、日三国的申请趋势上看，日本从2020年开始，专利公开呈下降趋势，美国从2021年开始专利公开数量开始下降，而中国在2018年至2021年间的专利公开一直呈上升趋势，从2022年开始专利公开数量有所减少。这一表现表明三国在近一两年都减少了在人工智能领域的专利申请数量。

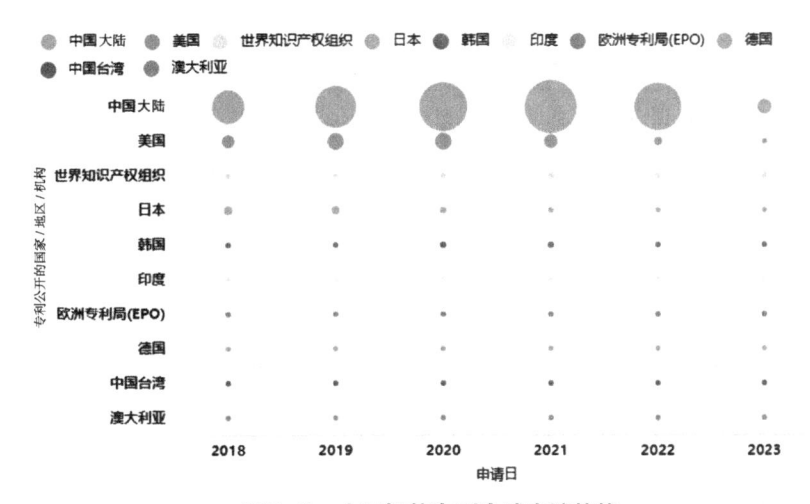

图3-6 人工智能专利全球申请趋势

在incoPat中针对机构存在简称和全称混用、同一机构下的研究所未合并、公司名称/机构的不同书写格式、中英文名称不同等进行清洗，清洗后得到专利TOP20申请机构如图3-7所示。

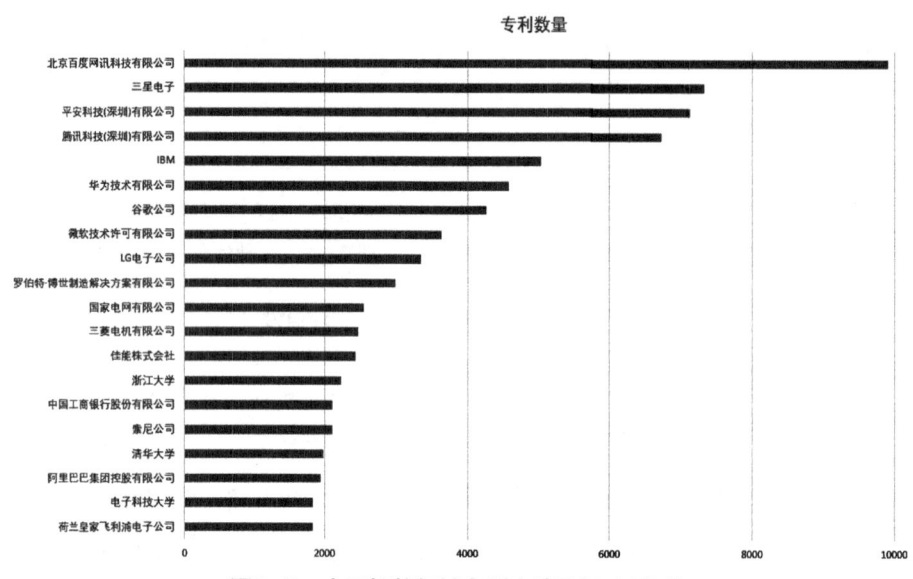

图3-7 人工智能领域专利申请TOP20机构

专利申请量排名前20的申请机构分别来自中国（7个）、美国（3个）、日本（3个）、韩国（2）、德国（1个）、荷兰（1个），这些机构中有17个都是企业，只有来自中国的浙江大学、清华大学和电子科技大学属于高校。这说明中国在人工智能专利获取上有明显的技术优势。

中国是近年来人工智能领域专利技术申请量第一的国家，我国当前主要的人工智能技术公司有百度公司、平安科技（深圳）有限公司、腾讯公司和华为技术有限公司。其中百度公司和腾讯公司是我国领先的互联网科技公司，前者拥有全球领先的搜索引擎平台，目前致力于人工智能的科技研发工作，其已不是一个完全的互联网公司，目前正在扩展自动驾驶、大语言模型、智能机器人等业务。腾讯的主营业务是通信、社交以及电子游戏业务，目前正拓展云计算、广告、金融等服务产业。平安科技是平安集团下的一家融合人工智能的国际金融机构，致力于运行人工智能、云计算等科技手段，平安集团以科技驱动金融产业发展。华为公司是全球领先的信息通信基础设施和智能终端提供商。其致力于移动终端等电子设备的研发和提供相关服务，在全球已拥有数十亿用户，目前正积极开展5G业务。此外、浙江大学、清华大学是我国领头的人工智能科研机构。浙江大学的专利申请数量最高，在2018年—2022年申请量呈上升趋势，2023年的专利申请数量有所下降，其申请的专利技术功效一直以精度和效率并行进行，说明浙大的人工智能专利研究不仅在数量上多，总体质量也较好。清华大学的专利申请从2022年开始由之前的上升趋势转为下降趋势，从生命周期上看，科研机构对于人工智能的研究已经由快速发展期转变为缓慢增长阶段，其技术类型与浙江大学的相似，以计算机系统、电子数据处理为主，但今年开始对于图像数据读取的相关工作进度明显放缓，说明这一研究领域已不再是人工智能的研究重点。

  美国是国际人工智能领域的带头人，其主要的人工智能技术公司有IBM、谷歌公司、微软公司，这些公司都是世界领先的人工智能科技公司。IBM的主营业务是计算机、软件生产和销售业务，目前还在大型计算机、超级计算机等领域处于世界领先地位，开发了多款企业服务软件并在材料、化学、物理等科学领域也创造了诸多发明。谷歌公司和微软公司是美国的网络通信科技企业，谷歌的主营业务包括搜索引擎、网络应用程序服务以及其他网络在线业务。微软公司以研发、制造、授权和提供广泛的电脑软件服务业务为主，近年来在搜索引擎、人工智能生成对话模型上取得飞跃式发展，是目前世界领先的人工智能技术研发公司。

  日本在人工智能技术方面也处于世界领先地位，且其更关注的领域是产品的生产和应用方面，而非前沿的理论技术研究。其主要的人工智能技术公司有三菱电机有限公司、佳能株式会社和索尼公司。三菱电机有限公司的主营业务有涡轮发电机、变压器等变电系统，以及逻辑控制装置、卫星雷达等通信设备，也涉足家用空调、照明设备。佳能株式会社主要经营摄影和数字信息产品，其产品包括照相机及镜头、数码相机、打印机、复印机、传真机、扫描仪、广播设备、医疗器材及半导体生产设备等。索尼公司比佳能株式会社涉足的领域更多，除数码相机业务外，在电子游戏设备方面处于领先地位。由于智能手机业务的不景气，索尼公司开始在电动汽车、VR设备和蓝牙音箱领域进行探索。

韩国拥有较为有实力的人工智能企业三星电子和LG公司。三星电子是韩国最大的电子工业企业，三星的主营业务有智能手机、智能电视、LED液晶屏幕、半导体和小家电。近一两年，三星电子公司也积极开展生成式人工智能的技术研究，致力于创建自己的AI服务。LG公司的主营业务与三星公司有相似之处，主要是数码、通信等电子设备。2022年，该公司盈利最多的业务来自于高阶生活家电和车用零件，其在生活家电业务上一直致力于高阶产品生产，并积极开展AI智控业务。由于经营不善，该公司于2021年7月31日全面退出手机市场。

德国的罗伯特·博世公司是一家先进的全球汽车零部件生产和销售企业。其业务划分为汽车与智能交通技术、工业技术、消费品以及能源与建筑技术4个领域。其为智能家居、互联交通和互联工业提供创新的解决方案。

荷兰飞利浦电子公司是世界上最大的电子公司之一，主要的经营范围是与医疗健康相关的电子设备的研发、生产和销售。目前在影像诊断、图像引导治疗、病人监护、医疗信息化以及消费者健康和家庭护理领域处于领先地位。

总体来看，中国和美国正致力于人工智能的技术研发工作，以及拖动人工智能发展的前沿技术研发。而日本、韩国、德国和荷兰更重视人工智能向实体产业转变的技术研发工作。人工智能目前重点应用的产品涉及智能电子设备、金融、汽车、医疗健康领域。

3.2.2.3 专利技术热点分析

从专利申请的技术类别上看（图3-8），人工智能领域的技术类别划分相对较为稳定，主要以"G06N（基于特定计算模型的计算机系统）""G06F（电数字数据处理）""G06T（一般的图像处理或产生）""G06K（图形数据读取）""G06Q（适用于监督目的的信息和通信技术）""G06V（图像或视频识别或理解）"为主，但技术类别的占比有所变化。从2018—2023年，人工智能领域专利技术申请类别以"G06N""G06F"为主，其中从2022年开始，"G06F"和"G06T"的申请数量较上一年有所增加，"G06N"较上一年开始呈下降趋势。这说明数据和图像处理的专利技术更加受到重视。

通过筛选被引证次数前10 000篇的专利，并对技术类型进行分析，获得图3-9中的技术类别沙盘图。从图中可知当前人工智能领域的主要技术热点涉及目标检

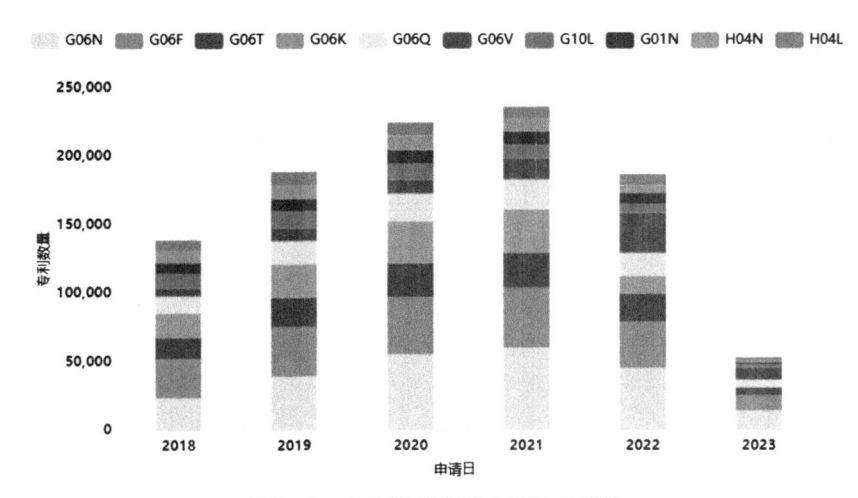

图3-8 人工智能专利申请技术趋势

测/图像、知识图谱/文本/自然语言处理、物联网/数据集、损失函数/卷积、训练/预测模型、虚拟对象/机器人、车辆/无人机、医学图像/外科手术。

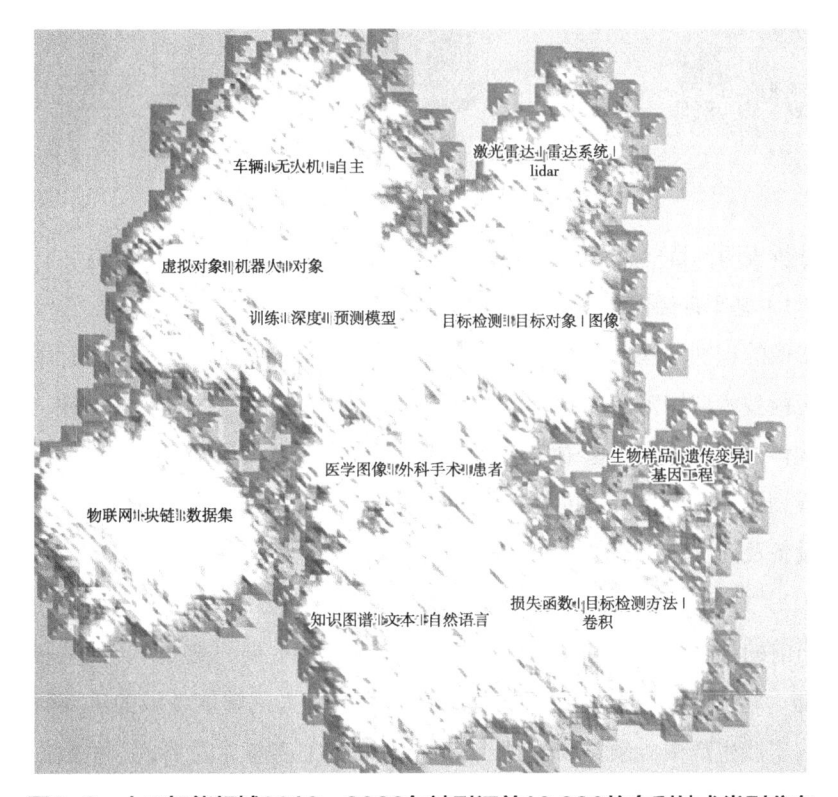

图3-9 人工智能领域2018—2023年被引证前10 000的专利技术类别分布

从专利技术功效上看（图3-10），人工智能领域技术功效比较稳定，以效率和准确性为主要类别，其中，人工智能专利技术逐渐从效率上向准确性和精度上转变。此外，技术的复杂性的申请数量呈现增加后减少的趋势，速度则一直保持增加趋势。人工智能的自动化、安全和智能化一直保持着一定程度的关注度。

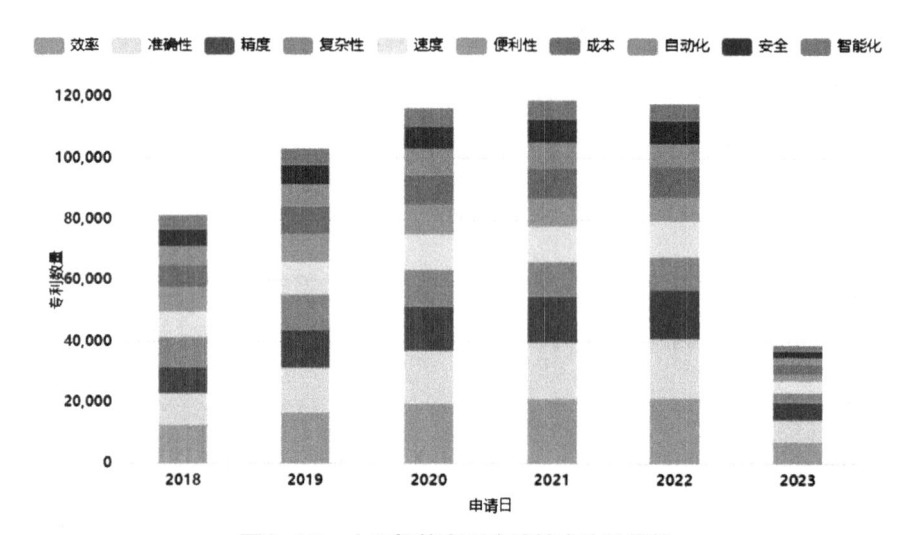

图3-10 人工智能专利申请技术功效趋势

分析表明，目前人工智能领域的专利前沿技术涉及以下几个方向：

（1）基于神经网络模型的图像识别、目标检测技术

图像的识别和处理是人工智能、深度学习领域的一个热点方向，且图像的人工智能技术应用范围广泛，可以用于医学影像的识别、自动驾驶领域、地质地理物体的判别以及图像中特定目标的检测。当前的图像增强技术、利用深度学习模型识别图像中特定的物体和目标是技术研发的重点。将这些技术应用于电子设备及医学治疗是这一研究的主要目标。

（2）关于数据的处理方法、装置、设备等相关技术

当前的神经网络、深度学习技术仍然严重依赖数据的支持，因此关于数据的存储、清洗、存储技术以及装置的研发是当前人工智能领域的重要研究方向。在实践生产中，领域数据对于模型实现特定任务非常重要，这些数据的获

取、采集、去噪、处理等相关任务的实现是各类神经模型训练的基础。此外，数据的安全、监测问题受到关注，安全系统开发一直受到关注。

（3）利用深度学习方法的车辆控制技术

这一问题近年来受到许多大型研发机构的重视。自动驾驶被认为是继汽车产业电动化之后的又一历史机遇。自动驾驶涉及的技术较多，主要是驾驶场景中的目标检测、定位、安全判断技术以及车辆的自动控制技术等。这些技术又依赖于人工智能及其他技术的研发工作，因此，现有的车辆控制技术在未来一段时间内仍然会是一个关注热点。

（4）利用深度学习技术的视频通话技术和设备研发

视频通话技术及远程通话过程中的目标识别受到许多大型技术公司的关注。当前科技企业积极开展远程通话的技术研发工作，这可能受到前两年疫情的影响，远程会话、远程工作等在全球范围内的需求都相对较多。使用深度学习方法处理视频、优化视频通话效果、研发基于人工智能的视频技术是当前重要研究趋势。

3.2.3 人工智能前沿技术发展态势

人工智能的各领域技术正在改变着人们的生产方式、经营模式以及社会生活，这让人工智能技术的趋势和发展方向更加受到市场关注。围绕市场需求，学界开展了大量的研究探索。其中，专利计量分析能够窥探出人工智能的技术竞争热点，通过学术论文的计量分析可以发现面向市场和社会需求的人工智能领域的研究热点。综上分析可见，人工智能前沿技术热点呈现如下态势。

（1）从市场技术竞争态势看，用于电子设备的数据存储、控制和图像识别技术，对于当前深度学习模型训练方法的改进、文本的信息抽取和生成、视频会话技术、激光雷达设备装置技术是当前市场技术竞争的热点领域。

（2）从技术需求态势看，以人工智能算法为中心、以机器人系统为中心、以人工智能的应用为中心以及以计算机视觉为中心的研究是当前市场和社会发展重要的技术需求领域。

3.3 人工智能前沿技术创新监测

3.3.1 国内人工智能前沿技术创新监测

3.3.1.1 政策布局监测

近年来,世界各国高度重视人工智能技术的发展,通过出台政策法规、战略规划,发布科研专项项目等方式加大对人工智能技术的研发支持,以促进人工智能技术的产业应用,构建未来人工智能生态系统。政策层面,国内外不断强化人工智能的战略地位,推动并释放人工智能红利。

(1)2015年,国务院发布《中国制造2025》《关于积极推进"互联网+"行动的指导意见》

《中国制造2025》将人工智能布局划分为十年,旨在将中国发展成为人工智能领域的主导者。《关于积极推进"互联网+"行动的指导意见》将人工智能与"互联网+"相联系,着重强调人工智能新兴产业的培育。

(2)2017年发布《新一代人工智能发展规划》《促进新一代人工智能产业发展三年行动计划(2018—2020年)》

《新一代人工智能发展规划》首次将人工智能提升到国家战略地位。同年,工信部印发《促进新一代人工智能产业发展三年行动计划(2018—2020年)》将发展规划具体化,明确落实到培育智能产品和服务、突破软硬件基础的核心技术、深化发展智能制造、构建支撑体系和其他保障措施五个方面。

(3)2019年发布《新一代人工智能治理原则——发展负责任的人工智能》

我国专门设立了国家新一代人工智能管理专业委员会,委员会于6月发布的《新一代人工智能治理原则——发展负责任的人工智能》中进一步完善人工智能发展的细节,明确人工智能治理的八项原则。

(4)2021年发布《中华人民共和国国民经济和社会发展第十四个五年规划和2035年远景目标纲要》

《中华人民共和国国民经济和社会发展第十四个五年规划和2035年远景目标纲要》将新一代人工智能作为科技前沿领域攻关的首要目标领域。

（5）2022年发布《关于加快场景创新 以人工智能高水平应用促进经济高质量发展的指导意见》

科技部、教育部、工业和信息化部、交通运输部、农业农村部、国家卫生健康委联合发布《关于加快场景创新 以人工智能高水平应用促进经济高质量发展的指导意见》，系统指导各地方和各主体加快人工智能场景应用，推动经济高质量发展。

表3-1 我国人工智能政策规划

时间	制定机构	政策规划名称
2015.5	国务院	《中国制造2025》
2015.7	国务院	《国务院关于积极推动"互联网+"行动的指导》
2016.3	十二届全国人大四次会议	《中华人民共和国国民经济和社会发展第十三个五年规划纲要》
2016.5	国家发改委	《"互联网+"人工智能三年行动实施方案》
2017.7	国务院	《新一代人工智能发展规划》
2017.12	工业和信息化部	《促进新一代人工智能产业发展三年行动计划（2018—2020年）》
2018.11	工业和信息化部	《新一代人工智能产业创新重点任务揭榜工作方案》
2019.8	科技部	《国家新一代人工智能开放创新平台建设工作指引》
2020.7	中央网信办等	《国家新一代人工智能标准体系建设指南》
2021.7	工业和信息化部	《新型数据中心发展三年行动计划（2021-2023年）》
2021.9	国家新一代人工智能治理专业委员会	《新一代人工智能伦理规范》
2022.8	科技部等六部委	《关于加快场景创新 以人工智能高水平应用促进经济高质量发展的指导意见》

3.3.1.2 国内技术创新发展态势监测

在人工智能科技产业的发展上，中国走在了世界的前列。中国以深度学习为代表的人工智能技术飞速发展，新技术开始探索落地应用；工程化能力不断增强，在医疗、制造、自动驾驶等领域的应用持续深入；可信人工智能技术引起社会广泛关注。

（1）构建了复杂的人工智能科技产业技术体系

中国人工智能科技产业技术体系包括大数据和云计算、物联网、5G、智能机器人、计算机视觉、自动驾驶、智能芯片、智能推荐、虚拟/增强现实、语音识别、区块链、生物识别、光电技术、自然语言处理、空间技术、人机交互和知识图谱在内的17类技术，构成了复杂技术体系。2021年，在中国人工智能科技产业技术合作关系分布中，排名第一的技术类别是大数据和云计算，占比47.53%；排名第二的是物联网，占比11.37%；排名第三的是5G，占比7.26%；排名第四和第五的分别是智能机器人和计算机视觉，占比为6.66%和4.40%。

（2）深科技创新驱动中国人工智能科技产业的发展

在深科技创新过程中，包括15家国家级人工智能开放创新平台在内的新型平台发挥着关键作用。新型平台一方面通过自主创新展开前沿技术研究，另一方面通过产业创业生态建设广泛赋能产业发展。同时，新创企业在人工智能关键核心技术领域的突破，同样构成了深科技创新的重要推动力量。与商业模式创业不同，人工智能领域的深科技创业活动具有如下特征：一是科学家的广泛参与；二是风险资本的持续高投入；三是跨学科、跨组织、跨产业、跨区域和跨领域科技人才的汇聚；四是高度聚焦人工智能科技产业发展中的关键核心技术；五是积极培育创新生态。

3.3.1.3　国内人工智能技术创新发展特征

在人工智能科技创新和产业发展上，中国走在了世界前列。以应用需求为牵引的深科技创新，是中国人工智能科技产业发展的关键驱动因素。

（1）我国人工智能产业发展表现出明显的集群化趋势

中国的人工智能科技产业发展是深科技创新驱动的。与互联网商业模式创新不同，深科技创新以应用需求为牵引，强调基础研究、技术开发和规模应用的良性互动。近年来，政产学研用协同创新共同推动人工智能科技产业的发展，不仅表现为自主可控技术体系的形成，而且表现为应用领域的广泛扩展。围绕人工智能产业化和产业智能化，多元异质创新主体的知识、技术重组和互补性创新中涌现的创新集群，是人工智能深科技创新的基本组织形态。

人工智能企业及其创新活动构成了人工智能产业集群发展的微观基础。工业和信息化部统计数据显示，截至2022年6月，我国人工智能企业数量超过3000家，仅次于美国，排名第二，人工智能核心产业规模超过4000亿元。我国人工智能企业在智能芯片、基础架构、操作系统、工具链、基础网络、智能终端、深度学习平台、大模型和产业应用领域的创新创业活动，为自主可控技术体系的构建和产业国际竞争力的提升奠定了基础。平台企业、独角兽公司、中小企业、新创企业、研究型大学、科研院所和投资者之间相互协作，共同构建富有活力的产业创新生态，人工智能产业发展表现出日益明显的集群化趋势。

（2）人工智能产业集群是基于网络空间发展的创新集群

我国的人工智能产业集群表现为"新型创新区→城市→区域→全国→全球"的空间结构特征。与传统工业园区和高科技园区不同，新型创新区一般位于科技创新资源和产业基础雄厚的大城市的中心区和次中心区，是人工智能产业化集群及其产业创新生态的栖息地，强调依托狭小的物理空间打造无限的网络空间产业创新生态。到目前为止，我国人工智能产业集群主要分布在京津冀、长江三角洲、珠江三角洲和川渝地区的重点城市。通过外部创新资源的引入和内部创新资源的激活，西部地区的西安，中部地区的武汉和长沙，东北地区的沈阳、大连和哈尔滨开始出现人工智能产业集群的雏形。

（3）企业簇群及其产业创新生态

我国人工智能产业集群的价值网络结构是"极核"状的。平台及其主导的产业创新生态构成了我国人工智能产业集群发展的"极核"。我国人工智能领域新型创新组织广泛分布在京津冀、长江三角洲和珠江三角洲等地区。其中，以鹏城实验室、之江实验室和上海人工智能实验室为代表的人工智能实验室，成为人工智能产业化领域最为活跃的新型创新组织。

3.3.2　国外人工智能前沿技术创新监测

3.3.2.1　政策布局监测

（1）美国

2016年，联邦政府发布了第一份《国家人工智能研发战略计划》，旨在促进人工智能研发投资，为提高人工智能技术水平指明方向，并确保人工智能技术为美国人民创造更多福利。

2018年9月，美国国家网络和信息技术研究与发展协调办公室向社会发布了《2019年国家人工智能研发战略计划》的征求意见稿，希望各类市场主体对人工智能研发战略计划提出意见。最终收到了来自研究人员、科研机构、行业协会、民间社会组织等提交的近50份意见回复。

2019年2月5日，特朗普总统在国情咨文演讲中强调了美国在未来新兴技术产业（包括人工智能）方面发挥领导作用的重要性。2月11日，特朗普总统签署了13859号行政命令，对外发布《美国人工智能倡议》。该倡议将企业、学术界、社会公众和其他盟友国家纳入考虑范围，计划实施联邦政府与各类市场主体全面合作的人工智能发展战略。该倡议还要求联邦政府将人工智能研发列为年度预算制定的优先考虑事项，确保美国在制定人工智能技术标准方面处于全球领先地位，并提供相应的劳动力教育和培训机会。

2020年10月，美国白宫发布《关键与新兴技术国家战略》，指出美国将依靠发展国家安全创新基础能力和保护技术优势两大支柱，以维护美国在全球关键和新兴技术领域的领导地位。该战略文件提出了"关键与新兴技术列表"，以人工智能、自主系统、通信和网络技术、量子信息科学等20种技术为优先发展领域。

2021年1月，拜登政府上台后，根据《2020年国家AI倡议法案》以及《2021财年国防授权法案》，美国白宫科技政策办公室（OSTP）成立了专门的国家人工智能倡议办公室，负责监督和实施国家AI战略。2021年6月10日，拜登政府OSTP和国家科学基金会（NSF）宣布成立国家人工智能研究资源工作组，协助创建一个共享的国家人工智能研究基础设施，提供可访问的计算资源、高质量数据、教育工具和用户支持。

2022年2月，OSTP发布了一份信息征询书，要求感兴趣的各方就《国家人工智能研发战略计划》的制定提供意见。随后，OSTP收到来自研究人员、科研机构、专业学会、民间社会组织和个人的60多份回复。大多数回复都涉及人工智能伦理、法律和社会影响（见战略3）或人工智能系统的安全和保障（见战略4），学术界、工业界和公众都高度重视开发和部署安全、透明、公平、不侵犯隐私的人工智能系统。

2023年美国发布《国家人工智能研发战略计划》更新版。该计划是对2016、2019年版《国家人工智能研发战略计划》的再次更新，重申了之前的8项战略目标，并对各战略的具体优先事项进行了调整和完善，同时增加了新的第9项战略以强调国际合作。此外，该报告还提出要评估联邦机构对《2020年国家人工智能倡议法案》（NAIIA）和《国家人工智能研发战略计划》的实施情况。

（2）欧盟

2018年4月，欧盟发布了《欧盟AI战略》。面对AI带来的机遇与挑战，欧盟需要秉持欧洲价值观，以自己独有的方式行动起来，推动AI的发展和部署。欧盟委员会致力于推动AI科技创新，保持欧盟AI科技的领先地位，确保新技术为全欧洲服务，在提升人们生活质量的同时尊重相关权益。为了抓牢本次AI带来的机遇，欧洲必须加强产业和技术能力建设。

2020年2月，欧盟正式发布了《人工智能白皮书——通往卓越和信任的欧洲路径》，旨在打造以人为本的可信赖和安全的人工智能，确保欧洲成为数字化转型的全球领导者。报告分为六大部分，首先概述了人工智能，进而阐述了需要利用工业和专业优势，抓住下一波数据浪潮机遇。其次重点围绕"卓越生态系统"与"信任生态系统"两方面展开，着重建构了可信赖与安全的人工智能监管框架。最后，还发布了《关于人工智能、物联网和机器人对安全和责任的影响的报告》和《欧洲数字战略》两份附件。

2021年4月，欧盟委员会发布《人工智能协调计划2021年修订版》，旨在协调各成员国行动，共同实现欧盟占据人工智能全球领导地位的目标。文件提出了40条关键行动，围绕四大发展方向展开：创造能够推动人工智能发展与应用的使能环境；推动人工智能卓越发展，从实验室到市场有序衔接；确保人工智能以人为本，成为社会进步的驱动力量；在人工智能具有重大影响的领域占据战略领导地位。

2023年6月，欧洲议会投票通过了《人工智能法案》（AIAct）草案。接下来，欧洲议会、欧盟成员国和欧盟委员会将通过谈判确定法案的最终条款。若通过立法，或成为全球首个关于人工智能的法案。欧盟委员会希望在当年年底前达成协议。

（3）英国

2018年4月，英国上议院发布《英国人工智能发展的计划、能力与志向》报告，呼吁英国有能力成为人工智能领域的世界领导者，同时强调要推动合乎伦理的AI研发及应用模式，具体包括：①推进数据共享，使公共数据的价值得以最大化；②积极发展可理解的AI；③确保数据样本的平衡和代表性；④打破数据垄断。

2021年1月，在发布的《人工智能路线图》中，英国人工智能委员会同样强调要在强化AI基础研究（如异质性数据库间的通用语言、非结构化数据分析技术）的同时，发展安全、合道德、可解释、可回溯的AI技术，实现对AI技术发展与应用的"善治"。

（4）日本

2017年3月，日本内阁人工智能技术战略委员会发布《人工智能技术战略》报告，详细描述了日本面向2030年的"5.0社会"的人工智能研发和产业化路线图：发展人工智能基础系统、数据和硬件；促进人工智能在生产领域的应用；推动AI在健康、医疗和社会福利领域中的应用；实现AI与交通领域的融合。

2019年，日本发布《AI战略2019》，明确指出，"日本必须先于其他国家采取行动，解决人口老龄化、人口减少和基础设施恶化等成熟社会所面临的许多社会问题"。《AI战略2019》认为，虽然当前日本并没有在AI技术领域形成足够的国际竞争力，但可以在世界范围内率先实现AI技术的广泛社会应用，形成可持续的、以人为本的智能社会运转系统。

（5）韩国

2020年10月，韩国发布《人工智能半导体产业发展战略》，进一步明确了智能半导体在未来整个产业体系中的核心地位，力图使其成为韩国的"第二个DRAM产业"，并围绕智能汽车、基于物联网的家用电器、生物技术、机器人和公共服务五大关键领域，定制化开发每个领域所需的智能芯片。

（6）俄罗斯

2019年10月发布了《俄罗斯2030年前国家人工智能发展战略》：一是加强人工智能基础研究，优先发展模拟生物决策的集群算法、自主学习算法、复杂任务的自主分解及解决、神经计算系统架构基础等，成立算法研究基金；二是积极推动AI软硬件、数据基础的发展，构建AI产业生态体系，包括研发及推广人工智能软件，提升数据的可访问性（如创建、升级各类公共数据访问平台，开发数据采集、标记的统一方法等），提高人工智能发展所需硬件的质量（如发展俄罗斯国产处理器、光电元器件，建立高性能数据处理中心）。

3.3.2.2 国外技术创新发展态势监测

对于人工智能的分类，学术界有不同的看法。基于核心技术角度，人工智能技术可以细分为计算机视觉、语音识别、自然语言处理、机器学习和机器人等。从目前的时间节点来看，人工智能技术呈现出以下几个方面的发展趋势。

（1）主动学习

目前，人工智能系统需要通过大量的数据训练机器模型来适应新的数据分布和任务需求，所以有时会出现决策能力不足的问题，因为还存在未经训练的领域。人工智能技术未来发展会更多聚焦于学习能力提升，在这个过程中，人工智能系统将采用自监督学习、弱监督学习、增强学习等技术，不断从新数据中提取特征、优化算法和改进模型，这将使得人工智能系统更加擅长处理各类数据，并且实现更智能、更高效的决策和推理。

（2）多元融合

随着人工智能技术的发展，越来越多的应用场景涌现出来，对人工智能系统的要求也不断提高，单一的人工智能技术已无法满足多元的应用场景，多元技术融合成为技术创新趋势。

（3）自我监督

在人工智能技术发展早期，人们对安全性问题的关注度相对不高。但随着人工智能技术的不断发展，以及人工智能技术在各行业领域的深入应用，人们开始更加关注人工智能的隐私保护和人类自身的安全隐患。现在的人工智能系统大多是以监管学习为基础的，即通过基础数据学习来训练行为模式，但当这些系统面对陌生的、未被训练过的场景时，其行为是无法预知的，这可能会带来严重的安全隐患。

（4）大语言模型

大型语言模型（LLM）建立在机器学习原理基础上，基于文本数据集进行识别、预测和生成人类语言。算法模型包括文本建议、语音识别、统计语言模型、神经语言模型、机器翻译、情感分析等。这些模型同人类社会各个学科相结合，未来不仅反映现状数据和历史数据，还将反映人类的选择和价值观。

3.3.2.3 国外人工智能技术创新发展特征

2023年8月，麦肯锡发布调查研究报告《2023年人工智能的现状：生成式人工智能的突破年》，报告认为人工智能的广泛使用将对各行业和劳动力产生重大影响。

（1）全球对人工智能的投资正在迅速增加

据国外风投数据分析公司PitchBook的数据，2023年上半年，全球人工智能领域共计发生融资1387件，筹集融资金额255亿美元，平均融资金额达2605万美元。高盛经济研究显示，在全球，人工智能发展已形成多个梯队。其中，美国和中国为第一梯队，而第二梯队包含英国、德国、新加坡等11个国家，瑞典和荷兰首次进入这一梯队；第三梯队包括丹麦、芬兰等12个国家；第四梯队包括捷克、巴西等21个国家。其中，美国的人工智能在算法和芯片等领域布局领先，欧盟注重人工智能的社会伦理和标准的技术监管，俄罗斯重点关注人工智能高新技术的研发与应用，德国正致力于打造"人工智能德国造"品牌。

目前美国人工智能融资在全球处于领先地位。根据Crunchbase数据库，2011年至2023年，融资公司所在地为美国的500万以上融资项目中，共有3658个为人工智能领域融资项目，且美国在这一领域的融资项目数及融资金额在稳步增长。2022年美国风投在人工智能领域融资项目数为574个，2011年至2022年年均复合增长率达29.3%；2022年美国在人工智能领域融资金额为243.5亿美元，2011年至2022年的年均复合增长率高达422.5%。伦敦拥有近1300家人工智能公司，是巴黎和柏林人工智能公司数量总和的两倍。而随着企业和风投的不断进入，伦敦也已成为领先的人工智能发展之都，预计到2040年，英国企业在人工智能上的投入预计将超过2000亿英镑。

（2）推动软硬件系统协同演进，全面开发人机协作智能系统

美国更加关注长期投资在具有潜在能力的高风险、高回报项目，以此补充社会和企业短期内不愿涉足的领域。在软件方面，提升人工智能系统的数据挖掘能力、感知能力并探索其局限性，同时推动系统革新，包括可扩展、类人

的、通用的人工智能系统的研发。在硬件方面，优化针对人工智能算法和软件系统硬件处理能力，并改进硬件体系架构，同时，推动开发更强大和更牢靠的智能机器人。美国斥资1.4亿美元建立7个人工智能研究中心。美国国家科学基金会宣布提供1.4亿美元资金，启动7个新的国家人工智能研究所。这项投资将使美国的AI研究所总数达到25个。新研究所将推进人工智能研发，以推动气候、农业、能源、公共卫生、教育和网络安全等关键领域的突破。

英国2023年4月宣布投入1亿英镑（约合人民币9.2亿元）初始资金建立基础模型工作组。基础模型工作组将汇集来自政府、行业和学术界的专家，研究安全开发人工智能的方法，并为制定国际安全准则提供信息。英国财政大臣表示，要在5年内花费10亿英镑用于人工智能和超级计算的研发。

（3）巨头企业形成集团式发展，共建人工智能生态圈

以谷歌、微软、亚马逊、Facebook、IBM五大巨头为代表，自发形成人工智能伙伴关系，通过合作的方式推进人工智能的研究和推广。这种新型的巨头集团式发展模式，成为人工智能时代的亮点，能保证技术方案的效益最大化。在将来，还会有更多企业和机构加入其中。用户组织、非营利组织、伦理学家和其他利益相关者也都会围绕生态圈进行更大范围的研究和开发。

3.4　中国人工智能技术创新发展挑战与建议

我国人工智能发展生态已初步形成，前沿技术研发处于第一梯队，应用落地场景丰富，但仍存在AI基础资源建设水平和基础研究领域与国际领先国家有差距、人工智能伦理和人才培养重视不够等问题，仍面临数据瓶颈、泛化瓶颈、算力和能耗技术瓶颈、可解释性技术瓶颈、可靠性和稳定性技术瓶颈等前沿技术突破的挑战。全球人工智能的竞争已拉开帷幕，为进一步加快我国人工智能技术创新步伐，提出如下建议。

（1）研究落地适于我国人工智能发展的体制机制

建议进一步理顺我国促进人工智能发展的体制机制，成立专门机构或小组负责统筹部门间的支持政策，避免重复支持、无效支持，实现政府资源效益最

大化和跨部门政策的良好衔接，进一步促进人工智能成果转化，使我国从人工智能论文强国变成人工智能专利强国、产业强国。

（2）强化人工智能前沿基础技术研究

强化深科技研究，引导人工智能龙头企业组建新型创新联合体，加快在更加深入的神经网络人工智能算法模型、先进的数据挖掘与处理技术、机器人操作系统、更加复杂的计算机视觉技术和多模态融合技术等前沿基础技术领域创新突破。加快可解释、通用型人工智能基础研究，推动人工智能技术在制造、金融、交通、医疗、教育、安防等重点行业领域深度广泛应用，赋能产业升级，提升AI产业国际竞争力。

（3）强化AI技术发展投入引导力度

加强AI财政资金支持力度，引导企业和社会资本投入，推动人工智能技术创新和产业发展。

（4）加强人才培养

据统计，我国人工智能人才目前缺口超过500万，国内的供求比例为1∶10，供需比例严重失衡，急需加强人才培养力度，补齐人才短板。一方面要完善人工智能教育体系，培养专业人才；另一方面要积极探索产学合作、国内国际合作、跨界跨领域合作的育才机制，营造有利于人工智能人才成长与培养的沃土，为未来做好准备。

（5）重视人工智能发展的社会伦理和法规建设

人工智能在多个领域的加速应用，导致相应的伦理问题逐渐凸显，尤其在隐私、就业、社会公平等领域，受到许多国际组织、协会、联盟等高度关注，甚至可能成为美欧等国打压我国AI产业的关键。同时，对人工智能在交通、金融、医药等应用较好的领域要加强监管，及时完善相关行业法律法规，明确发展人工智能中的伦理规则，积极引导，促进应用有序落地。建立完善的数据安全和隐私保护制度，加强个人信息保护，防范人工智能技术和应用带来的安全风险。

（6）加强国际合作

积极参与全球人工智能治理体系改革和建设，推动制定各方共同遵守的规则和共识，促进开放合作和共享发展。近期要加强与美国、英国、澳大利亚、加拿大等人工智能技术先进国家的研发合作，逐渐扩大到与其他人工智能发展较缓慢的国家合作，在不断提升人工智能技术创新突破的同时，发挥国际引领力。

第4章

工业物联网前沿技术识别与动态监测

智能移动设备的广泛普及和5G网络技术的迅速发展，为制造业产业升级提供了有力支撑，智能制造已经成为制造业的重要发展方向，工业物联网技术作为智能制造的重要支撑和关键技术，引起了学界和业界的广泛关注。工业物联网（Industrial Internet of Things，IIoT）是工业生产与物联网的结合，作为新一代信息通信技术与工业经济深度融合的关键基础设施、应用模式和工业生态，通过对人、机、物、系统等的全面连接融合，以"数据+智能"重构全产业链、全价值链的制造服务体系，为工业乃至产业数字化、网络化、智能化发展提供重要的实现途径。

2013年以来，随着传感技术、大数据、移动互联网融合发展，全球物联网应用开始进入实际推进阶段。近年来，我国工业物联网一直保持着高速发展的态势，不断涌现出各种新的技术和应用场景。同时，工业物联网技术也正在改变着人们的生产方式、经营模式以及社会生活，工业物联网的前沿技术研究趋势和发展方向得到了市场关注。目前，工业物联网在传感器和设备、AIGC／大模型、工业自动化、物联网（IoT）、边缘计算、数据分析和人工智能等方面，都出现了明显的趋势性变化。已有研究将某个时间段内具有很高科学与技术基础，或在产业领域表现突出的技术定义为前沿技术，前沿技术的准确识别与预测对资源的有效配置至关重要。本章以2018—2023年为切片并进行工业物联网领域检索式构建，采用WOS（Web of Science）数据库与incoPat专利数据库，从专利和论文两个角度开展前沿技术识别，并对国内外工业物联网的研发布局进行监测，为进一步推动工业物联网高质量发展提供决策支持。

4.1 智能制造中工业物联网技术简述

工业物联网是以工业企业为核心，以工业物联网平台为支撑，通过将新一代数字技术如网络技术、大数据、云计算和人工智能与工业技术深度融合，实现规模化提供智能服务和产品。目前工业物联网通常为四层架构模型，从下至上分别为感知识别层、网络连接层、平台汇聚层和数据分析层。

工业物联网在智能制造行业应用时，主要应用场景包括：①智能生产线。结合数字孪生技术，利用实时数据构建智能模型结构即孪生体，通过孪生体检测产品可能存在的低效问题，为企业产品设计和制造迭代提供技术支持。在生产阶段，企业能够实时监测和控制生产过程，降低设备故障和生产停机时间，从而提高生产效率和产品质量。②智能仓储。采用工业物联网技术收集和分析仓储数据，实现仓储管理的自动化和智能化。通过传感器监测仓库内环境，及时发现温度、湿度等异常情况，实现智能仓储的自动化控制和调度，确保货物的质量和安全。③智能质量检测。通过传感器、视觉系统等技术手段，实时监测和分析生产过程中的关键参数、零部件以及成品质量；借助自动化设备和数据采集分析系统，实现产品质量的自动检测和判定；通过深度学习和数据挖掘，优化产品设计和制造流程，提高产品的可靠性和稳定性。④智能维护。通过传感器监测设备的状态和运行情况，实现设备预警、故障诊断和维护计划的自动化，提高设备的可靠性和稳定性。⑤企业信息化。将涵盖企业运营的相关数据（如生产制造、设备状态、财务、物流、仓储、供应商、客户关系等），由工业物联网统一管理。根据企业整体决策的需求，随时调用数据进行分析，以便更有效地支持企业决策制定。

4.2 基于文献计量分析的工业物联网前沿技术识别

4.2.1 基于论文计量分析的工业物联网前沿技术识别

基于科技论文数据，采用文献计量法和内容分析法，利用Histcite、VOS viewer等工具，对工业物联网领域前沿技术的研究进展跟踪监测。由前述综述可知，讨论智能制造中的工业物联网技术时，传感器与工业物联网密不可分，因此以"工业物联网与传感器"为基础构建检索式。

4.2.1.1　数据来源

工业物联网技术发展迅猛，论文发表时间越晚在一定程度上代表这项研究的前沿程度越高。利用WOS数据库进行文献获取，借鉴已有对该领域发展态势研究的检索方式制定检索策略。其中，高被引论文通常代表着高学术水平与高影响力的重要成果，在WOS中表现为被引频次TOP10%的论文。本文将近五年被引频次TOP10%的论文定义为该领域基础研究的前沿技术，从论文角度识别该领域前沿技术。

为确保样本数据的质量及权威性，本文以WOS核心数据库中的文献（2018—2023年）为数据来源。以主题词与发表日期限制为TS=（"Industrial Internet of Thing*" OR（"Intelligen*" AND "Sensor*"）OR "Digital industry"）AND PY=（2018—2023）在数据库中进行检索，得到2.84万余篇文献，检索时间为2023年9月。为进一步得到精确数据，对检索结果进行数据清洗，限定文献类型为"论文""综述论文"和"会议录论文"，最终得到有效样本2.81万余篇文献。

4.2.1.2　论文增长态势及分布

根据本文的检索策略，截至2023年9月，WOS近五年共收录全球智能制造中工业物联网领域相关研究论文28 181篇，发文年度变化趋势如图4-1所示。整体发文量呈现稳步上升趋势，从2018年3323篇增至2022年6890篇，增幅107%，直观地说明了工业物联网领域近年来研究热度居高不下。基于论文产出的整体发展趋势，未来工业物联网领域论文数量将继续呈现增长态势，未来几年研究仍将处于发展阶段。

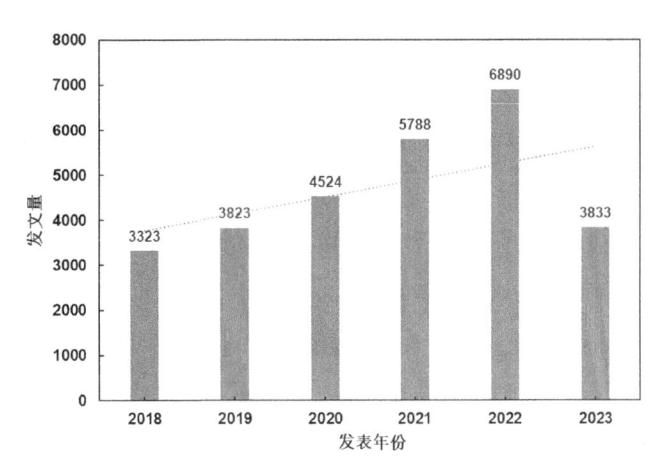

图4-1 工业物联网论文发文量变化趋势

对工业物联网领域国家/地区的发文量进行统计可知，该领域的论文作者广泛分布在145个国家或地区。图4-2显示了发文量前十名的重点国家/地区，总体可分为两大梯度：①第一梯度为中国，其发文量占总量的37.5%，遥遥领先于其他国家/地区，由此可见中国在工业物联网领域前沿技术研究具有绝对优势，占据领先地位；②第二梯度包括美国、印度、英国、德国、韩国、意大利、加拿大、澳大利亚、沙特阿拉伯，虽与第一梯度发文量的差距较大，但均占据总发文量的3.5%以上，说明第二梯度的国家/地区在该领域前沿技术的研究具备一定实力。

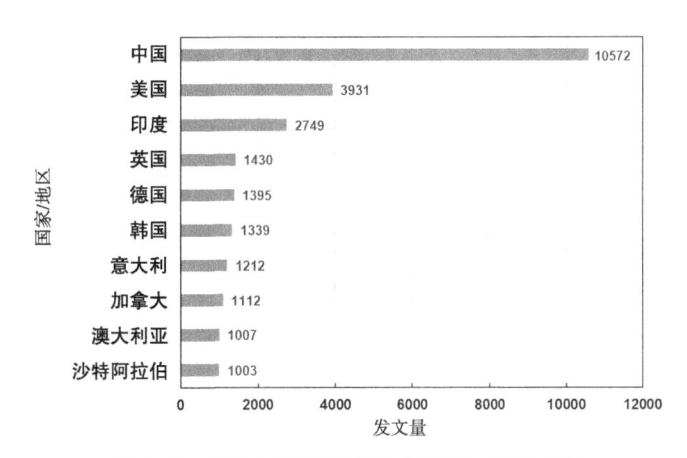

图4-2 工业物联网发文重点国家/地区分布

4.2.1.3 前沿技术热点分析

高频关键词分析可从一定程度上表征该学科领域的研究主题，揭示某一时间段内的研究热点。采用HistCite对WOS中检索出的目标数据进行分析，锁定该领域高被引（被引频次前10%）论文，绘制工业物联网领域高频关键词词云图（图4-3）。通过统计的论文关键词可知，该领域高频关键词主要包括internet of things（物联网）、artificial intelligence（人工智能）、machine learning（机器学习）、sensors（传感器）、deep learning（深度学习）、industrial internet of things（工业物联网）、cloud computing（云计算），这些都是该领域近年来备受关注的前沿研究问题。

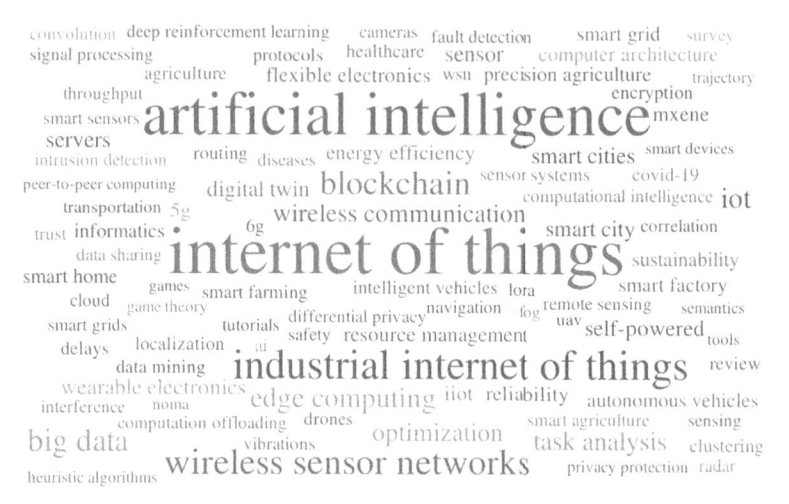

图4-3　工业物联网前沿技术研究关键词词云图（关键词词频TOP200）

为了深入研究工业物联网前沿技术之间的联系，明确前沿技术体系架构的演化路径和发展规律，将工业物联网领域的高被引（被引频次前10%）论文导入VOSviewer进行关键词聚类共现分析，获得工业物联网前沿技术聚类网络图谱（图4-4），工业物联网和传感器领域的研究主题涵盖了各种跨学科领域和不断发展的趋势，主要包括五个主要研究热点主题：物联网生态系统与集成、边缘和雾计算、数据分析和机器学习、安全和隐私、能源效益和可持续发展。

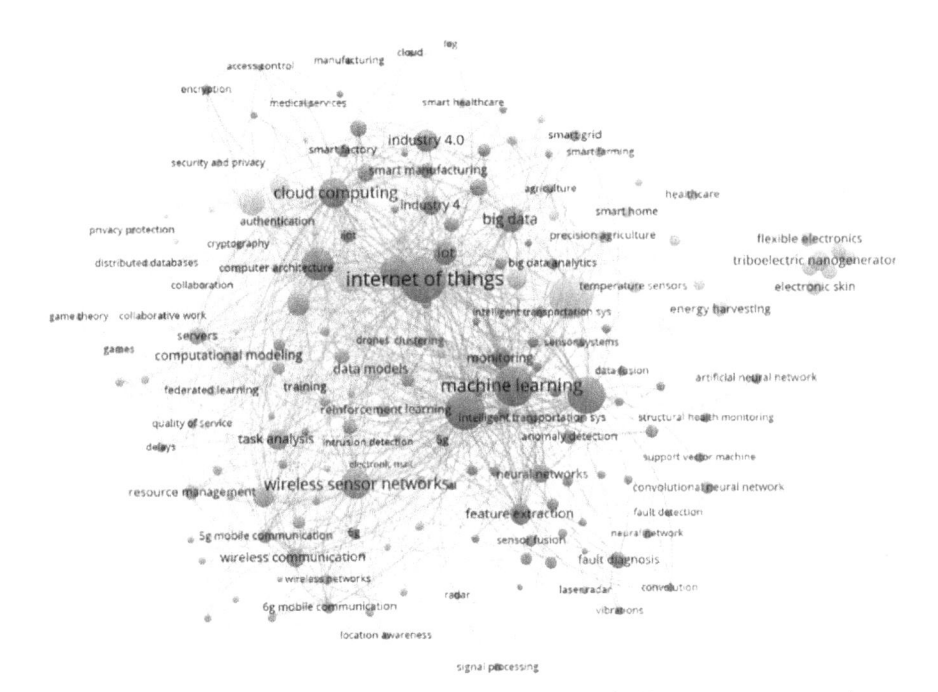

图4-4　工业物联网前沿技术研究关键词共现网络（关键词词频TOP200）

研究表明，基于论文的工业物联网前沿技术研究涵盖了诸多跨学科领域，主要包含五大热点方向：

（1）物联网生态系统与集成

通过各种物联网组件的无缝集成实现互操作性、高效的数据流和价值创造，其中涉及关键组件与技术包括物联网设备、通信协议、云计算平台、应用程序等；探索集成工业物联网组件（包括传感器、网关[10]和云服务[11]等）的方法，创建高效且可扩展的系统，具体包括调查互操作性标准、中间件解决方案和数据集成策略[12]。

（2）边缘和雾计算

边缘和雾计算是工业物联网研究的关键主题。边缘计算技术的发展推动工业系统的数字架构发生了革命性变化，近年来研究人员深入研究了分布式计算范式[13]，使实时数据处理、分析和决策更接近数据源（边缘）或网络（雾）[14]，主要包括边缘/雾架构设计、资源优化和低延迟数据分析等。

（3）工业大数据分析和机器学习

数据驱动的研究对于从工业物联网生成的数据中获得信息而言尤为重要。该主题侧重于利用先进的数据分析技术对工业大数据进行分析，包括机器学习[15]、深度学习[16]和预测分析等；探索算法和模型[17]，以揭示传感器数据中的模式、异常和趋势，并对应用程序进行预测性维护、质量控制和优化。

（4）无线通信技术

无线通信传输是实现万物互联的重要环节，其在提高传输速度及降低成本方面具有显著优势[18]。其细分研究方向广泛，如5G／B5G／6G物理层关键技术[19]、超密集异构网络、车联网、资源分配、物理层安全等。

（5）能源效益和可持续发展

可持续的工业物联网的研究关注度越来越高，该研究旨在降低传感器和工业物联网设备的能耗，延长使用寿命、降低环境影响[20]。其主要包括节能传感器设计、低功耗通信协议和能量收集解决方案。

4.2.2 基于专利分析的工业物联网前沿技术识别

基于全球专利数据库incoPat中的专利信息，分析工业物联网前沿技术的技术研发态势，具体包括数据来源、检索策略、技术研发趋势、国家／地区分布、技术热点。

4.2.2.1 数据来源

工业物联网技术的应用前景广泛，其中专利申请时间越晚代表这项专利技术的前沿程度越高。采用incoPat内置算法能够较好地识别该领域所属技术类别，筛选被引证次数较高的专利并对专利信息进行聚类，能够在一定程度上反映该领域的前沿技术热点。本文将近五年被引证次数前20 000篇的专利定义为该领域基础研究的前沿技术，从专利角度识别该领域前沿技术。

本节专利信息数据来源是incoPat中的专利数据。以工业物联网相关领域的关键词为检索关键词，时间限定为2018—2023年，构建incoPat检索式ALL=（工业物联网 OR 智能传感器OR 数字工业 OR IIoT OR Industrial internet of things OR

Intelligence sensor OR Digital industry）。共检索到相关专利88 408件，合并申请号剩余70 795件专利。

4.2.2.2 专利申请发展态势及分布

图4-5为2018—2023年工业物联网相关专利申请和公开数量。由图4-5可知，全球专利申请量在2018年至2022年间呈现波动下降的态势，整体降幅为21.2%，可能与2019年起中国开展整体监管转型，以优化申请结构、提高申请质量有关。在专利公开数量方面，专利公开数量在2018—2021年间处于增长状态，年增长率55.6%；从2022年开始，增速明显放缓，增幅暴跌至2.4%。数据表明，工业物联网技术可能逐渐进入"成熟期"。2023年数据不完善，暂不具备分析意义。

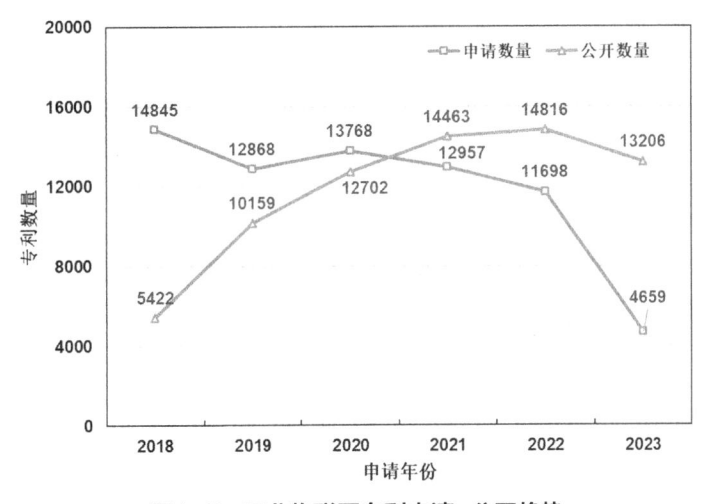

图4-5 工业物联网专利申请-公开趋势

图4-6展示了工业物联网主要专利申请国家／地区／机构2018—2023年专利申请气泡图。从专利公开数量上来说，中国是工业物联网领域的绝对领导者，自2018年起专利申请量远超其他国家。但从2021年开始，中国的相关专利申请数量急剧减少，这可能由于国家对该领域的技术研发公开策略有所调整，以及在这一领域的技术投入有所减少导致。而排名靠后的日本、美国、韩国等国的专利申请量一直处于一个相对稳定的较低水平，说明国外的专利研发申请以及公开政策较为稳定。

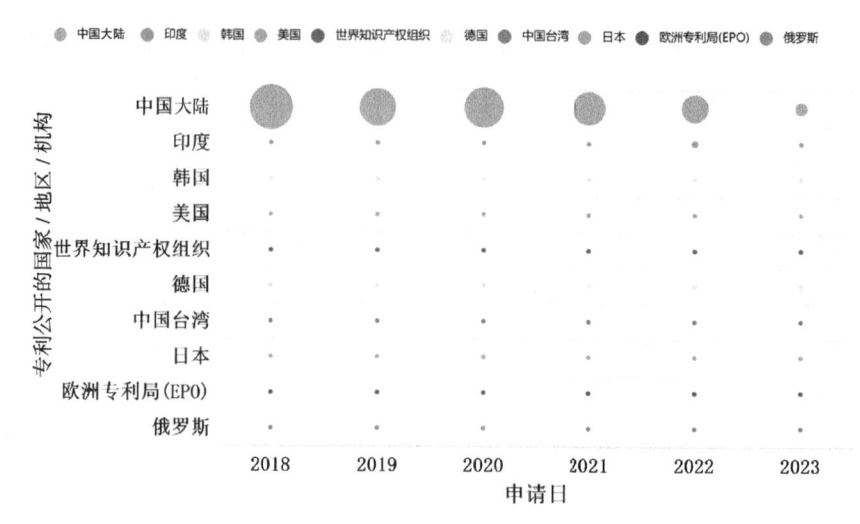

图4-6 工业物联网专利全球申请趋势

对incoPat数据库中针对机构存在简称和全称混用、同一机构下的研究所未合并、公司名称／机构的不同书写格式、中英文名称不同等进行数据清洗后，得到专利TOP10申请机构如图4-7所示。

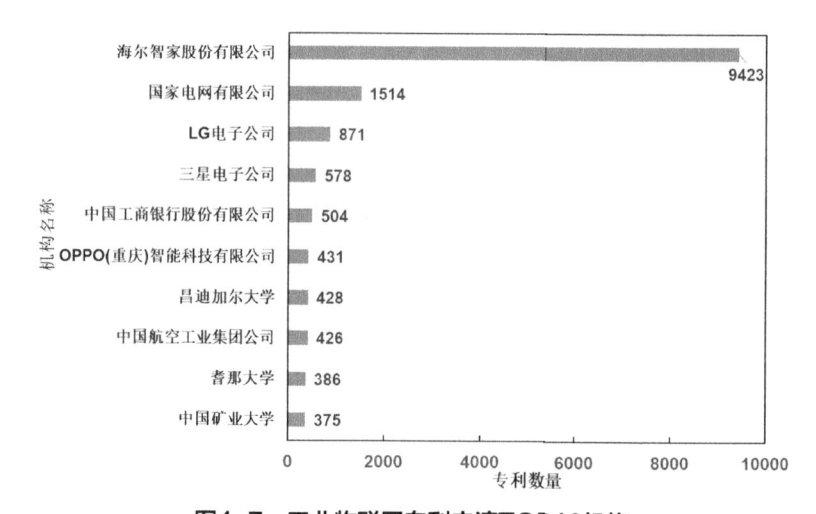

图4-7 工业物联网专利申请TOP10机构

专利申请量排名前10的申请机构分别来自中国（6个）、印度（2个）、韩国（2个），这些机构中有7个企业，3个高校／研究院所。表明中国、印度及韩国近年来较为重视工业物联网相关技术的研发，其中中国机构占比较高，说明中国在该领域处于发展阶段。

我国主要的工业物联网技术相关企业有海尔智家股份有限公司、国家电网有限公司、中国工商银行股份有限公司、OPPO（重庆）智能科技有限公司。其中海尔智家是我国著名的生活和数字化转型解决方案服务商，在智能家电领域具有领导地位。国家电网是我国能源与能源安全的特大型重点企业，以投资、建设、运营电网为核心业务，在基础设施建设方面具有领先地位。中国工商银行是我国四大国有银行之一，由于互联网金融和区块链技术受到关注，该公司加大了互联网金融和数字金融的研发。OPPO（重庆）智能科技专注于智能技术、手机等终端设备的智能、互联网技术研发工作。中国矿业大学近年来在电气工程、测绘科学以及矿业工程等专业领域的科研成果较多，在传感器、环境检测的技术开发中处于领先地位。

印度近年来大力发展工业物联网与传感器的专利技术研发工作，从2020年起，该领域的专利技术公开呈跨越式增长。目前印度主要的工业物联网技术研究领域主要集中在昌迪加尔大学、耆那大学，但印度相关技术研发企业力量不足，说明印度在该领域的技术研究尚不成熟，市场化进程较慢。韩国LG电子和三星电子也是世界领先的工业物联网应用企业，在电子控制系统和产品的硬件制造技术上部署了较多专利，也具备较多赶超中国、印度工业物联网技术的专利。

4.2.2.3 专利技术热点分析

从专利申请的技术类别上看（图4-8），工业物联网的技术类别相对较稳定，主要有"G06F（电数字数据处理）""H04N（图像通信，如电视）""H04L（数字信息的传输，例如电报通信）""G06Q（适用于监督目的的信息和通信技术）""G05B（一般的控制或调节系统）""A61B（诊断；外科；鉴定）""G01N（化学或物理性质来测试或分析材料）""G06K（图形数据读取）""G08B（信号装置或呼叫装置）""G06N（基于特定计算模型的计算机系统）"。这些技术类别每年的专利申请比例比较固定，说明该领域市场关注的前沿热点问题是比较明确的。其中G06F、H04L、G06Q、G06N的专利数量占比较多，主要涉及电子通信设备、电子图像设备以及计算机系统。

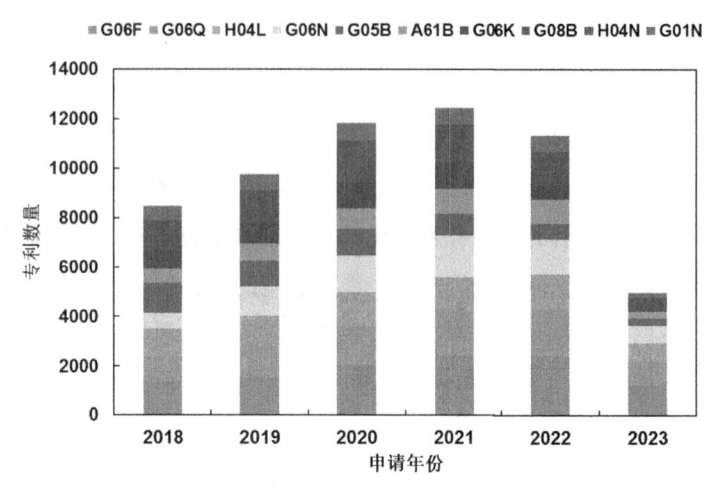

图4-8　工业物联网专利申请技术趋势

通过筛选被引证次数前20 000篇的专利，并对技术类型进行分析获得图4-9工业物联网前沿技术类别沙盘。由图可知，当前工业物联网的前沿技术热点涉及：

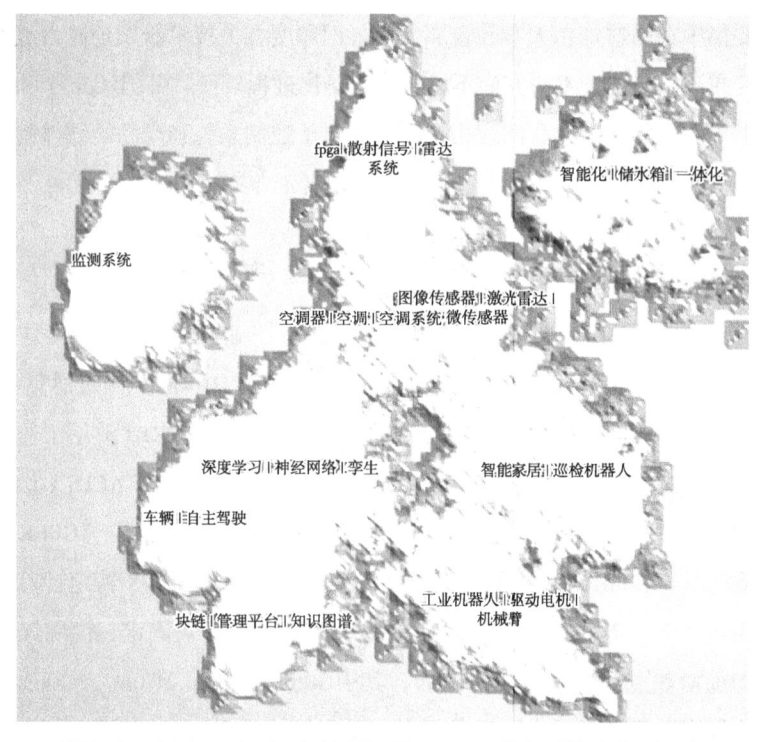

图4-9　2018—2023年被引证前20 000的专利技术类别分布

检测系统、车辆自主驾驶、区块链／管理平台／知识图谱、深度学习／神经网络／孪生网络、空调器／空调系统、工业机器人／驱动电机、Fpga／散射信号／雷达系统、图像传感器／激光雷达传感器、智能家居／巡检机器人、智能化储水箱。

分析表明，当前工业物联网的专利前沿技术涉及以下几个方向：

（1）智能制造相关控制方法及设备技术

家电的智能控制方法是当前智能制造领域的一个研究热点，相关技术的研发对于建造智能家居系统是一个明显趋势。食品领域的自动化设备近年来备受关注，食品自动化技术也成为市场关注的热点。

（2）机器学习、神经网络技术的系统实现方法

将深度学习、机器学习技术应用于实际领域是近年专利技术研发的热点，如智慧工厂数据采集、终端设备开发、生产质量检测和质量控制、设备维护和故障排除等。

（3）基于区块链的部署和使用的系统开发

区块链是将IIoT从理论变为现实的最重要技术之一，在智能制造中主要用于底层架构、数据安全维护及隐私保护等。

（4）基于工业物联网的大数据系统建设

在工业物联网领域基于大数据的分析和整合，并实现智能化是智能制造行业面临的现实问题。通过开发具体应用的数据管理平台、信息管理系统，对IIoT中不断累积的大量数据采用分布式的高性能计算系统来管理、处理、分析和存储数据。

4.2.3 工业物联网前沿技术发展态势

工业物联网的各领域技术正在改变着人们的生产方式、经营模式以及社会生活，这让工业物联网技术的趋势和发展方向更加受到市场关注。围绕市场需求，学界开展了大量的研究探索。其中，专利计量分析能够窥探出工业物联网的技术竞争热点，通过学术论文的计量分析可以发现面向市场和社会需求的工业物联网领域的研究热点。综上分析可见，工业物联网前沿技术热点呈现如下态势。

（1）从市场技术竞争态势看，智能制造相关控制方法及设备技术、机器学

习和神经网络技术的系统实现方法、基于区块链的部署和使用的系统开发、基于工业物联网的大数据系统建设是当前市场技术竞争的热点领域。

（2）从技术需求态势看，物联网生态系统与集成、边缘和雾计算、工业大数据分析和机器学习、无线通信技术、能源效益和可持续发展是当前市场和社会发展的重要技术需求领域。

4.3 工业物联网前沿技术创新监测

4.3.1 国内工业物联网前沿技术创新监测

4.3.1.1 政策布局监测

近年来，物联网和移动互联网等新兴产业快速发展，智能传感器作为物联网、人工智能和工业物联网等新一代信息技术产业感知层基础核心元器件，正处于快速发展阶段，国家出台一系列政策支持智能传感器发展，政策重点聚焦在加快推进基础理论、基础算法、装备材料等的研发突破与迭代应用上。

我国物联网的战略部署与美国、欧盟、日本、韩国等基本同步，"感知中国"的提出，《物联网"十二五"发展规划》《物联网"十三五"规划》等系列政策文件的出台都体现了我国政府对物联网的高度重视。工业物联网与传感器政策在"十二五"规划前已提出，重点支持超高频和微波RFID标签、智能传感器、嵌入式软件的研发，支持位置感知技术、基于MEMS的传感器等关联设备的研制，暂未提出物联网在能源领域的应用。"十三五"期间，物联网技术开始应用，提出推进物联网感知设施规划布局，推进智能硬件、新型传感器等创新发展。"十四五"期间，明确了加快推进物联网在能源等领域的应用，能源物联网建设向规模化方向发展。重点聚焦高端芯片、操作系统、人工智能关键算法、传感器等关键领域，加快推进基础理论、基础算法、装备材料等研发突破与迭代应用。加强通用处理器、云计算系统和软件核心技术一体化研发。

表4-1 工业物联网与传感器行业相关政策

时间	发布部门	政策名称	政策要点
2022.8	工业和信息化部	《加快电力装备绿色低碳创新发展行动计划》	加速数字化传感器、电能路由器、潮流控制器、固态断路器等保护与控制核心装备研制与应用
2022.6	工业和信息化部、人力资源社会保障部、生态环境部、商务部	《关于推动轻工业高质量发展的指导意见》	加快关键技术突破。智能手表用微型压力技术、动态电子衡器、智能衡器、无线力与称重传感器、动态质量测量技术等
2022.1	国务院	《计量发展规划（2021—2035年）》	加快量子传感器、太赫兹传感器、高端图像传感器、高速光电传感器等传感器的研制和应用
2022.1	国务院	《"十四五"数字经济发展规划》	发挥我国社会主义制度优势、新型举国体制优势、超大规模市场优势，提高数字技术基础研发能力
2021.12	国务院	《"十四五"冷链物流发展规划》	在冷库、冷藏集装箱等设施中安装温湿度传感器、记录仪等监测设备，完善冷链物流温湿度监测和定位管控系统
2021.12	中央网络安全和信息化委员会	《"十四五"国家信息化规划》	加强新型传感器、智能测量仪表、工业控制系统网络通信模块等智能核心装置在重大技术装备产品上的集成应用
2021.12	工业和信息化部、国家发展和改革委员会	《"十四五"机器人产业发展规划》	研制三维视觉传感器、六维力传感器和关节力矩传感器等力觉传感器、大视场单线和多线激光雷达、智能听觉传感器及高精度编码器等产品，满足机器人智能化发展需求
2021.9	工业和信息化部	《物联网新型基础设施建设三年行动计划（2021—2023年）》	加快智能传感器、电子标签、电子站牌、交通信息控制设备等在城市交通基础设施中的应用部署
2021.1	国务院、工业和信息化部	《工业互联网创新发展行动计划（2021—2023年）》	鼓励高校科研机构加强工业物联网基础理论研究，鼓励信息技术与工业技术企业联合推进工业5G芯片/模组/网关、智能传感器等基础软硬件研发

续表

时间	发布部门	政策名称	政策要点
2019.12	工业和信息化部	《2019年工业强基重点产品、工艺"一条龙"应用计划示范企业和示范项目公示》	瞄准机械、文物保护、流程工业、汽车、智能终端、环保等领域应用，立足光敏、磁敏、气敏、力敏等主要传感器制造工艺
2017.12	工业和信息化部	《促进新一代人工智能产业发展三年行动计划（2018—2020年）》	着重率先突破智能传感器等核心技术，到2020年，具备在移动式可穿戴、互联网、汽车电子等重点领域的系统方案设计能力
2016.12	工业和信息化部	《信息通信行业发展规划物联网分册《2016-2020年）》	指出物联网产业链系包括芯片、设备、系统集成、应用服务等在内的完整产业链，应用领域包括智能制造、智慧城市、智能家居、智能交通、车联网等
2016.12	国务院	《"十三五"国家信息化规划的通知》	提出推进智能硬件、新型传感器等创新发展，提升可穿戴设备、智能家居、智能车载等领域智能硬件技术水平

4.3.1.2 国内技术创新发展态势监测

2010年以前，是中国工业物联网发展的萌芽期。2009年，阿里巴巴集团率先开展云平台的研究，并与制造、交通、能源等众多领域的领军企业合作，为一些工业企业搭建云平台奠定良好基础。

2010—2014年，中国进入工业物联网的发展初期阶段。腾讯和华为等公司逐步搭建并开放平台，对外提供云服务。

2015年至今为工业物联网快速发展阶段。航天云网、三一重工、海尔、富士康等企业依托自身制造能力和规模优势，推出工业平台服务，并逐步实现由企业内应用向企业外服务的拓展。和利时、用友、沈阳机床、徐工集团等企业则基于自身在自动化系统、工业软件与制造装备领域的积累，进一步向平台延伸，尝试构建新时期的工业智能化解决方案。

我国工业物联网体系架构在探索中不断完善。2016年8月，中国工业物联网产业联盟发布了《工业物联网体系架构（版本1.0）》，提出了工业物联网网络、数据、安全三大体系，在工业物联网的基础研究、技术创新与产品开发、标准体系建设指导以及实践工做方面做出了重要贡献。2018年以来，工业和信息化部就关键技术突破、重点领域应用、服务保障体系等三大类连续支持了一批重点项目，旨在深化物联网与实体经济深度融合，推动产业集成创新和规模化发展。

随着我国工业物联网的不断发展和演进，2020年4月，工业物联网体系架构2.0问世。体系架构2.0继承了1.0的核心思想，包括业务视图、功能架构和实施框架三大板块，以商业目标和业务需求为导向，进行系统功能界定与部署实施，为我国工业物联网的发展方向提供了更加细化的指引。2021年，国家自然科学基金委员会设立了"未来工业物联网基础理论与关键技术"重大研究计划，推动了未来工业物联网基础理论与关键技术的创新突破。

4.3.1.3 国内技术创新发展特征

我国工业物联网在智能制造行业整体呈现加速发展态势，形成了政策支持为主、产业驱动为辅、研发创新为支撑的发展格局。中研普华报告表明，依托制造业强大的行业韧性和全产业链优势，中国已形成包括芯片、元器件、设备、软件、系统集成、运营、应用服务在内的较为完整的工业物联网产业链。

（1）"一揽子"政策发布、加速技术弯道超车

我国工业物联网的战略部署与国际先进水平基本同步，与美国、欧盟、日本、韩国等发达国家在工业物联网领域的发展态势相当。"十四五"期间，明确加快工业互联网、物联网、5G等新型网络基础设施的规模化部署，拓展工业物联网技术在智能制造的应用场景，实现制造业的高质量发展。

（2）产业生态初步形成、数字化转型差异较大

我国工业物联网技术进入快速发展阶段，相关技术日益成熟，已经从概念普及阶段进入实践深耕阶段。工业物联网技术在智能制造中的应用场景涵盖智能生产线、智能仓储、智能质量检测、智能维护等方面，但存在设备兼容性差、各环节技术发展状况各异的问题，例如我国DCS市场中国外产品的市场占有率较高。

（3）强化基础研究布局、推动应用创新研究

智能制造中工业物联网基础研究集中在物联网生态系统与集成、边缘和雾

计算、工业大数据分析和机器学习、无线通信技术、能源效益和可持续发展等方面，与实际应用关联较为密切。2023年国家自然科学基金主要资助方向涉及工业物联网的安全检测与防护、生成式人工智能方法与关键技术、弹性控制与智能决策、节能降碳优化控制与智能决策、质量度量方法与评价体系。

4.3.2 国外工业物联网前沿技术创新监测

4.3.2.1 政策布局监测

（1）美国

美国持续发布工业物联网安全相关政策法规。美国把工业物联网作为"国家先进制造战略计划"的重要方向，发挥自身强大的信息技术优势，超前布局工业物联网，并将安全作为保障工业物联网健康高效发展的重要一环，出台一系列与安全相关的政策法规，夯实工业物联网发展根基。

物联网成为美国特朗普和拜登两届政府重视的驱动未来产业发展的关键技术之一。特朗普政府2020年签署的《2022财年研发预算优先事项及交叉行动》备忘录，拜登政府2021年提出的《美国就业计划》和通过的《无尽前沿法案》（后更名为《美国创新与竞争法》）中均有体现。

美国国会调查发现物联网发展迅速，参议院2020年1月通过《促进物联网创新和发展法案》，要求美国商务部牵头组建联邦物联网工作组，美国联邦通信委员会（FCC）与美国国家电信和信息管理局（NTIA）评估物联网频谱资源。美国商务部根据《国防授权法案2021》及《联邦咨询委员会法》修正案，于2021年12月特设物联网咨询委员会。

2020年12月，美国国会正式通过《2020年物联网网络安全改进法案》，要求美国国家标准技术研究院（NIST）后续发布联邦政府使用物联网设备的安全标准及漏洞信息共享标准，要求美国联邦机构和供应商仅使用符合标准的物联网设备，并指示白宫管理和预算办公室（OMB）审查政府政策以确保符合（NIST）标准。

美国对物联网安全的重视程度不言而喻，自13800号总统行政令《加强联邦网络和关键基础设施的网络安全》颁布以来，NTIA、国家标准与技术研究所（NIST）展开对物联网安全的全面研究。2020年3月，美国时任总统特朗普签署《5G与后5G安全法案》。几经波折，2020年12月《物联网网络安全改进法》被特朗普正式签署为法律。2021年11月，NIST正式发布《联邦政府物联网设备网络安全指南》（SP 800-213）并随附《物联网设备网络安全需求目录》（SP 800-213A）。

（2）德国

德国高度关注工业4.0安全保障相关防护工作。德国在汉诺威博览会上首次提出"工业4.0"的概念，紧密围绕工业4.0布局一系列工作，安全保障作为其中重要的一环。2020年12月，德国联邦政府通过《信息技术安全法》修订草案，明确要求国防工业和其他对国民经济具有特别重要意义的更多企业使用网络入侵检测系统，并履行网络安全风险报告义务，旨在进一步提高全国网络信息安全。

（3）欧盟

2014—2020年，欧盟将物联网视为实现"数字单一市场战略"的关键技术，"由外及内"打造开环物联网。欧盟先后在2015年成立"物联网联盟（AIOTI）"、2016年启动"物联网欧洲平台倡议（IOT-EPI）"和物联网大规模试点计划，以及2018年启动解决物联网安全和隐私问题的一组项目。"地平线2020"在2014—2020年为物联网相关的研究、创新和部署提供了近5亿欧元资助。

2020年欧盟发布《欧洲数据战略》，明确提出在2021—2027年资助开发通用欧洲数据空间和互联云基础设施，强调抓住边缘计算、5G和物联网带来的新机遇。2021年欧盟发布《2030数字指南针：欧洲数字十年之路》，计划到2030年部署1万个（2020年为0个）能够实现气候中和且高度安全的边缘节点，75%（2020年为26%）的欧洲企业采用云计算服务。2022年1月发布《欧盟物联网研究、创新和部署优先事项白皮书》，研发创新优先事项及综合战略重点涉及人-物交互（数字孪生、增强物联网、触觉互联网）、可持续物联网、数据互操作性、共享和货币化、云技术（边缘计算）、分布式机器学习、物联网安全与信任、物联网标准、开放创新等。

（4）澳大利亚

澳大利亚政府于2020年9月发布《行为准则：保障消费者物联网安全》，提出了不使用默认密码或弱口令、使用多因素身份验证、漏洞披露政策等13项自愿行为准则，适用于所有联网收发数据的物联网设备，旨在为物联网设备提供设计网络安全功能的最佳实践指南。

（5）新加坡

新加坡信息通信媒体发展局于2019年1月发布《物联网网络安全指南》，提出了物联网网络安全的基础概念检查表和基线建议，重点关注物联网系统采集、开发、运营和维护各个环节的安全，基于对案例的研究提供了有关物联网安全实施的更多细节。2019年10月，新加坡和英国签署名为《安全设计：英国和新加坡就物联网进行合作的联合声明》的协议，以加强两国在联网设备安全方面的合作伙伴关系。

4.3.2.2 国外技术创新发展态势监测

（1）美国

从美国工业物联网的发展过程来看，美国政府并未设立专门的推进机构，也没有制定相关国家战略，而是坚持市场化原则，由企业主导进行，依托其行业巨头和发达成熟的市场机制实现工业物联网的蓬勃发展。2012年，美国的通用电气公司（GE）在全球范围内首次提出"工业物联网"，它是工业革命带来的机器、设施、机群和系统网络方面的成果与互联网革命中涌现出的计算、信息和通信系统方面的成果的融合。2014年，美国的GE、IBM、Cisco等龙头企业主导成立了工业物联网联盟（IIC），为进一步构建工业物联网平台打下了坚实基础。IIC共同推动工业物联网发展，强化工业物联网平台的服务能力。2015年IIC发布了工业物联网IIRA参考架构，系统性地界定了工业物联网的架构体系。2017年IIC提出了IIRA 1.8版，其中融入了新型工业物联网（IIoT）技术、概念和应用程序，使业务决策者、工厂经理和IT经理能更好地从商业角度驱动IIoT系统开发。2018年12月GE提出了Predix平台，这是工业物联网发展的又一次重大突破。GE希望Predix成为工业物联网的标准，成为各个合作伙伴都愿意参与的生态系统。2023年美国政府宣布了"U.S. Cyber Trust Mark"网络安全和认证的标签计划，该计划由美国联邦通信委员会（FCC）发起，主要针对家庭物联网设备，将于2024年启动，目的是帮助消费者筛选那些不易受网络安全攻击的可信设备，保护消费者合法权益。

（2）德国

德国的工业物联网发展模式有别于美国，主要以创新产品的质量为核心进行熊彼特式非价格竞争。因此，德国依托制造业优势，在政策层面激励工业物联网平台的技术创新。德国以鼓励创新为核心，为工业4.0战略的发展予以政策支持。2013年4月，德国政府发布了《保障德国制造业的未来——关于实施工业4.0战略的建议》，并在此后陆续出台了一系列指导性政策，如2014年8月通过《数字化行动议程（2014—2017年）》，2016年发布"数字战略2025"，2017年又发布了"数字平台"白皮书，制定"数字化的秩序政策"。此外，为鼓励技术创新，德国政府加大税收优惠力度，设置高科技创业基金，对实施"工业4.0"过程中的创新型企业研发给予风险投资支持。

（3）欧盟

欧盟物联网发展战略规划由欧盟委员会和其资助的研究机构主导。2009年6月18日，欧盟委员会出台了"欧洲物联网行动计划"（Internet of Things—An Action Plan for Europe），确定了包括物联网治理、个人隐私与数据保护、物联网信任与安全、标准、技术研发、开放创新、废物管理、国际对话、未来发展9个重要领域的行动计划，提出欧洲在构建新型物联网监管框架的过程中在世界范围内起主导作用。2009年9月15日欧洲物联网研究项目集群（IERC）发布了《欧盟物联网战略研究路线图》（Internet of Things Strategic Research Roadmap），提出欧盟在2010年、2015年、2020年三个阶段的物联网研发路线图。到2020年必须要实现的目标是解决物联网标准化问题以及网络安全和数据隐私问题。2018年11月1日，欧盟委员会推出下一代物联网计划（NGIoT），制定下一代物联网架构，重点关注用户感知、自我感知和半自主物联网系统，确定下一代物联网的8个优先关注的重点领域：可靠性、值得信赖的人工智能、互操作性、市场、能源、零组件、基本性能、渗透性，将可靠性、值得信赖的人工智能和互操作性作为重中之重，并投入4800万欧元支持向云边缘物联网连续体的过渡，为数据处理服务提供不必与其基础设施绑定的开放接口，确保互操作性标准兼容，增强欧盟数字产品的安全性和灵活性。

欧盟落实物联网战略规划的具体举措包括：

1）公共资金支持：2014年1月31日，欧盟"地平线2020"（Horizon 2020）为物联网相关的研究、创新和部署提供约800亿欧元资金支持。2016年4月，欧盟委员会启动了"欧洲工业数字化"（DEI）倡议，其中包括在2016年至2020年期间调动500多亿欧元投资支持工业数字化转型，推动工业物联网发展。2020年欧盟发布《欧洲数据战略》，明确提出在2021—2027年资助开发通用欧洲数据空间和互联云基础设施，强调抓住边缘计算、5G和物联网带来的新机遇。2021年欧盟发布《2030数字指南针：欧洲数字十年之路》，计划到2030年部署1万个（2020年为0个）能够实现气候中和且高度安全的边缘节点，75%（2020年为26%）的欧洲企业采用云计算服务。

2）构建产业联盟：2015年3月，欧盟成立了物联网创新联盟（Alliance for Internet of Things innovation，简称AIOTI），构建欧洲的物联网生态体系。2016年6月，欧洲委员会启动物联网-欧洲平台计划（IoT-EPI），以在欧洲建立一个充满活力和可持续的物联网生态系统，增加物联网平台开发、互操作性和信息共享的机会。

3）产业试点：2016年11月10日，欧盟委员会公布了物联网大规模试点计划（IoT Large-Scale Pilots，即LSP）的最终内容，有针对性地应用物联网来解决现实生活中的工业和社会挑战，包括五个试点计划和两个协调支持行动，应用范围从智能生活环境到老龄化、智能农业和食品安全、智能生态系统的可穿戴设备、欧盟城市的参考区以及互联环境中的自动驾驶汽车。2017年9月，欧盟委员会正式启动了IoT4 Industry项目，将物联网技术与家具、纺织、化学品、金属加工、建筑、食品、汽车等领域结合，以连接并鼓励工业和物联网领域相关创新参与者之间的合作。

4）标准制定：2015年3月，IERC颁布了关于物联网语义操作性的立场文件（IoT Semantic Interoperability: Research Challenges, Best Practices, Recommendations and Next Steps），在物联网语义互操作性方面实现泛欧协调与合作。2022年9月15日，欧盟委员会提出《欧洲网络弹性法案》（European Cyber Resilience Act，CRA），作为世界上第一个物联网领域的专门法案为在欧盟市场销售的数字产品和连接服务制定了共同的网络安全标准,在确保欧盟和欧洲公民内运营的组织免受物联网网络安全威胁的前提下,力求成为物联网全球标准制定者和全球数字经济监管引领者。

4.3.2.3 国外工业物联网技术创新发展特征

近几年,全球物联网行业呈现快速发展的趋势,应用领域快速扩张,大数据、人工智能、云计算、边缘计算等新技术与物联网快速融合。数据显示,2021年全球物联网市场规模达7691.8亿美元,预计2023年全球物联网市场规模将达9545.5亿美元。

(1) 主要国家数字化政策密集发布

欧盟:瞄准边缘计算,推进物联网朝"智能、通用、可信、开放"方向发展。欧盟实施"工业5.0"战略,推动数字化、绿色化双转型,构建以人为本、弹性、可持续的产业链、供应链。特别是疫情发生以来,产业链、供应链已成为数字化发展的关键基础和重要保障。

美国:重视前瞻布局,对物联网安全的重视程度达到新高度。美国连续十年推进先进制造业战略,加速制造业数字化的技术创新和应用。

德国:大力发力"工业4.0"。以智能工厂、智能产线为基础,着力巩固制造业竞争优势。

(2) 工业物联网平台生态不断壮大

全球平台发展迅猛。新主体不断涌入,微软、霍尼韦尔等龙头企业加快工业物联网平台建设,加速工业大数据、人工智能、区块链、边缘计算、工业元宇宙等新一代信息通信技术应用,推动工业物联网平台服务能力创新。新生态加速构建,西门子、SAP等工业基础软硬件企业不断深化数字业务集成,打造强强联合的生态化服务体系。特别是近年来,企业巨头并购工业软件公司数量显著增加,进一步推动平台生态重构。

(3) 工业物联网产业经济蓬勃发展

全球工业物联网产业发展势头总体向好。2021年,全球工业物联网产业增加值规模达到3.73万亿美元,年均增速近6%。工业大国领跑全球,在59个主要工业国家中,美、中、日、德四国工业物联网产业增加值规模占比超过50%。

美国工业物联网联盟（IIC）、德国工业4.0平台等组织聚焦差异化方向，持续推动产业生态建设。

4.4 工业物联网技术发展挑战与建议

当前，中国工业物联网的发展仍处于初级阶段，面临着核心技术缺乏自主创新、细分领域之间合作不足、生态体系薄弱、商业模式创新不够等问题，主要依靠政府主导以及相关政策扶持发展。国家希望以推进供给侧结构性改革为主线，结合实施建设制造强国战略和数字经济发展战略，依托工业物联网，促进新一代信息技术与制造业的深度融合，从而推动实体经济加速转型升级。《中国制造2025》中指出，我国大多数制造业企业信息化水平处于初、中级水平，信息化覆盖的部门较窄，企业内部系统处于割裂状态，我国仍处于工业物联网发展的起步阶段。美国工业物联网的发展由企业主导，政府并未将其列为国家战略，主要坚持市场化原则，以资本为导向，由跨界巨头推进。德国工业物联网的发展则以其制造业创新为核心，根据其自身在制造研发领域的优势，聚焦于其创新产品质量而非市场价格竞争，坚持打造新型工业形态的战略。未来工业企业为了开发更具吸引力的产品或提升现有客户关系，需要大量产品和客户的相关信息支持。在效率提升和业务成长的双重诉求驱动下，未来企业工业物联网应用的关注度将由设备和资产转向产品和客户。

为加快我国工业物联网技术的发展，提出以下建议：

（1）聚焦共性问题，突破核心环节

对工业物联网产业来说，最大的竞争就是高新技术和研发创新能力，掌握了核心技术就具备了市场上的重要竞争力。建议政府把握国际物联网的发展方向，研发出物联网产业发展的核心技术，不断引进或者借鉴国际上物联网的先进技术，并根据我国物联网发展的实际需要，对技术进行再创新。要重视关键技术的研发，例如传感器识别技术、传感器网络技术、感知节点及终端服务、RFID技术、业务支撑及智能处理技术等，通过对共性技术的研究建立起具有自主知识产权的物联网的相关技术，以不断提高我国物联网产业在国际上的竞争力。

（2）加强安全保障，完善标准体系

安全和隐私是工业物联网面临的最大挑战和瓶颈，因此需要下大力气研究适用于工业物联网的网络安全体系结构和安全技术，包括物理安全策略、访问控制策略、信息加密策略、网络安全管理策略，以及物理安全技术、系统安全技术、网络安全技术、应用安全技术、安全管理体系结构等。为此，建议政府制定"信息数据安全保障管理条例"，依靠地方信息安全保障局，从源头、过程、硬件、软件等各个环节做好信息数据的安全保障，除了防范信息数据的造假、篡改、毁坏、流失、泄密，还应搞好分散、保密、多元多级的数据备份、应急预案、软件防黑，以及重要部门、关键环节的信息安全飞行督察和信息安全员的直辖派驻。

标准化对物联网技术的大规模应用而言是非常紧迫的。标准化是一个新兴的产业必经的一个阶段。在标准统一方面，完善工业物联网标准化顶层设计，建立健全工业物联网标准体系，发布工业物联网标准化建设指南。进一步促进工业物联网国家标准、行业标准、团体标准的协调发展，以企业为主体开展标准制定，加快建设技术标准试验验证环境，完善标准化信息服务。加强关键共性技术标准制定，制定工业物联网标识与解析、网络与信息安全、参考模型与评估测试等基础共性标准。推动行业应用标准研制，持续推进工业应用领域的标准化工作。加强信息交流和共享，推动标准化组织联合制定跨行业标准，鼓励发展团体标准。支持联盟和龙头企业牵头制定行业应用标准。

（3）加速构建工业物联网人才体系，培养复合型人才

全球数字人才普遍缺失，欧盟数字技能人才储备不足，我国工业物联网人才缺口较大，人才问题已成为制约工业物联网创新发展和制造业数字化转型的关键因素。全球数字人才逐步集聚，从区域看，进一步向北美、欧洲、亚太经济发达地区主要城市群集中。从行业看，以制造业为代表的实体经济成为数字人才的重要就业选择。各国加速人才体系建设，积极培养具备数字素养与技能的复合型人才。

第5章

集成电路前沿技术识别与监测

集成电路（Integrated Circuit，IC）是高技术产业的核心组成部分，对支撑经济社会发展和保障国家安全具有战略性、基础性和先导性作用，集成电路产业已经成为一个国家科技实力的重要体现。随着科技进步和工业化发展程度的不断提升，智能制造已经成为当前全球科技发展的大势，作为电子信息领域的核心技术之一，集成电路对于智能制造的发展至关重要。我国高度重视集成电路产业的发展，通过产业战略指导、国家政策、资金支持等多种方式保障集成电路产业的健康快速发展。据赛迪顾问预测，2025年全球集成电路市场销售额可达7 153亿美元，2022年至2025年期间保持10%以上的年均复合增长率。

　　作为支撑智能制造发展的先导性和战略性产业，集成电路已成为发达国家对我国进行战略打击的重要领域，无论从国家安全、全球竞争还是支撑智能制造可持续健康发展方面，都迫切需要集成电路领域的重要技术突破来提供强大支撑。以前沿技术、颠覆性技术为核心的技术创新和布局是推动集成电路产业变革发展的重要动力，特别是基于新材料和工艺、三维异构集成、开源新架构等多个领域前沿技术创新正成为新的突破方向。为抢占集成电路领域的竞争优势，世界各国纷纷采取一系列重大战略规划和政策措施，积极抢占集成电路前沿核心技术领域的战略制高点和关键技术控制权。基于上述考虑，加强对集成电路技术发展动态追踪，识别该领域前沿技术分布并对其发展动态进行跟踪监测，研判技术未来发展态势，对推动实现集成电路产业高质量发展具有重要意义。本章节以2018—2023年集成电路领域相关文献为研究样本，利用Web of Science数据库与incoPat专利数据库，从论文和专利两个角度开展前沿技术识别，在此基础上，从国内外政策规划、技术创新发展态势和技术布局特征视角对集成电路领域前沿技术动态进行跟踪，提出未来发展的对策建议，为推动集成电路产业创新发展提供参考借鉴。

5.1 智能制造中集成电路技术简述

集成电路是指将大量的电子器件（如晶体管、电阻、电容等）集成在一个小型的半导体硅片上，通过互联互通的金属线路形成一个具有特定功能的电子电路，其在智能制造领域中的应用主要体现在以下几个方面：①自动化生产。集成电路的制造需要高度自动化的生产线，通过引入智能制造系统，可以实现生产线的自动化和智能化管理。例如，通过物联网技术和数据分析，可以实时监控生产过程，自动调整设备参数，提高生产效率和产品质量。②质量检测。集成电路的质量检测需要高精度的测试设备和方法，智能制造系统可以通过引入先进的测试设备和算法，实现自动化、高精度的质量检测，提高产品质量和一致性。③供应链管理。集成电路的供应链管理需要高度协同和智能化，智能制造系统可以通过引入供应链管理系统，实现供应商、生产商、销售商等各环节的协同和信息共享，提高供应链的响应速度和灵活性。④生产计划和调度。集成电路的生产计划和调度需要高度精确和及时，智能制造系统可以通过引入先进的生产计划和调度算法，实现生产计划的自动化制订和调整，提高生产效率和降低生产成本。⑤设备维护和管理。集成电路的制造需要大量的设备和仪器，设备的维护和管理需要高度专业化和智能化。智能制造系统可以通过引入设备维护和管理系统，实现设备的自动化维护和管理，提高设备的运行效率和寿命。

5.2 基于文献计量分析的集成电路前沿技术识别

集成电路作为信息应用实现的硬件载体，正不断通过与生命、数理、材料、工程等多学科的交叉融合，拓展各类新兴应用空间。以脑机接口为代表的神经技术的突破使得脑科学与集成电路之间的结合越来越紧密，脑机接口芯片对神经工程的发展起到了重要支撑与推动作用，帮助人类从更高维度空间进一步解析人类大脑的工作原理。脑机融合及其一体化已成为未来神经形态计算技术发展的一个重要趋势。量子计算的工程化尚处于初始发展阶段，其核心的量子芯片已崭露头角，超导、量子点（电子自旋）、微纳光子系统、离子阱、金刚石5种技术路线发展各具特色，总体向固态化、长相干时间和多量子比特方向发展，其中超导量子芯片和离子阱量子比特芯片更接近工程化。采用Web of Science数据库与incoPat专利数据库进行集成电路领域数据检索，并依据以往研究以及集成电路领域专家建议，结合国家自然科学基金委发布的信息学部集成电路领域的关键词构建检索式，将某个时间段内本身有很高科学与技术基础或在产业领域表现突出的技术定义为前沿技术，以下分别从专利和论文两个角度开展前沿技术识别。

5.2.1 基于论文计量分析的集成电路前沿技术识别

基于科技论文数据，采用文献计量和内容分析方法，利用Histcite、VOSviewer等工具，对工业物联网领域前沿技术的研究进展跟踪监测。

5.2.1.1 数据来源

利用Web of Science数据库进行文献获取，借鉴已有对该领域发展态势研究的检索方式制定检索策略。其中，高被引论文通常代表着高学术水平与影响力的重要成果，在Web of Science中表现为被引频次TOP10%的论文。本文将近五年被引频次TOP10%的论文定义为该领域基础研究的前沿技术，从论文角度识别该领域前沿技术。

为确保样本数据的质量及权威性，本文以Web of Science核心合集的文献（2018—2023年）为数据来源。检索式：（（TS="Integrated Circuit"）OR（TS=（"wafer manufacturing" OR "Integrated process" OR "wafer size" OR "wafer foundry" OR "semiconductor"））AND（TS=（"intelligen*" OR "smart"）））AND PY=（2018—2023）在数据库中进行检索，将文献类型限定为"论文""综述论文"和"会议录论文"，检索时间为2023年8月，通过检索，共得到有效样本文献13 069篇。

5.2.1.2 论文变化趋势及国家（地区）分布

经检索，Web of Science核心合集2018—2023年共收录全球集成电路领域相关研究论文13 069篇，发文量年度变化趋势如图5-1所示。整体发文量呈现稳定的缓慢上升趋势，从2018年的1746篇增至2022年的2798篇，文献增长率达到60%，从侧面反映出"集成电路"领域前沿技术研究之热门。（由于检索日期为2023年8月，且数据库收录数据会有延迟，2023年的数据尚不完整）。基于论文的产出发展的整体趋势来看，未来集成电路研究领域的论文数量很可能还会持续增长。

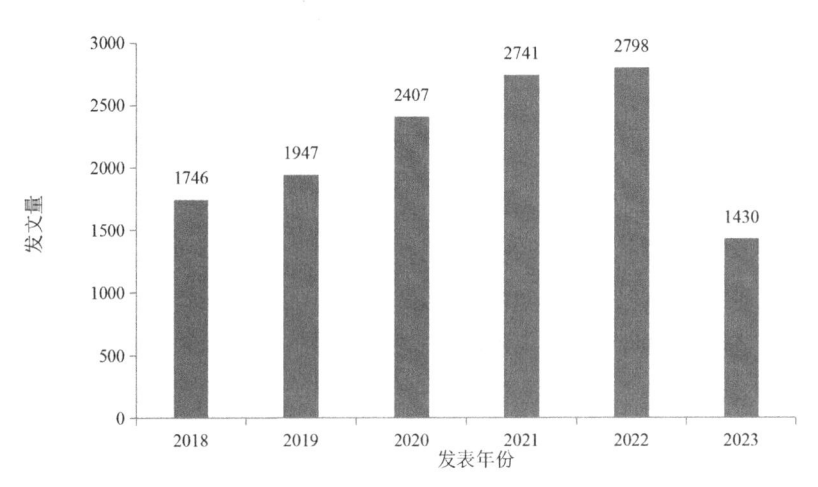

图5-1 集成电路领域论文发文量年度变化趋势

对集成电路领域国家/地区的发文量进行统计可知，该领域的论文广泛分布在118个国家或地区。图5-2显示了发文量前十名的重点国家/地区，总体可分为两大梯度：①第一梯度为中、美，二者发文量之和占总量的50%以上，其中中国的发文量更是遥遥领先于其他国家/地区，由此可见中美学者更为广泛地关注集成电路领域前沿技术的研究，两国在该领域具有绝对的技术优势，占据领先地位；②第二梯度包括印度、德国、韩国、中国台湾、日本、意大利、法国、加拿大，虽与第一梯度发文量的差距较大，但均占据总发文量的3.3%以上，说明上述国家/地区在该领域前沿技术的研究中也具备一定竞争力。

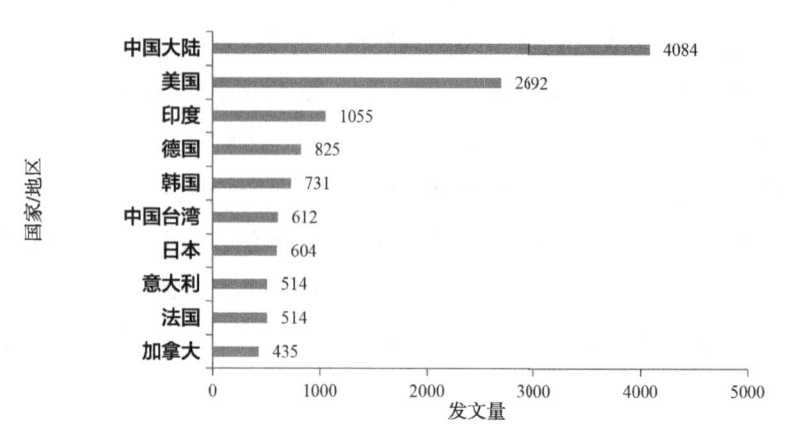

图5-2 集成电路领域发文重点国家/地区分布

5.2.1.3 前沿技术热点分析

通过高频关键词分析可从一定程度上表征该学科领域的研究主题，揭示某一时间段内的研究热点。从统计论文关键词可知（图5-3），高频关键词主要包括integrated circuit modeling（集成电路建模）、mathematical model（数学模型）、computational modeling（计算模型）、batteries（电池）、optimization（优化）、memristors（记忆电阻器），可见这些主题是该领域近年来备受关注的研究问题。将集成电路前沿技术研究中高被引（被引频次前10%）论文导入VOSviewer进行关键词共现分析（图5-4），集成电路前沿技术研究领域主要包括五个主要研究热点主题：工艺技术和制造、设计自动化工具、电源管理和能源效率、数字和模拟电路设计、新兴技术开发。

图5-3 集成电路领域前沿技术研究关键词词云图（关键词词频TOP200）

第 5 章 集成电路前沿技术识别与监测 097

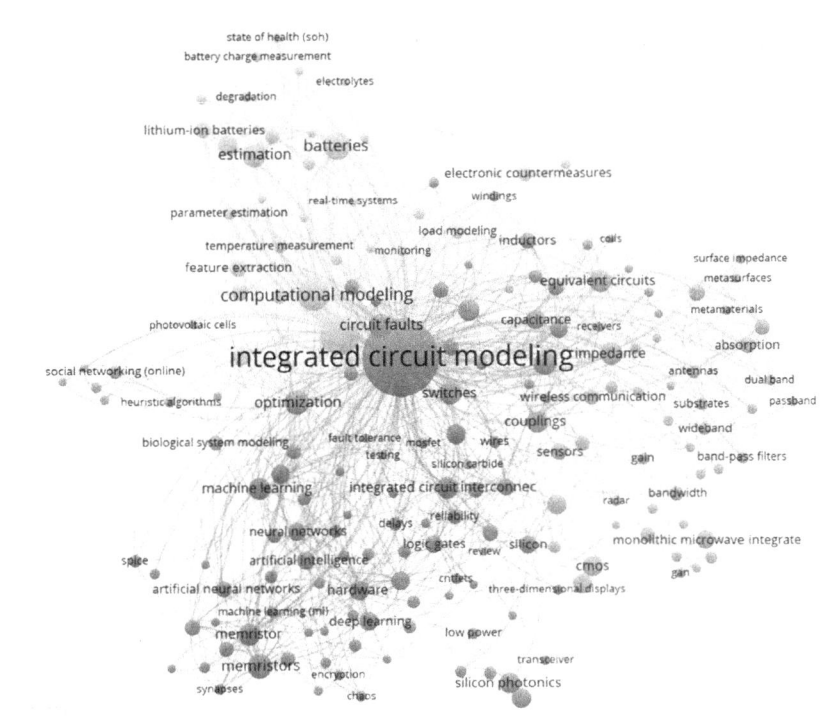

图5-4 集成电路领域前沿技术研究关键词共现网络（关键词词频TOP200）

研究发现，基于论文的集成电路前沿技术研究主要包含五大热点方向：

（1）工艺技术和制造

工艺技术的进步对于提高集成电路的性能和能源效率至关重要，该方向主要关注用于创建集成电路物理组件的制造工艺，包括半导体晶圆上晶体管、互连和其他元件的生产。该方向的研究人员致力于开发新材料、制造技术和工艺，以生产更为低耗节能的晶体管等材料。

（2）设计自动化工具

设计复杂的集成电路需要复杂的软件工具和方法，主要涉及创建软件和方法来帮助集成电路的设计、仿真和验证。该方向的研究重点是创建更好的设计自动化工具、算法和方法来设计和验证集成电路，包括数字、模拟和混合信号电路。

（3）电源管理和能源效率

在能源效率愈发重要的背景下，该领域的研究重点是开发电源管理技术和低功耗电路设计，主要包括动态电压和频率缩放、功率门控以及优化各种应用中的功耗的技术。学者开发动态电压和频率调节以及电源门控等技术，在保持性能的同时最大限度地减少功耗，此外还探索低功耗设计方法和节能架构。

（4）数字和模拟电路设计

专注于数字和模拟集成电路的设计，此方向是集成电路领域的关键分支。具体而言涉及高性能数字电路、节能数字电路、专用硬件加速器、量子计算电路、射频和微波电路、先进材料、模拟人工智能硬件等研究主题。

（5）新兴技术开发

随着技术的发展，研究人员探索和开发新兴技术应用于集成电路技术的研发中，以提高其性能、功效和功能。此方向涉及创建详细的电路布局，利用半导体材料、纳米技术等新兴工艺制造集成电路，并使用仿真工具来评估其性能。新兴技术包含量子计算、忆阻器、2D材料（例如石墨烯）、光子集成、晶体管等。

5.2.2 基于专利分析的集成电路前沿技术识别

基于全球专利数据库incoPat中的专利信息，分析集成电路前沿技术的技术研发态势，具体包括数据来源、检索策略、技术研发趋势、国家/地区分布、技术热点。

5.2.2.1 数据来源

采用incoPat内置算法能够较好地识别该领域所属技术类别，筛选被引证次数较高的专利并对专利信息进行聚类，能够在一定程度上反映该领域的前沿技术热点。本节将近五年被引证次数前20 000篇的专利定义为该领域基础研究的前沿技术，从专利角度识别该领域前沿技术。

本节专利信息数据来源是全球专利数据库incoPat中的专利数据。依据集成电路相关领域的检索关键词：集成电路、集成芯片、晶圆制造、芯片设计、半导体产品，时间限定为2018—2023年。构建检索式：TIAB=（集成电路OR集成芯片OR晶圆制造OR芯片设计OR半导体产品OR Integrated circuit OR Chip OR

Waferfabrication OR Chipdesign OR Semiconductor product NOT集成）。共检索到相关专利545 343件，合并申请号剩余470 185件专利。

5.2.2.2 专利申请态势及国家（地区）分布

从2018—2023年集成电路领域相关专利申请和公开数量（图5-5）可以看出，2018—2020年集成电路申请量呈上升态势，之后专利申请量逐年下降。但专利公开数量从2018—2022年一直呈上升趋势。这一方面说明集成电路技术研发周期可能有所增加；另一方面也体现了全球集成电路技术公开趋势降低，这与集成电路行业竞争更为激烈有关。

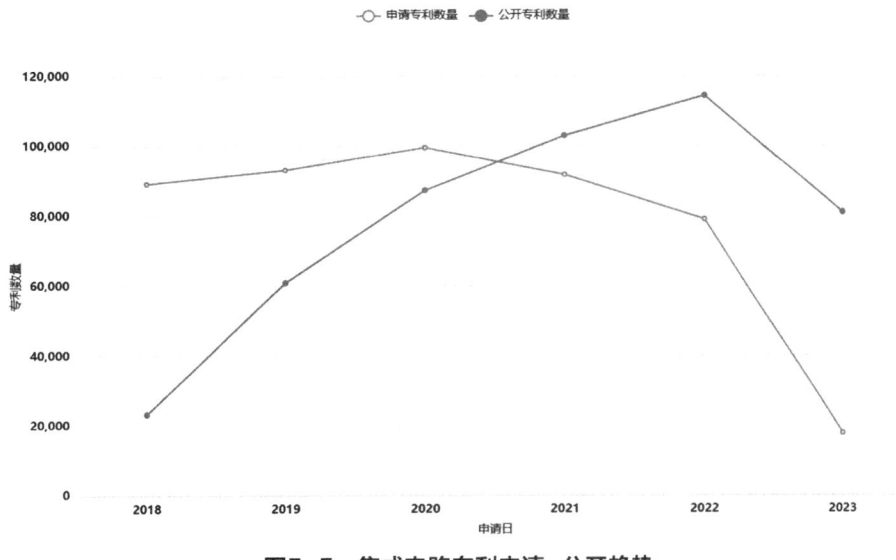

图5-5 集成电路专利申请-公开趋势

图5-6展示了近年来专利公开的主要国家/地区/机构。从专利公开数量上来说，中国是近年来集成电路领域专利公开数量最多的国家，其次是美国和日本。从中、美、日三国的申请趋势上看，中国从2021年开始减少了集成电路专利申请数量，而美国、日本申请数量相对较少，更是从2021年起进一步减少了专利申请量。这反映全世界在集成电路技术公开方面有所收紧。

图5-6　集成电路专利全球申请趋势

在incoPat中针对机构存在简称和全称混用、同一机构下的研究所未合并、公司名称/机构的不同书写格式、中英文名称不同等进行清洗，清洗后得到专利TOP20申请机构如图5-7所示。

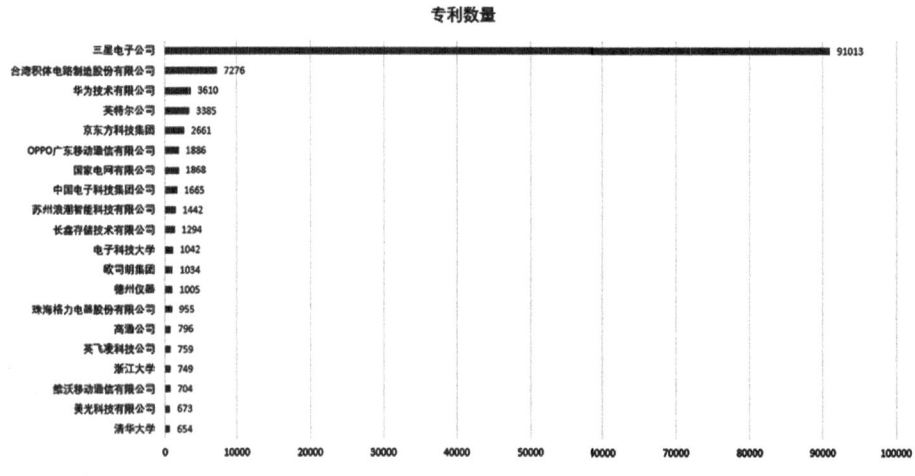

图5-7　集成电路领域专利申请TOP20机构

专利申请量排名前20的申请机构分别来自中国（12个）、中国台湾（1个）美国（4个）、德国（2个）、韩国（1个），这些机构中有17个都是公司企业，只有来自中国的电子科技大学、浙江大学、清华大学属于高校,这说明中国在集成电路专利的申请上处于世界领先的位置。

近年来,虽然中国集成电路专利申请数量位居世界前列,但是我国仍然缺少国际一流的集成电路公司。目前我国主要的集成电路技术公司有华为技术有限公司、京东方科技集团、广东OPPO通信有限公司和国家电网有限公司。其中华为和OPPO都是中国有影响力的手机等终端设备制造商。京东方科技集团是以半导体显示器为核心的企业,国家电网主营电力设备,生产以供电为核心的产品。

美国在当前掌握集成电路先进技术方面是领先国家。主要的集成电路公司有英特尔公司、德州仪器、高通公司和美光科技有限公司。英特尔是半导体行业和计算创新领域的全球领先厂商。德州仪器(TI)是一家全球化半导体设计与制造企业。高通公司是全球领先的无线科技创新者,主营无线电通信技术研发、芯片研发。

韩国拥有目前世界最大的集成电路技术公司之一——三星电子公司。三星电子是韩国最大的电子工业企业,三星的主营业务有智能手机、智能电视、LED液晶屏幕、半导体和小家电业务。

德国的集成电路技术也相对较为发达,有欧司朗集团和英飞凌科技公司。欧司朗(OSRAM)产品主要基于半导体技术,从虚拟现实、自动驾驶、智能手机,到建筑和城市中的智慧互联照明解决方案。英飞凌科技公司为汽车和工业功率器件、芯片卡和安全应用提供半导体和系统解决方案。

总体来看,美国、韩国和德国是集成电路技术的先进国家。我国虽然整体专利数量生产较多,但是缺乏一流的半导体器件、无线通信、集成芯片等研发企业。集成电路是生产电子器件的支撑产业,上述公司也大多以无线终端、电子设备为主要销售产品,这些产品的核心技术便是集成电路技术。

5.2.2.3 专利技术热点分析

从图5-8专利申请的技术类别上看,集成电路领域的技术类别以"H01L(半导体器件)""G06F(电数字数据处理)""G01R(测量电变量、测量磁变量)""H05K(印刷电路、电设备的外壳或结构零部件)"为主,从2021

年起,"H01L(半导体器件)""G06F(电数字数据处理)"技术类别的专利比例有所下降,"G01R(测量电变量、测量磁变量)"少量增加,这说明集成电路在这几年间技术有了较大突破。"G01N(借助于测定材料的化学或物理性质来测试或分析材料)""G06K(图形数据读取)""H04L(数字信息的传输,例如电报通信)"和"H02J(供电或配电的电路装置或系统)"的技术类别专利申请一直较为稳定,说明这些技术得到的关注较少。

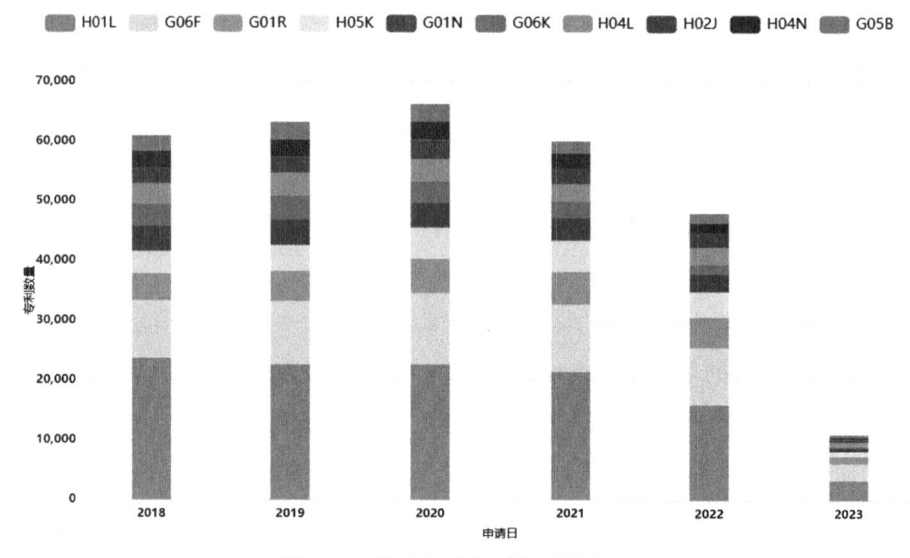

图5-8 集成电路专利申请技术趋势

通过筛选被引证次数前10 000篇的专利,并对技术类型进行分析获得图5-9中的技术类别沙盘图。从图中可知当前集成电路领域的主要技术热点涉及:光子集成电路/激光雷达波导、nmos/pmos控制电路、半导体封装/芯片封装、fpga/片上系统、存储器、微流控/微流体芯片、微通道/冷却回路、制备/超级电容器、半导体层/集成电路器件、感光芯片/芯片测试/贴片机、主控芯片/机器学习/深度学习。

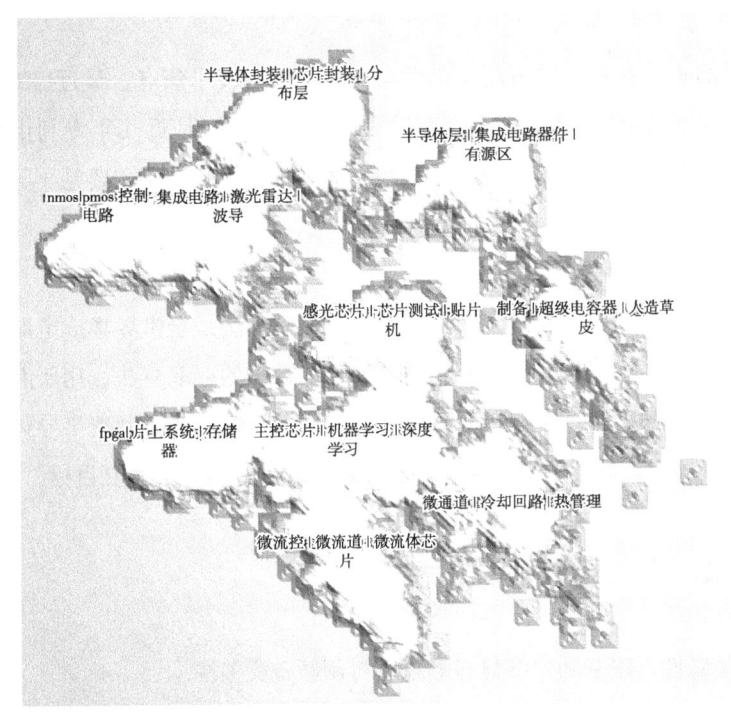

图5-9 集成电路领域2018—2023年被引证前10 000的专利技术类别分布

分析表明，目前集成电路领域的专利前沿技术主要用于以下四类器件的生产制备，中高端芯片、光学器件、显示器和显示面板、半导体存储器件，相应的技术开发与工艺优化是目前集成电路领域研究关注的热点。

（1）中高端芯片制备

芯片是集成电路的主要产品。目前多核芯片、多芯片集成技术受到我国一些企业和研究机构的关注。量子芯片、量子处理器、超导量子芯片等的计算效率还有待提高，但已被许多大型科技公司关注。此外还有一些利用生物学信息的类脑芯片也在研发之中。处于中下游的企业，多以研究芯片制备、测试、控制等生产制备过程中的电子设备和计算系统为主。

（2）利用光学、激光、频射等技术的光学器件制备工艺

利用激光、光谱等方法制造传感器、感光模块的技术处在芯片制造的前端。在这一领域，制造发光二极管芯片器件、半导体激光器、光谱或激光雷达可控系统是半导体相关企业的研发热点。

(3) 显示器、显示面板的制作工艺

显示面板的材料、模组制备仍然是显示装置的技术焦点。最近LED显示屏的制造、显示器的变频技术仍有待进一步研究，这也是近几年专利申请的热点。此外，我国也开始关注显示芯片的制造技术，这类难点主要是半导体材料的制造工艺尚不成熟。

(4) 半导体存储器件

计算机系统存储介质、存储器的制造、控制算法是全世界集成电路领域受重视的技术方向。目前主要的研究问题集中在数据的存取算法、用于芯片计算测试的存储介质技术，在实际生产中存储介质的生产工艺是制造半导体存储器的竞争关键，保证数据的安全、可控、修复等功能是研究的主要目标。

5.2.3 集成电路前沿技术发展态势

(1) 磁性、碳基和二维材料等新材料创新备受关注

新材料将通过全新物理机制实现全新的逻辑、存储、互联概念和器件，推动半导体产业的革新。拓扑绝缘体、二维超导材料等能够实现无损耗的电子和自旋输运，可成为全新的高性能逻辑和互联器件的基础；新型磁性材料和新型阻变材料能够带来高性能磁性存储器如MRAM和阻变存储器。碳纳米管、石墨烯等碳基材料的技术突破可满足大规模集成电路的制备要求，为柔性电子提供更好的材料选择。高质量的二维材料是潜在的下一代替代材料，但距离传统半导体产业至少还有10年的时间。除石墨烯外，较有希望的二维材料包括二硒化钨和二硫化钼等过渡金属二卤化物，但仍处于初级研究阶段。

(2) 异质集成开拓摩尔时代新路径

作为超越摩尔定律发展的重要途径之一，异质集成技术已从多种不同材质芯片的二维三维封装发展到在同一衬底上外延集成具有多种材料和结构的器件。例如硅光异质集成，通过电子电路和光子电路的集成形成混合光电框架进行硬件革新，利用光的优异特性，如低延迟、低损耗、超宽频带、多维复用、波动特性等，与微电子技术结合，在硅衬底上巧妙构造软硬件深度融合的光电计算体系，解决传统微电子处理器在高速计算应用上的算力、能耗和输入输出

瓶颈问题，将在通信、数据中心操作和云计算等领域具有重要的应用。

（3）计算架构呈现开源、异构化发展

以CPU为中心的传统架构已经难以满足当代海量数据处理的要求，面向人工智能、大数据时代的先进计算模式，围绕多核并行、异构并行、边缘计算等体系架构创新而多路径演进。计算存储一体化在硬件架构方面的革新，存内计算架构将数据存储单元和计算单元融合为一体，能显著减少数据搬运，极大地提高计算并行度和能效，将突破人工智能算力瓶颈。软硬系统垂直整合成为现下主流厂商布局焦点，通过软件硬件的协同，提升系统应用性能。以RISC-V为代表的开放指令集架构创新及其相应的开源SoC芯片设计成为新风口，高级抽象硬件描述语言和基于IP的模板化芯片设计方法将取代传统芯片设计模式，更高效应对快速迭代、定制化与碎片化的芯片需求。

（4）集成电路与多学科融合将拓展技术应用空间

集成电路作为信息应用实现的硬件载体，正不断通过与生命、数理、材料、工程等多学科的交叉融合，拓展各类新兴应用空间。以脑机接口为代表的神经技术的突破使得脑科学与集成电路之间的结合越来越紧密，脑机接口芯片对神经工程的发展起到了重要支撑与推动作用，帮助人类从更高维度空间进一步解析人类大脑的工作原理。脑机融合及其一体化已成为未来神经形态计算技术发展的一个重要趋势。量子计算的工程化尚处于初始发展阶段，其核心的量子芯片已崭露头角，超导、量子点（电子自旋）、微纳光子系统、离子阱、金刚石5种技术路线发展各具特色，总体向固态化、长相干时间和多量子比特方向发展，其中超导量子芯片和离子阱量子比特芯片更接近工程化。

5.3 集成电路前沿技术创新监测

5.3.1 国内集成电路前沿技术创新监测

5.3.1.1 政策布局监测

我国自"八五"计划起，就将发展集成电路写入国家顶层规划，可见集成电路核心技术事关国家发展。"九五"时期，国家计划指明"进行新一代集成电路的研制开发工作"；"十五"时期，国家强调"加强先进信息技术的引进、消化和吸收"；十一五"规划则是"根据数字化、网络化、智能化总体趋势，大力发展集成电路"；到了"十三五"阶段，"工业强基"成为主题；而在《"十四五"规划和2035年远景目标纲要》中，绝缘栅双极型晶体管（IGBT）被列入集成电路领域的前沿科技攻关，成为科技强国战略的重要一环。由此可见，集成电路和电子元器件的发展一直是我国科技发展的关键要素。

表5-1　国内集成电路行业相关政策

时间	发布部门	政策名称	政策要点
2020.7	国务院	《新时期促进集成电路产业和软件产业高质量发展的若干政策》	提出聚焦高端芯片、集成电路装备和工艺技术、集成电路关键材料、集成电路设计工具、基础软件、工业软件、应用软件的关键核心技术研发
2020.9	发改委	《关于扩大战略性新兴产业投资 培育壮大新增长点增长极的指导意见》	在"聚焦重点产业投资领域"中提出加快新一代信息技术产业提质增效。加快基础材料、关键芯片、高端元器件新型显示器件、关键软件等核心技术攻关
2021.1	工业和信息化部	《基础电子元器件产业发展行动计划（2021—2023年）》	提出要重点发展微型化、片式化阻容感元件，高频率、高精度频率元器件，高性能、多功能、高密度混合集成电路
2021.3	国务院	《"十四五"规划和2035年远景目标纲要》	加快推进高端芯片、操作系统、人工智能关键算法、传感器、通用处理器等领域研发突破和迭代应用
2021.5	国家税务总局	《软件企业和集成电路企业税费优惠政策指引》	为了便于软件企业和集成电路企业及时了解适用税费优惠政策，税务总局针对软件企业和集成电路企业的税费优惠政策进行了梳理
2021.12	发改委、商务部	《关于支持深圳建设中国特色社会主义先行示范区的意见》	创新市场准入方式，建立电子元器件和集成电路交易平台。组建市场化运作的电子元器件和集成电路国际交易中心，打造电子元器件、集成电路企业和产品市场准入新平台

续表

时间	发布部门	政策名称	政策要点
2022.3	工信部	《2022年汽车标准化工作要点》	针对汽车芯片领域，开展汽车企业芯片需求及汽车芯片产业技术能力调研，联合集成电路、半导体器件等关联行业，研究发布汽车芯片标准体系
2023.2	国务院	《质量强国建设纲要》	加强集成电路布图设计等知识产权保护，提升知识产权公共服务能力。
2023.3	国家发展改革委、工业和信息化部、财政部、海关总署、税务总局	《关于做好2023年享受税收优惠政策的集成电路企业或项目、软件企业清单制定工作有关要求的通知》	通知指出，2023年享受税收优惠政策的集成电路企业或项目、软件企业清单制定工作，延用2022年清单制定程序、享受税收优惠政策的企业条件和项目标准

5.3.1.2 国内技术创新发展态势监测

我国在2019—2021年连续三年发布"后摩尔时代新器件基础研究"重大研究计划，主要面向芯片自主发展的国家重大战略需求，以芯片的基础问题为核心，旨在针对后摩尔时代芯片技术的算力瓶颈，围绕三个核心科学问题展开研究。一是研究CMOS器件能耗边界及突破机理；二是研究突破硅基速度极限的器件机制；三是研究超越经典冯·诺依曼架构能效的机制。在我国集成电路生产规模扩大的同时，生产技术水平也大幅提高，缩小了同世界先进集成电路制造企业生产技术水平的差距。但是，我们应当清醒地认识到，单纯依靠引进技术的发展并不等于产业自主创新能力的提高，从以专利为代表的知识产权竞争态势分析，我国集成电路产业的研究开发虽然在少数技术分支方面有所突破，但是整体技术水平同领先国家近年来的快速进步相比还有很大差距，这一点至少在专利知识产权的实际拥有方面可以得到实证。

5.3.1.3 国内技术创新发展特征

集成电路产业是信息产业的核心，是引领新一轮科技革命和产业变革的关键力量。我国作为全球重要的集成电路市场，近年来快速发展，市场规模全球领先。中国是全球重要的集成电路市场，近年来，在内外资企业的共同努力下，中国集成电路产业规模不断扩大，2021年国内集成电路全行业销售额首次突破万亿元，2018—2021年的年均复合增长率为17%，是同期全球增速的3倍多。据中国半导体行业协会统计，2022年上半年，中国集成电路产业的销售额达到4763.5亿元，同比增长16.1%，预计2023年市场规模将达14 425亿元。2022年，集成电路产量为3241.9亿块，进口量为5384亿块，进口额为27 662.7亿元，出口量为2733亿块，出口额为10 254.4亿元。我国集成电路产业发展整体呈现以下特征。

（1）集成电路市场规模迅速扩大

中国是全球最大且最重要的集成电路市场，我国新基建、5G、医疗信息化等领域建设步伐的加快，为集成电路产业带来巨大的市场需求。国内集成电路初步形成了长三角、环渤海、珠三角三大核心区域聚集发展的产业格局。从企业分布来看，广东代表性企业有比亚迪微电子、海思半导体、粤芯半导体等，北京代表性企业有紫光展锐、大唐半导体、智芯微电子等，浙江代表性企业有中芯集成、士兰微、立昂微等。中国集成电路设计产业虽起步较晚，但在巨大的市场需求、稳定的经济发展和利好的政策环境等优势条件的驱动下，已成为全球集成电路设计行业市场增长的主要推动力。"十三五"期间，中国集成电路设计业的销售年均复合增长率达到23.6%，是同期全球半导体产业年均复合增长率的近6倍。

（2）集成电路产业链自给率不断提高

随着我国对集成电路产业前所未有的重视，北京、深圳、上海等创新高地围绕EDA、IP等"卡脖子"领域积极布局，并取得了显著的成就。如华为在EDA（电子设计自动化）领域取得突破，打破了西方企业的长期垄断，为国货崛起注入了新的活力。随着我国集成电路领域核心技术的不断突破，未来我国在装备、材料、先进封测等上下游环节配套完善，产业链竞争力将显著增强。

（3）企业数量保持快速增长，领军企业进入全球主流竞争格局

受国内市场需求和产业快速发展的影响，国内集成电路产业相关企业数量呈井喷式增长。自2012年以来，中国集成电路设计企业的数量逐年增加，并逐步进入到全球市场的主流竞争格局中。据中商产业研究院数据，2020年，国内

芯片设计企业增至2218家，比上一年增长了24.6%；除了北京、上海、深圳等传统设计企业聚集地，无锡、杭州、西安、成都、南京、武汉、苏州、合肥、厦门等城市的设计企业数量都超过100家。截至2023年11月，国内涉及集成电路设计企业数量为3451家。中国集成电路设计企业已逐步进入全球市场的主流竞争格局中。

5.3.2 国外集成电路前沿技术创新监测

5.3.2.1 政策布局动态监测

2022年以来，受地缘政治、供需不平衡等因素影响，各国纷纷出台半导体产业政策，支持力度明显提升。

（1）欧盟

全球芯片荒的持续冲击，不仅造成欧洲新车销量屡创新低，而且也暴露出欧洲依赖亚洲和美国芯片供应商带来的危险，为减少对外部的依赖，欧洲正努力打造自己的半导体产业链。

2020年底，欧盟17国联合发布了《欧洲处理器和半导体科技计划联合声明》，旨在推动欧盟各国联合研究及投资先进处理器及其他半导体技术。该声明提出计划在未来两三年内投入1450亿欧元（约合人民币1.2万亿元）的资金，在2030年前欧盟半导体市场份额提升至全球的20%。

2021年3月，欧盟发布了《2030数字指南针：数字十年的欧洲方案》（2030 Digital Compass: the European way for the Digital Decade），提出了欧洲数字化转型的2030年目标，其中就包括在2030年前实现芯片产量增加一倍，先进芯片制造全球占比达到20%，以降低欧盟对美国和亚洲关键技术的依赖。

2021年4月，欧洲开始效仿美国，计划拿出数百亿欧元补贴邀请台积电、三星、英特尔等企业赴欧建厂，在一定程度上提升本土的芯片制造业实力。同时，欧盟正考虑建立欧洲半导体联盟计划，邀请包括ASML（阿斯麦尔）、恩智浦、ST（意法半导体）和英飞凌等在内的欧洲半导体巨头加入，捆绑欧洲本土企业的利益，旨在在全球供应链紧缩的情况下，减少对国外芯片制造商的依赖。同时，欧洲也正积极推出产业扶持政策，包括支持私营企业对微电子进行投资，涵盖德国、法国、意大利、荷兰等国，预计各国政府将根据企业需要投入150—500亿欧元扶持相关产业。

2023年7月，欧盟又宣布了430亿欧元的《芯片法案》，旨在支持本土芯片制造。

（2）美国

美国以重整芯片供应链为核心，先后推出了一系列产业政策，借助拨款、税收优惠等手段吸引芯片制造重回美国。

2020年9月，SIA（美国半导体协会）与BCG（波士顿咨询）发布了《政府激励措施和美国在半导体制造业中的竞争力》报告，指出近年来美国的全球半导体制造份额直线下降，主要原因是竞争对手国家提出大量激励措施，建议美国通过500亿美元联邦投资，未来十年在本土建设19家工厂，提升美国制造业地位。2023年，SIA接连发布了《在不确定时代加强全球半导体供应链》《芯片：半导体产业对美国生产力及联邦激励将如何增加国内就业岗位》等多项报告，均在强调美国应加强发展本土生产芯片。

2021年1月，《美国芯片法案》获得通过，作为《2021财年国防授权法案》的一部分，提出购买半导体制造设备及相关投资可获得税务减免，并要求联邦拨款100亿美元鼓励"半导体美国制造"，成立"国家半导体技术中心"，鼓励国防部、能源部扩大对半导体投资。

2021年6月，美国参院通过总额达2500亿美元的《创新和竞争法案》，包括对芯片产业520亿美元的拨款。其中，包括390亿美元的生产和研发资金、105亿美元的项目实施资金，将用于支持未来5—7年内在美国本土建立7—10个芯片制造厂。同时，美国参议院还提出《促进美国制造的半导体（FABS）法案》，希望在《美国创新和竞争法案》520亿美元投资基础上，为半导体制造业提供25%投资扣抵税额，以期缩小美国与东亚地区在半导体生产成本上的差距。

2021年9月，美国商务部发出通知，要求全球半导体供应链主要企业在45天之内提供库存、产能、原材料采购、客户信息、销售等相关信息，信息征集对象涵盖整个半导体供应链。截至11月，已有70多家实体向美国商务部提交半导体供应链相关信息，其中包括亚马逊、思科、美光科技、台积电、联华电子、韩国SK海力士、日本索尼半导体解决方案等知名企业。

（3）日本

20世纪80年代后期，日本芯片在全球半导体市场所占份额一度超过50%，但近几年已萎缩至10%左右，且大多数企业仅能生产低端产品，其芯片60%以上依赖进口。日本政府为实现本国经济的复兴，高度重视被称为"产业大米"的芯片产业的复兴和稳定供给。

2021年3月，日本产业经济省宣布，将成立"半导体数字产业战略研讨会"来应对目前半导体短缺的严峻局面，6月，宣布确立了以扩大国内生产能力为目标的"半导体数字产业战略"。根据"半导体数字产业战略"，日本将加强与海外的合作，联合开发尖端半导体制造技术并确保生产能力，优化本国半导体产业布局，加强产业韧性。

2021年9月，日本政府召开增长战略会议，确认了对半导体、电动汽车（EV）等多个领域追加支持措施的方针，将制定支持政策以引进海外半导体工厂，设立数万亿日元的半导体开发基金，并计划为台积电在日半导体研发拨款190亿日元，以拉拢台积电等芯片厂在日设厂。

2021年11月，日本《经济安全保障推进法案》的框架浮出水面，法案突出在中美围绕经济和技术领域博弈加大背景下，日本将为确保芯片的稳定供给、保护机密情报、防止技术外流等，推进国内法制建设。岸田内阁加速具体的立法工作，将明确规定加强芯片等国内生产基础的援助制度，通过对投资建厂提供补助金等方式，吸引海外企业和日本企业回归国内。

（4）韩国

近年来，韩国的芯片产业取得了长足的发展，在存储半导体、芯片设计、芯片制造等方面都位居全球前列，在内存芯片领域，韩国已占据统治地位，全球70%的内存芯片是三星、SK海力士生产的。三星电子作为全球第二大半导体制造企业，占全球代工市场份额约17%，仅次于台积电。中国已成为韩国芯片的最大出口目的地之一。韩国政府高度重视芯片产业发展，韩国已成为当今全球芯片行业的大赢家之一。

2021年11月，韩国副总理提出"政府将动用一切力量推动半导体、未来汽车、生物健康三大创新增长产业的发展"，力争在2025年前将这三大产业的竞争力提升至世界第一,并计划2022年向上述三大产业投资6.3万亿韩元(约合人民币338亿元),相关企业的税收减免将扩大到10个百分点。

5.3.2.2 国外技术创新发展态势监测

(1)美国重点布局基础架构、材料和异构集成领域

美国2017年启动由国防高级研究计划局(DARPA)牵头实施的电子复兴计划(ERI),第一阶段重点面向集成电路下一代逻辑和存储器件所需的候选材料和集成、架构、设计三个研发攻关方向部署。2020年DARPA对ERI计划进行了更新,提出了四个关键的发展领域:三维异构集成、新材料和器件(面向集成电路下一代逻辑和存储器件所需的候选材料)、专用功能(例如根据软件需求进行调整的可重构物理架构、加速器组合架构等)、设计和安全。更新后的ERI计划在以前的三大方向基础上进一步突出了前沿新技术的重要性。例如ERI第二阶段部署的首个项目"面向极端可扩展性的封装光子(PIPES)"探索把光子学带入芯片的技术。此外,下一代氮化镓晶体管、超导电路设计工具、生物基半导体等技术也是美国政府关注的重点。

(2)欧洲积极布局工业半导体和先进工艺

欧洲正逐渐加大对半导体和集成电路开发的投资力度,2018年欧盟委员通过了法、德、意、英四国共同提出的"微电子联合研究创新项目",推动研发与工业场景联系紧密的芯片、集成电路、传感器等创新性技术与元器件。重点研发高能效芯片、功率半导体、智能传感器、先进的光学设备、替代硅的复合材料五大领域的技术。2019年,欧洲国家电子元件和系统领导地位联合执行体(ECSELJU)多年度战略计划(2020)中明确了四个重点研究方向:第一,开发先进的逻辑和存储技术,以实现纳米级集成和应用驱动性能,扩展传统ICT环境和更具挑战性的条件(如低温);第二,开发异构片上系统(SoC)集成技术;第三,通过组合封装中的异构构建块,开发先进封装和智能封装系统(SiP)技术;第四,在半导体设备、材料和制造解决方案方面扩大世界领先地位,包括先进或新型半导体积木、符合摩尔定律的先进逻辑和存储器技术以及异构集成技术。2020年欧盟17个国家共同签署了《欧洲处理器和半导体科技计划联合声明》,要在接下来的2—3年时间内投入1450亿欧元(折合约11 579亿

元人民币）资金，用于研究2nm先进工艺制造、先进处理器等半导体技术，建立起欧洲独有的先进的芯片设计以及产能体系。

（3）日韩主要对人工智能与半导体融合领域进行投资和布局

日本出于对国际研发投资的危机感，2019年初启动了旨在支持颠覆性创新、复兴科技创新立国的新项目——"登月型"研发项目。从解决未来日本国内外社会可能出现的问题角度，提出了面向2050年的研发目标。主要支持与半导体相关的包括通用人工智能、容错型通用量子计算机等方向。韩国近年来在集成电路和半导体领域连续出台了多项重大科技计划和一批科技政策，包括《研发投资系统创新方案》《以人工智能强国为目标的人工智能半导体产业发展战略》，以及为应对日本零部件出口限制的《材料、零部件、装备2.0战略》等，将在未来10年投资1.5万亿韩元，以支持人工智能芯片合并存储器和运算功能的存算一体芯片研发。

5.3.2.3 国外技术创新发展特征

当前集成电路已经成为各国竞相角逐和储备的战略物资，为抢占经济、军事、安全、科研等领域的全方位优势，各国纷纷采取一系列重大战略规划和政策措施全力抢占集成电路前沿核心技术领域的战略制高点和关键技术控制权。

（1）全球集成电路研发分工合作格局正在得到重塑，集成电路研发分布呈现集中的趋势

随着各主要经济体研发投入的不断扩大和研发成本的不断攀升，集成电路技术研发在地域和研发单位分布上呈现集中的发展趋势。从科研论文发文量来看，中国大陆地区与美国处于第一梯队，二者发文量之和占总量的50%以上；第二梯队包括印度、德国、韩国、中国台湾、日本、意大利、法国、加拿大。具体来看，领军企业、大型研发中心和国家科研机构、研究型大学等优势单位的发文量均得到了增长，呈现"寡头化"集中的发展趋势。

（2）领军企业是集成电路领域技术创新的主体，领军企业、科研机构和研究型大学形成了相互配合的局面

在集成电路领域，领军企业是技术创新的主体，引领了技术发展方向，也是研发的主要投资方。企业作为产品需求的直接定义者，在竞争性市场条件下

必须通过研发构筑自己的产品优势。与其他行业相比，集成电路领域具有高研发占比、高资本投入的特点，为了控制研发成本溢出，要求企业主动制定面向产品需求的技术发展路线。同时，高投入也提高了行业的技术壁垒，倒逼企业发展成为重要的研发投资主体。大型研发中心和国家科研机构擅于开展规模化、平台化的中试研究，方向较为聚焦；研究型大学研究方向广泛，具有较强灵活性。在研发合作方面，形成了以企业或大型研发中心为核心、产学研紧密合作的发展态势，全球化和区域化的合作模式并存。

5.4 中国集成电路技术创新发展挑战与建议

集成电路产业是国民经济和社会发展的战略性、基础性和先导性产业，是培育发展战略性新兴产业、推动信息化和工业化深度融合的核心与基础，是转变经济发展方式、调整产业结构、保障国家信息安全的重要支撑，是衡量一个国家或地区现代化程度以及综合国力的重要标志，其战略地位日益凸显。美国、日本、韩国和中国台湾地区是当今世界集成电路产业的佼佼者，尤其美、日和欧洲等国家占据产业链的上游，掌管着设计、生产、装备等核心技术。美国在集成电路支撑和制造产业等多个细分领域占据显著优势，尤其在EDA／IP、逻辑芯片设计和设备制造领域占比均达到40%以上；日本在集成电路材料方面具备优势，而我国则在晶圆制造和封测领域占据优势。全球半导体产业经历了从美国向日本，再从日本向韩国及中国台湾的两次转移。从技术创新角度来看，当前中高端芯片制备，利用光学、激光、频射等技术的光学器件制备工艺、显示器、显示面板的制作工艺，半导体存储器件等成为关注焦点，而基于新材料和工艺、三维异构集成、开源新架构等多个领域的前沿技术创新成为突破方向，将持续推动集成电路产业的变革。

我国在全球范围内具有劳动力优势，基本完成了半导体产业链的原始积累，拥有广阔的半导体终端市场，同时也有政府与产业资本的大力支持，是承接第三次半导体产业转移最具潜力的市场。但仍面临创新体系结构与研发需求间存在差距，原始创新能力不足，关键核心技术受制于人，专业技术人才不足等问题。为进一步加快我国集成电路技术创新发展，提出以下建议。

（1）加强集成电路创新体系建设，凝聚集成电路国家战略科技力量

在国内国际双循环相互促进的新发展格局下，中国集成电路行业要加快打造完整链条，支撑构建集成电路产业和技术国内大循环。充分发挥政府和市场调节作用，强化企业创新主体地位，通过财税政策支持和鼓励企业加大研发投入，激发企业创新活力；探索企业投资主导的、以产品需求为导向、充分利用大学智力资源的研发合作模式。聚集领军企业、国家科研机构、研究型大学的研发力量，构建国家级的集成电路共性关键技术平台，加强从基本原理、原型、产品到规模市场化的有机衔接和紧密配合，自立自强发展和攻克核心技术，提升内部技术供给能力，助力中小型企业生存发展，避免低水平重复和同质化竞争。从国家战略角度制定集成电路技术发展规划，确保对技术研发的中长期支持和人才供给。

（2）利用全球创新资源深度融入全球创新网络，着力打造适应新时期发展自主可控的产业链和供应链

平衡自主和开放间的张力，在坚持自立自强发展国内集成电路技术的同时，也着力加强国际科技合作交流。在强化自给自足供应链的同时，也着力保持国内市场优势深度融入全球集成电路产业链发展；采用多元化的战略思维，着力提升中国集成电路技术发展的应变能力，加快提升中国集成电路技术话语权。探索利用开源资源，以可控开源的方式充分利用国际智力资源。

（3）加强基础研究和人才培养，提升集成电路原始创新能力

强化基础研究和原始创新，提前部署潜在的新型信息处理和存储技术，提升集成电路材料和装备研制能力。加强集成电路领域人才队伍建设，抓好、用好科技领军人才，加快推进中国学术和产业进步。扎实做好集成电路专业人才培养工作，切实以需求和问题为导向，培养多学科交叉和融合的创新型人才。改进科技管理体制机制，坚持出成果和出人才并重，改进科技评价方法，鼓励科研人员潜心开展原创研究。完善知识产权保护制度，调整科研人员薪酬分配体系，及时跟上社会发展趋势。

（4）探索低碳化技术发展路径，推动集成电路可持续发展

随着集成电路技术的不断发展，新工艺和新材料等复杂技术对环境的潜在

影响变得更加显著，需要更多的能源消耗和温室气体排放。2020年，IMEC等研究机构提出了技术可持续（Sustainability）发展的倡议，通过建立负责任创新机制，为技术发展提供优化和指导。对标"碳达峰、碳中和"的目标任务，中国应布局绿色低碳的集成电路技术路线研究，将环境因素作为技术研发的重要考量，指导技术合理有序发展。

第6章

下一代通信技术前沿技术识别与监测

随着通信技术的发展，通信系统已经从第一代发展到了第五代。5G通信系统引入了新型信道编码、大规模多天线等技术，大幅度提升通信数据速率和可靠性，降低了通信时延。未来的6G通信系统将把支撑智能体高效链接作为目标，让人工智能应用于更广泛的领域，提高更多人的生活质量，实现从"万物互联"到"万物智联"的飞跃。智能制造是基于先进制造技术与新一代信息技术深度融合的一种先进生产方式，新一代信息技术则贯穿于设计、生产、管理、服务、回收利用等制造活动的各个环节，通过组织研发具有信息深度感知、智慧优化决策、精准控制自执行的智能装备及智能化生产线，以达到缩短产品研制周期、降低资源/能源消耗、降低运营成本、提高生产效率、提升产品质量的目标。信息技术是智能制造的核心驱动力，智能制造的实现离不开新一代信息技术的支持，如物联网、大数据、云计算、人工智能等，它们为智能制造提供了强大的数据处理和分析能力，使得制造过程更加智能化、高效化。同时，新一代信息技术在智能制造中的应用，不仅提高了制造业的效率和效益，也为信息技术的发展提供了广阔的应用空间。

《"十四五"信息通信行业发展规划》提出，到2025年，信息通信行业整体规模进一步壮大，发展质量显著提升，基本建成高速泛在、集成互联、智能绿色、安全可靠的新型数字基础设施，使经济社会数字化转型升级的能力全面提升。预计2021—2026年下一代通信设备市场的年均复合增长率将超过20%。随着5G的不断普及，各类新兴领域、云计算、大数据、区块链、人工智能等新技术与通信技术在不断融合，将促使下一代信息技术的突破与变革。密切跟踪和监测下一代信息技术的重点领域和前沿技术，不仅有助于掌握下一代信息技术的前瞻布局和未来方向，对推动智能制造高质量发展同样具有重要意义。基于此，本章节以2018—2023年下一代通信技术领域相关文献为研究样本，利用Web of Science数据库与incoPat专利数据库，从论文和专利两个角度开展前沿技术识别；在此基础上，从国内外政策规划、技术创新发展态势和技术创新发展特征三个方面对下一代通信技术领域前沿技术动态进行跟踪，并提出未来发展的对策建议，为推动下一代通信技术产业高质量发展提供参考和借鉴。

6.1 智能制造中下一代通信技术简述

下一代通信技术是指在当前通信技术基础之上的一次重大升级，旨在提供更高的速度、更稳定的连接、更低的延迟以及更强大的容量，以满足未来对通信的需求。基于当前通信技术发展进入5G（即第五代移动通信技术）时代，6G网络将是下一代通信技术发展的重要方向，光通信、量子通信等其他创新技术有望与6G网络等成为下一代通信技术发展的核心。

下一代通信技术在智能制造中广泛应用，不断增强制造业产业链韧性。下一代通信技术在智能制造中的应用场景主要包括：①自动化生产线通信。在智能制造中，自动化生产线是不可或缺的一环。下一代通信技术可以实现设备之间的联动和数据共享，通过将设备连接至统一的网络中，采用相应的通信协议，就可以实现设备之间的信息交互与控制，从而提高生产效率和质量。②智能化仓库管理通信。智能仓库是实现制造业智能化和数据化的重要环节。下一代通信技术可以通过感知技术、物联网技术等实现仓库的智能化管理，包括货物的自动识别、跟踪、监控等，提高仓库的运营效率和准确性。③工业互联网通信。工业互联网是智能制造的核心基础设施之一。下一代通信技术可以实现工业设备之间的互联互通，包括设备之间的数据传输、控制、监测等，从而提高生产效率和产品质量。④5G技术在智能制造中的应用。5G技术是新一代宽带移动通信技术，具有高速率、低时延、大连接等特点。在智能制造中，5G技术可以应用于远程控制、设备预测性维护、实时数据传输等方面，提高生产效率和降低运营成本。

6.2 基于文献计量分析的下一代通信技术前沿技术识别

现阶段下一代通信技术既是推动社会发展的关键技术点，也是未来产业竞争及国家博弈的制高点，各国政府都在积极进行相关方面的专利布局，并且出台相关政策。《"十四五"信息通信行业发展规划》指出，"十四五"期间要着力发展5G、千兆光纤网络、IPv6、移动物联网、卫星通信网络等新一代通信网络基础设施。采用Web of Science数据库与incoPat专利数据库进行下一代通信领域数据检索，并依据以往研究以及领域专家建议，结合国家自然科学基金委发布的信息学部下一代通信领域的关键词构建检索词。

本章节将某个时间段内本身有很高科学与技术基础或在产业领域表现突出的技术定义为前沿技术，以下分别从论文和专利两个角度开展前沿技术识别。

6.2.1 基于论文计量分析的下一代通信技术前沿技术识别

基于科技论文数据，通过文献计量和内容分析法，利用HistCite、VOSviewer等工具，对该重点领域前沿技术的研究进展跟踪监测。

6.2.1.1 数据来源

利用Web of Science数据库进行文献获取，借鉴已有对该领域发展态势研究的检索方式制定检索策略。其中，高被引论文通常代表着高学术水平与影响力的重要成果，在Web of Science数据库中表现为被引频次TOP10%的论文。本文将近五年被引频次TOP10%的论文定义为该领域基础研究的前沿技术，从论文角度识别该领域前沿技术。

为确保样本数据的质量及权威性，以Web of Science核心合集数据库文献（2018—2023年）为数据来源。检索式为：（（TS=（"Next Generation Network*" OR "next generation communi*"））OR（TS=（"5G" OR "6G" OR "wireless" OR "quantum"）AND TS=（"communi*" OR "Network*"）））AND PY=（2018—2023），将文献的类型限定为"论

文""综述论文""会议录论文",检索时间为2023年8月,通过检索,共得到143 521篇文献。

6.2.1.2　论文变化趋势及国家／地区分布

经检索,Web of Science核心合集2018—2023年共收录下一代通信技术领域相关研究论文143 521篇,年度变化趋势如图6-1所示。可以发现,整体发文量较为平稳,年均论文产出数量在2.5万篇以上,波动范围小且保持在较高水平,充分体现出下一代通信技术领域受到科学界及产业界的持续和广泛关注(由于文献未覆盖2023全年,故数据存在一定差距)。基于论文的产出发展的整体趋势,未来下一代通信技术领域的论文数量将依然呈现高位增长态势。

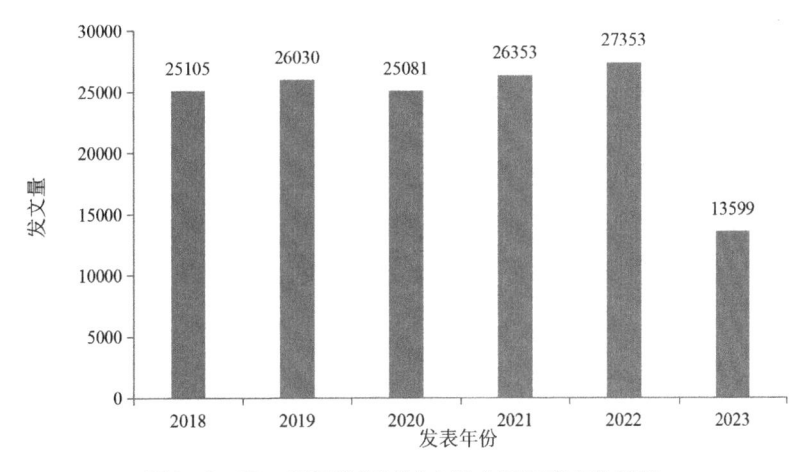

图6-1　下一代通信领域论文发文量年度变化趋势

对下一代通信技术领域根据国家／地区的发文量进行统计可知,该领域的论文广泛分布在176个国家或地区。图6-2显示了发文量前十名的重点国家／地区,总体可分为三大梯度:①第一梯度为中国,其发文量占总量的32.8%,达到排名第二国家发文量的两倍有余,遥遥领先于其他国家／地区,由此可见中国在下一代通信技术领域前沿技术研究方面具有绝对优势,占据领先地位;②第二梯度为美国、印度,其在下一代通信技术领域前沿技术研究中也具备一定实力;③第三梯度包括英国、韩国、加拿大、德国、日本、意大利、法国,虽与前两梯度国家或地区发文量的差距较大，但均占据总发文量的3.5%以上，说明第二梯度的国家／地区在该领域前沿技术的研究中竞争较为激烈。

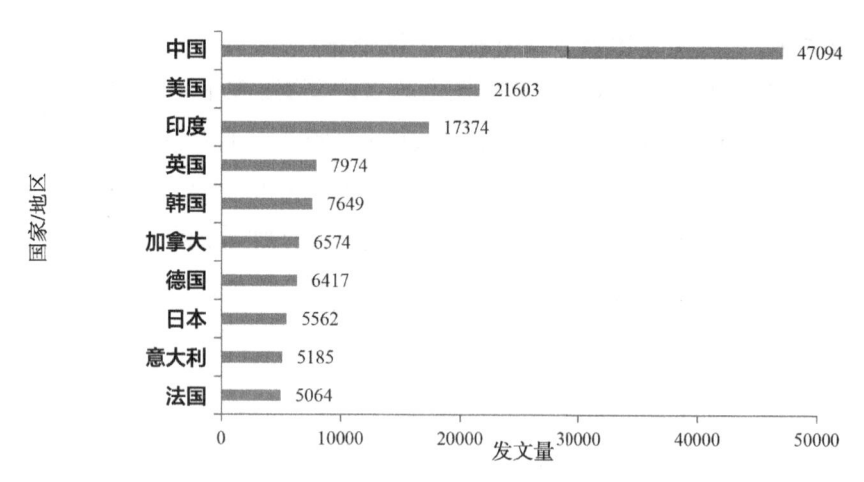

国家/地区	发文量
中国	47094
美国	21603
印度	17374
英国	7974
韩国	7649
加拿大	6574
德国	6417
日本	5562
意大利	5185
法国	5064

图6-2　下一代通信领域发文重点国家／地区分布

6.2.1.3　前沿技术热点分析

通过高频关键词分析可从一定程度上表征该学科领域的研究主题，揭示某一时间段内的研究热点。统计论文关键词可知（图6-3），高频关键词主要包括wireless communication（无线通信）、wireless sensor networks（无线传感器网络）、internet of things（物联网）、5G、optimization（优化）、5G mobile communication（5G移动通信），可见这些主题是该领域近年来备受关注的研究问题。将下一代通信前沿技术研究中高被引（被引频次前10%）论文导入VOSviewer进行关键词共现分析（图6-4），下一代通信前沿技术领域的研究主要围绕无线通信、5G等展开，主要包括四个研究热点主题：5G及超5G（5G & Beyond）、大规模物联网、人工智能驱动的通信、无线通信技术及其隐私安全。

图6-3 下一代通信领域前沿技术研究关键词词云图（关键词词频TOP200）

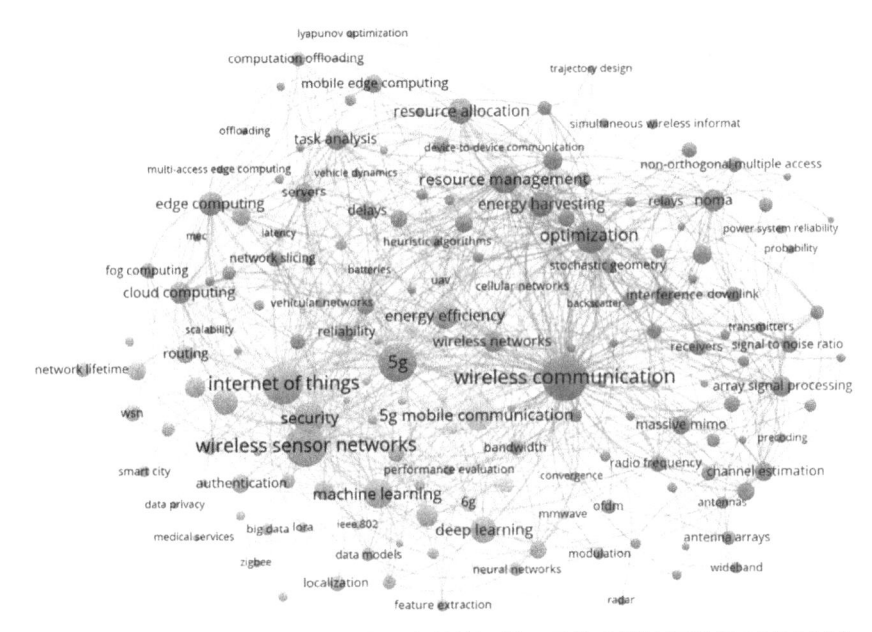

图6-4 下一代通信领域前沿技术研究关键词共现网络（关键词词频TOP200）

研究发现，基于论文的下一代通信前沿技术研究主要包含四大热点方向：

（1）5G及超5G（5G & Beyond）

此方向旨在进一步增强 5G 技术，包括提高数据处理速率、减少延迟和扩大覆盖范围。超 5G（通常称为 6G）的研究探索了能够提供更高数据处理速率、更低延迟和新通信范例的前瞻性技术，此类技术被认为是无线通信领域的一次变革性飞跃，包括太赫兹频率通信、先进的波束成形技术和新颖的波形设计等。

（2）大规模物联网

指大量物联网设备同时连接到网络，大规模生成和交换数据的场景。学者正在开发定制的通信解决方案，以支持未来预计连接的大量物联网设备。此方向涉及优化低功耗、低数据速率设备的通信协议，以及设计高效的网络架构以有效处理物联网流量。

（3）人工智能驱动的通信

将人工智能和机器学习等新兴技术集成到通信网络中是一个重要的研究方向。此类技术被应用于提高频谱利用率并适应不断变化的网络条件，以优化网络性能、更有效地管理资源以及预测和预防网络故障。具体而言，在下一代通信技术中应用到的智能技术包括自然语言处理、语音识别和合成、情绪分析、网络分析、聊天机器人和虚拟助理等关键技术。

（4）无线通信技术及其隐私安全

随着无线通信系统变得愈发复杂，连接设备数量和潜在漏洞日益增加，学者开始专注于开发强大的加密算法、安全通信协议和先进的威胁检测技术。具体而言，该方向涉及无线通信技术网络安全、安全身份验证、量子安全密码学、安全物联网通信、人工智能安全等多项研究主题。

6.2.2 基于专利分析的下一代通信技术前沿技术识别

基于全球专利数据库incoPat中的专利信息，分析集成电路前沿技术的技术研发态势，具体包括数据来源、检索策略、技术研发趋势、国家/地区分布、技术热点。

6.2.2.1 数据来源

采用incoPat内置算法能够较好地识别该领域所属技术类别，筛选被引证次数较高的专利并对专利信息进行聚类，能够在一定程度上反映该领域的前沿技术热点。本文将近五年被引证次数前20 000篇的专利定义为该领域基础研究的前沿技术，从专利角度识别该领域的前沿技术。

本节专利信息数据来源是全球专利数据库incoPat中的专利数据。以下一代通信相关领域的关键词——下一代通信、5G通信、无线通信、量子通信、卫星通信为检索关键词，时间限定为2018—2023年。构建检索式：TIAB=（下一代通信 OR 5G通信 OR 无线通信 OR 量子通信OR 卫星通信OR Next generation communication OR 5G communication OR Wireless communication OR Quantum communication OR Satellite communication）。共检索到相关专利362 012件，合并申请号剩余294 910件。

6.2.2.2　专利申请态势及国家／地区分布

图6-5是2018—2023年下一代通信领域相关专利申请和公开数量。从图中可以看出全球专利申请量从2018年至2020年基本上逐年递增，但从2021年开始，专利申请量逐年下降，但专利公开数量却仍在递增。这反映了目前下一代通信技术发展速度有所降低，专利技术申请周期延长。

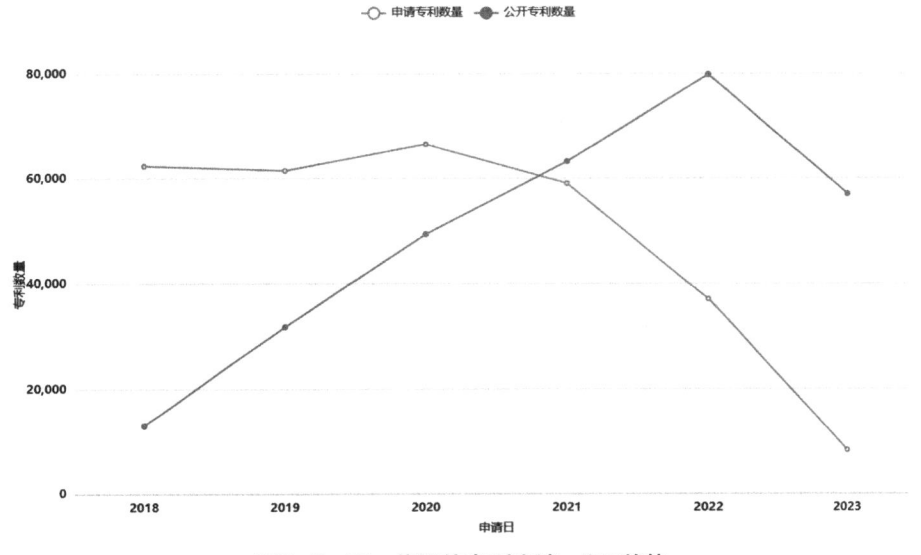

图6-5　下一代通信专利申请-公开趋势

图6-6展示了近年来专利公开的主要国家／地区／机构。从专利公开数量上来说，中国是近年来下一代通信领域专利公开数量最多的国家，之后是美国、韩国和日本。中、美、韩三国从2021年起专利申请量明显减少。日本早在2019

年就减少了相关专利申请。2022年下一代通信的专利数量可以看到明显不如从前。这反映了下一代前沿通信技术的国际竞争日渐激烈，技术公开趋势收紧。

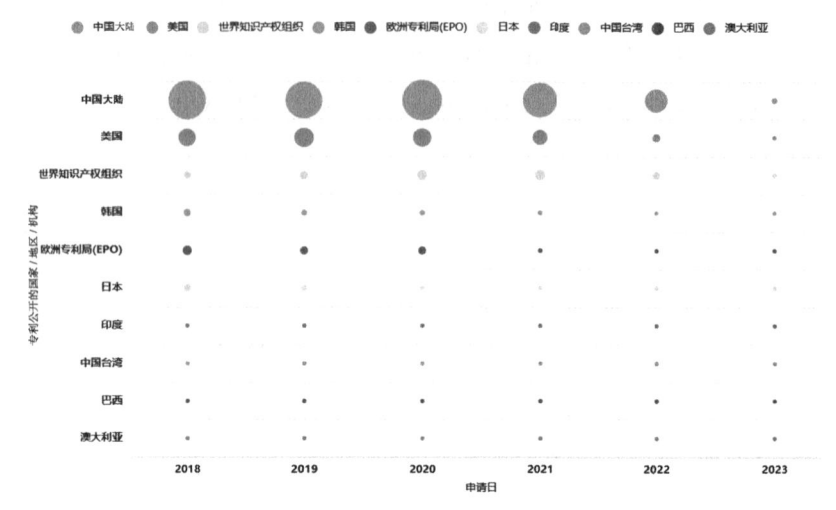

图6-6 下一代通信专利公开趋势

在incoPat中针对机构存在简称和全称混用、同一机构下的研究所未合并、公司名称/机构的不同书写格式、中英文名称不同等进行清洗，清洗后得到专利TOP20申请机构如图6-7所示。

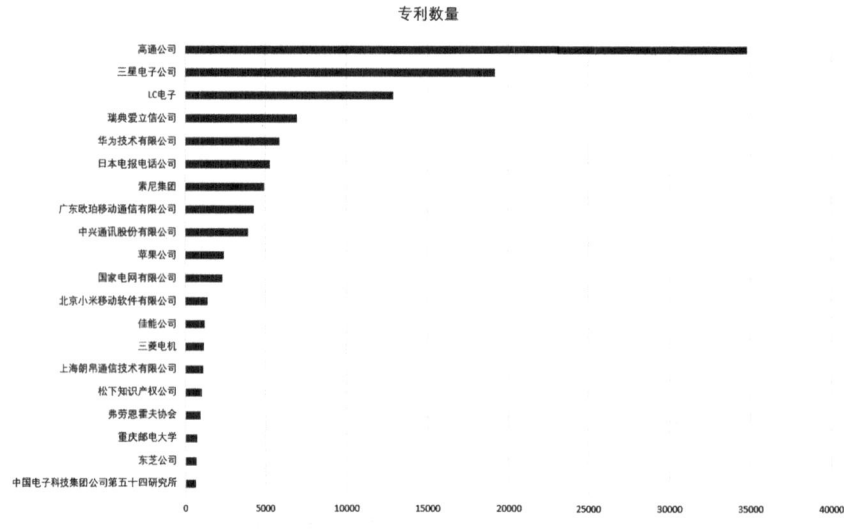

图6-7 下一代通信领域专利申请TOP20机构

专利申请量排名前20的机构分别来自中国（8个）、日本（6个）、美国（2个）、韩国（2个）、德国（1个）、瑞典（1个），这些机构中有17个都是公司企业，3家高校或研究机构。3家研究机构中，2家来自中国，1家来自德国。

近年来，中国在下一代通信领域专利技术申请量排名第一，但缺少世界顶尖的科技公司。主要的下一代通信技术公司有华为技术有限公司、广东OPPO移动通信有限公司、中兴通讯股份有限公司、北京小米移动软件有限公司等。华为公司是全球领先的信息通信基础设施和智能终端提供商，其致力于移动终端等电子设备的研发和提供相关服务，在全球已拥有数十亿用户，目前正积极开展5G业务的建设。

日本的电报电话公司、索尼集团也掌握领先的下一代通信技术。OPPO、中兴、小米都是中国有影响力的手机等终端设备制造商。

美国的高通公司、苹果公司是世界顶尖的通信技术公司。高通公司是全球领先的无线科技创新者，主营无线电通信技术研发、芯片研发。苹果公司是目前世界最大的手机终端销售厂商，拥有顶尖的芯片制造、无线通信技术专利。

韩国三星和LG公司在下一代通信技术领域水平仅次于高通公司。三星电子是韩国最大的电子工业企业，三星的主营业务有智能手机、智能电视、LED液晶屏幕、半导体和小家电业务。近一两年，三星电子公司也积极展开生成式人工智能的技术研究，致力于创建自己的AI服务。LG公司的主营业务与三星公司有相似之处，主要是数码、通信等电子设备。2022年该公司盈利最大的业务是高阶生活家电和车用零件，其在生活家电业务上一直致力于高阶产品生产，并积极开展AI智控业务。由于经营不善，该公司于2021年7月31日全面退出手机市场。

德国的弗劳恩霍夫协会以德国科学家、发明家和企业家约瑟夫·冯·弗劳恩霍夫（Joseph von Fraunhofer）的名字命名，是面向应用程序研究的世界领先组织。这一家是公助、公益、非营利的科研机构，为企业，特别是中、小企业开发新技术、新产品、新工艺，协助企业解决自身创新发展中的组织、管理问题。

瑞典的爱立信公司是世界领先的通信技术公司，从早期生产电话机、程控交换机，已发展为全球最大的移动通信设备商。爱立信的全球业务包括：通信网络系统、专业电信服务、专利授权、企业系统、运营支撑系统（OSS）和业务支撑系统（BSS）。爱立信的2G、3G、4G、5G无线通信网络被世界上各大运营商广泛使用和部署。爱立信还是移动通信标准化的全球领导者。

总体来看，中国虽然近几年相关技术申请数量庞大，但整体水平不如美国、日本、德国等老牌科技强国。美国仍然是目前世界上通信领域核心技术最先进的国家，此外日本、德国、韩国等国仍占据着通信行业的主要市场。

6.2.2.3 专利技术热点分析

从专利申请的技术类别上看（图6-8），下一代通信领域的技术类别相对较为稳定，主要以"H04W（无线通信网络）""H04L（数字信息的传输，例如电报通信）""H04B（传输）"为主。而对"G06F（电数字数据处理）""G08C（测量值、控制信号或类似信号的传输系统）""H01Q（天线，即无线电天线）"等的关注较少。从2021年起，"H04W""H04L"的专利申请量减少，但仍然保持着较高的关注度（申请比例仍然很高）。这反映出下一代通信技术主要是无线通信网络、数字信息传输的技术和竞争。

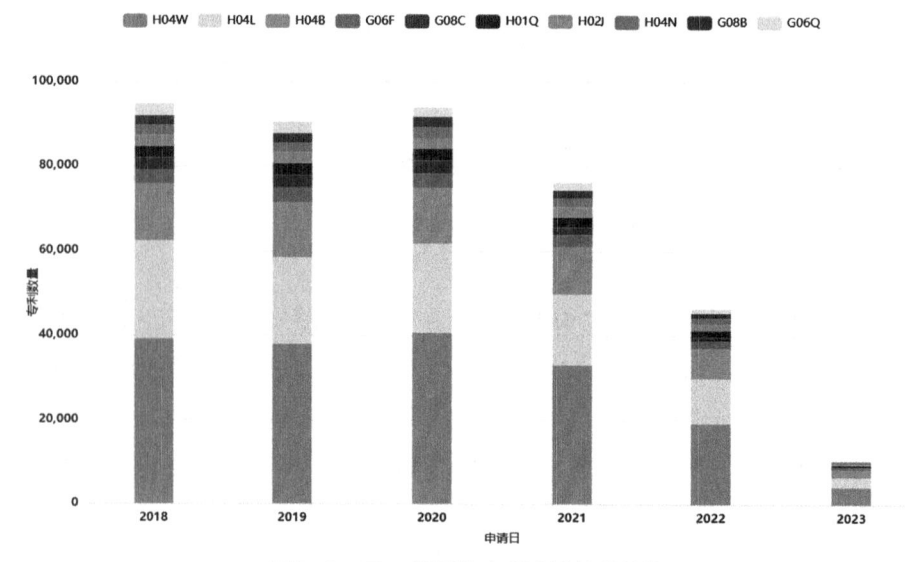

图6-8 下一代通信专利申请技术趋势

通过筛选被引证次数前10 000篇的专利，并对技术类型进行分析获得图6-9中的技术类别沙盘图。从图中可知当前下一代通信领域的主要技术热点为移动通信设备、无线通信网络、波束卫星、无人机管理/预警系统、dci/链路控制信息、机器人监测装置/通信基站、电力传输、无线功率传输器/无线充电、量子密钥分发/量子通信、介质陶瓷材料/人工介质制备、介质基板/天线。

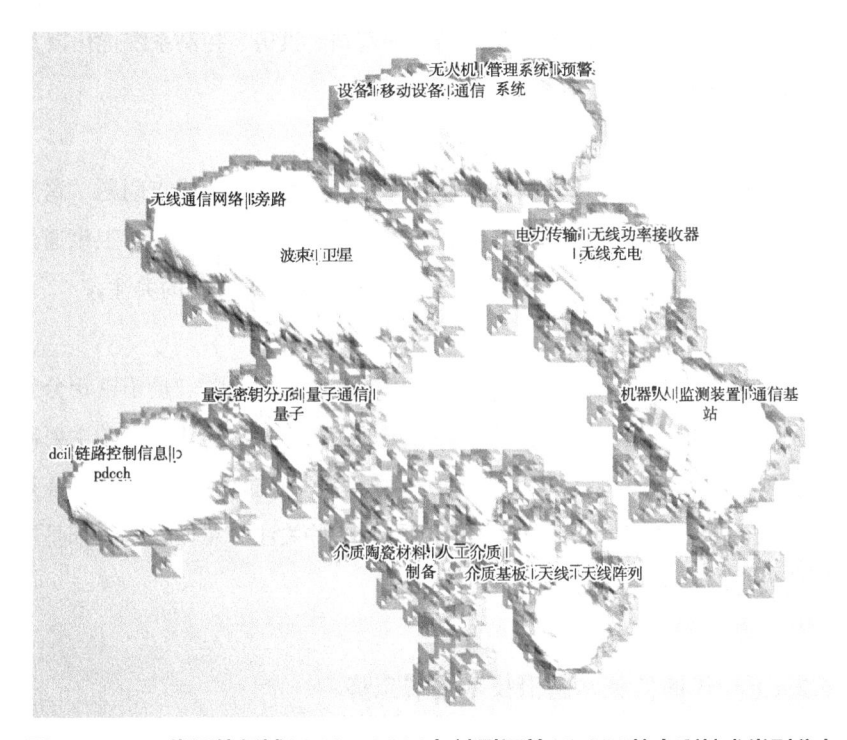

图6-9 下一代通信领域2018—2023年被引证前10 000的专利技术类别分布

研究发现，目前下一代通信领域的专利前沿技术涉及以下几个方向：

（1）无线通信系统中的装置制造和信号传输技术

无线通信是下一代通信的主要目标。目前无线通信系统中的信号传输、网络配置方法是专利技术研发的重点。无线通信中的信号接收、发送装置、终端等设备还在积极开发中。

（2）智能表面辅助通信制造技术

可重构智能表面（Reconfigurable Intelligent Surface, RIS）技术是一种新兴

的、绿色的技术，可以有效地实现频谱和能量的高效无线通信。当前的智能表面技术多是应用在特定领域的，如自动驾驶、定位、家居场景等，主要是一种提高通信安全的技术，辅助基站和用户之间的信息传输。现在还没有大范围应用，一些技术仍处在研究、论证阶段。

（3）5G通信网络资源调度

5G网络通信是目前无线通信的一个热点趋势。当前重点关注的相关技术主要是：5G无线终端设备的制造、5G通信中的基站、机房、控制系统优化以及5G网络中的资源分配和调度。

（4）卫星通信技术。

卫星通信系统的建设是我国当前下一代通信技术关注的热点问题。这其中如基站、终端、组网等硬件设备的制造，解决低轨卫星通信难点、卫星通信与地面设备协同的方法、卫星系统数据传输等问题受到一定程度的关注。

（5）量子密钥分发、量子通信技术。

近几年，一些通信技术研究机构正在积极开展量子通信、量子密钥分发技术的研发工作。量子密钥分发、量子通信安全是目前量子通信技术的主要研究点，这主要涉及区块链网络安全通信问题，反映了当前技术无法完全保证量子通信的安全，量子加密、量子芯片制造也受到一些关注。总体来看，都是围绕量子通信安全的技术在开展研究。

6.2.3 下一代通信技术前沿技术发展态势

（1）5G和6G通信技术加速演进

5G技术已经在全球范围内得到广泛应用，而6G技术作为下一代通信技术，将进一步提高网络速度、降低延迟、增强连接密度，为智能制造、物联网、云计算等领域提供更强大的支持。

（2）物联网的广泛应用

物联网将成为下一代通信技术的重要应用场景，实现万物互联的目标。物联网技术将应用于智能家居、智能城市、智能交通等领域，提高生活和工作的便利性和效率。

(3) 人工智能与通信技术的融合

人工智能将在下一代通信技术中发挥重要作用,实现更加智能化的网络管理和服务。人工智能技术将应用于网络优化、故障诊断、网络安全等领域,提高网络性能和安全性。

(4) 量子通信技术的发展

量子通信技术是一种基于量子力学原理的通信技术,具有高度安全性和保密性。随着量子计算技术的发展,量子通信将成为下一代通信技术的重要发展方向之一。

(5) 边缘计算与通信技术的结合

边缘计算技术将计算能力从中心服务器转移到网络边缘设备上,降低网络延迟和提高数据处理效率。在智能制造中,边缘计算技术将与通信技术结合,实现设备之间的实时数据传输和处理。

6.3 下一代通信技术前沿技术创新监测

6.3.1 国内下一代通信技术前沿技术创新监测

6.3.1.1 政策法规

2016年首次在国民经济和社会发展规划中提到"5G",2017年首次在政府工作报告中提到"5G"。2019年5G应用从移动互联网走向工业互联网,进入商用元年。2020年是5G发展的关键之年,2020年3月,工业和信息化部发布关于推动5G加快发展的通知。2021年,国民经济和社会发展"十四五"规划中提出"加快5G网络规模化部署""构建基于5G的应用场景和产业生态""推动5G、大数据中心等新兴领域能效提升"等要求,由此可见,国家对下一代通信行业的重视程度不断提升。

近年来,国务院、国家发改委、工信部等多部门都陆续印发了支持、规范通信行业的发展政策,内容涉及5G网络建设、终端IPv6升级改造、"双千兆"网络基础设施建设等。

表6-1 下一代通信行业相关政策

时间	发布部门	政策名称	政策要点
2016.12	国务院	《"十三五"国家信息化规划》	适时启动5G商用，支持企业发展面向移动互联网、物联网的5G创新应用，积极拓展5G业务应用领域
2017.1	工业和信息化部	《信息通信行业发展规划（2016—2020年）》	支持5G标准研究和技术试验，推进5G频谱规划。到"十三五"末，成为5G标准和技术的全球引领者之一
2018.7	工业和信息化部、国家发改委	《扩大和升级信息消费三年行动计划《2018—2020年）》	深入落实"宽带中国"战略，组织推进新一代信息基础设施建设工程，提出加快技术试验，推进5G规模组网建设及应用示范工程，确保启动5G商用
2018.10	国务院	《完善促进消费体制机制实施方案《2018—2020年》	加快推进第五代移动通信（5G）技术商用，培育形成一批拥有较强实力的数字创新企业
2019.1	国家发改委等十部委	《进一步优化供给推动消费平稳增长 促进形成强大国内市场的实施方案》	扩大、升级信息消费。加快推出5G商用牌照。支持有条件的地方建设信息消费体验中心
2019.5	工业和信息化部、国务院国有资产监督管理委员会	《关于开展深入推进宽带网络提速降费 支撑经济高质量发展2019专项行动的通知》	指导各地做好5G基站站址规划等工作，进一步优化5G发展环境。继续推动5G技术研发和产业化，促进系统、芯片、终端等产业链进一步成熟
2019.12	国务院	《长江三角洲区域一体化发展规划纲要》	到2025年，5G网络覆盖率达到80%，基础设施互联互通基本实现
2020.3	工业和信息化部	《工业和信息化部关于推动5G加快发展的通知》	加快5G网络建设进度、支持加大基站站址资源、加强电力和频率保障、推进网络共享和异网漫游
2021.6	国家发改委、国家能源局、中央网信办、工业和信息化部	《能源领域5G应用实施方案》	研制一批满足能源领域5G应用特定需求的专用技术和配套产品；制定一批重点亟须技术标准；研究建设能源领域5G应用相关技术创新平台

续表

时间	发布部门	政策名称	政策要点
2021.12	中央网络安全和信息化委员会	《"十四五"国家信息化规划》	在"十四五"规划期间，我国将建成系统完备的5G网络；5G垂直应用的各种场景将在此基础上进一步拓展
2023.4	工业和信息化部、文化和旅游部	《关于加强5G+智慧旅游协同创新发展的通知》	力争到2025年，我国旅游场所5G网络建设基本完善，5G融合应用发展水平显著提升，产业创新能力不断增强，5G+智慧旅游繁荣、规模发展

6.3.1.2 国内技术创新发展态势

在我国对下一代通信技术的战略部署下，我国5G已开展大规模的商用。随着 5G 技术国际标准的发布及市场化的快速发展，通信学术界、产业界以及标准组织已开始启动 6G 愿景、需求和技术上的研究。总体来看，目前我国下一代通信技术创新发展呈以下态势：

（1）5G技术的全面推广和应用

我国在5G技术的研发和部署上取得了重要进展，已经在全国范围内开展了5G网络的建设和推广。5G技术的应用将为智能制造、物联网、云计算等领域提供更快速、稳定、安全的通信服务。

（2）物联网技术的快速发展

我国在物联网技术方面的发展也非常迅速，已经在智能家居、智能城市、智能交通等领域得到广泛应用。同时，我国也在积极推动物联网与云计算、大数据等技术的融合，以实现更高效的物联网应用。

（3）人工智能与通信技术的融合

我国在人工智能技术方面的研究也在不断深入，将其应用于通信技术中，实现更加智能化的网络管理和服务。例如，利用人工智能技术进行网络优化、故障诊断、解决网络安全问题等。

（4）量子通信技术的探索和研究

我国在量子通信技术方面的研究也在不断深入，开始探索将其应用于安全通信等领域。同时，我国也在积极推动量子通信技术的发展，为未来的通信技术提供更强大的支持。

（5）边缘计算与通信技术的结合

我国在边缘计算技术方面的研究也在不断深入，将其与通信技术结合，实现设备之间的实时数据传输和处理。例如，在智能制造中，利用边缘计算技术实现设备之间的实时通信和控制。

6.3.1.3　国内技术创新发展特征

信息通信业是国民经济的战略性、基础性、先导性行业，对促进经济社会发展具有重要支撑作用。我国建成全球规模最大、技术领先的网络基础设施，工业互联网融合应用新业态、新模式蓬勃兴起，信息通信业有效驱动了实体经济转型升级。2023年3月，中国工业和信息化部部长金壮龙在国务院新闻办新闻发布会上表示，将加快布局人形机器人、元宇宙、量子科技、下一代互联网等前沿领域，全面推进6G技术研发。2022年是5G三年规模建网期的最后一年，截至2022年末，我国的5G基站总数达210.2万。随着5G的不断普及，通信面向未来的需求更加明确。各类新兴技术，如云计算、大数据、区块链、人工智能等与通信技术不断融合，对6G的发展趋势和需求有了更清晰的认识，为我国推动6G的研发和部署提供了动力。

（1）5G进入成熟期，规模化发展期待破局

2023年，5G行业应用拓展仍面临三大挑战，即价值、成本和融合。目前5G应用的价值还没有充分发挥出来，还需要进一步挖掘；重点行业的应用进入增长阶段，需要加快规模化发展；5G与行业的融合还面临一些挑战，现在需要把已经成熟的案例从标杆企业推广到整个行业。未来，5G发展还需拓展行业广度、加深业务深度，加强跨行业融合标准体系建设，构建面向行业的5G融合产品体系。

（2）5G专网市场有望加速放量，牌照发放或是关键

5G应用领域将进一步从基础连接、外围辅助环节向生产中心环节拓展，随着配套政策的落地实施，2023年5G示范项目数量将保持高位增长。以运营商主导、多主体参与的5G专网生态体系将进一步完善。2022年，工业和信息化部正

式宣布中国商飞获得全国首个企业5G专网的频率许可，用于在其工厂进行5G连接，使企业能够把握资源并部署自己的网络。伴随着建设成效日益显现，这将进一步提高用户对"5G+工业互联网"的认可程度，使其未来面向行业龙头企业发放更多5G专网频率许可成为可能，5G专网市场规模有望加速放量。

（3）加速构建数字底座，千兆光网促进经济发展

我国已建成了全球规模最大的固定宽带网络，全国地级以上城市均已实现光纤网络全面覆盖。千兆光网构筑数字智慧底座。截至2022年底，全国共有110个城市达到千兆城市建设标准，约占所有地级市的三分之一。千兆智家发展，网络底座演进先行。在技术方面，千兆光网正在从F5G向F5G-A演进，持续提升增强宽带、全光联接、体验保障三方面性能，新增绿色敏捷、感知可视、可靠确定三方面网络特征。FTTR是千兆光网络运力底座向用户侧进一步延伸，实现用户侧千兆无缝覆盖的重要技术演进方向，2023年业界将协同加速推进架构、关键技术方案收敛和标准化。

（4）5G、千兆光网领先地位面临美国等发达国家新型技术路线的颠覆

通信技术经济范式特征决定了通信产业的竞争本质是技术路线和标准体系的竞争，通信产业领先地位的争夺核心是技术路线和标准体系主导权的争夺。当前，中国5G和光纤通信的领先地位是建立在软硬件一体化、芯片、操作软件专用化基础上的封闭式技术路线。为了颠覆中国技术路线的领先地位，美国等发达国家大力发展软硬件解耦、芯片、操作软件等通用化的开源技术路线，试图实现通信技术路线的换道超车。

6.3.2 国外下一代通信技术前沿技术创新监测

6.3.2.1 政策法规

（1）欧盟

2023年7月，欧洲政策中心（European Policy Centre）发布《欧洲量子网络安全议程》，文件指出量子计算的快速发展为网络安全带来了一系列新的挑战，并就欧盟如何加强应对量子网络安全风险提出政策建议。

欧洲的优势在于欧洲量子信息基础设施网络（EuroQCI）项目。然而，尽管

该项目未来可能成为安全通信的支柱，但它目前只专注于量子密钥分发，并不能解决欧洲网络安全面临的紧迫挑战。EuroQCI是欧盟的旗舰项目，旨在到2027年提供安全通信，这引起了欧盟各成员国的高度关注，欧盟的27个成员国都是该项目的签署国。为支持和扩大EuroQCI网络的地理范围，欧盟于2022年通过了《欧盟安全连接计划》，其中授权为EuroQCI开发IRIS2卫星网络。

（2）美国

2022年3月，美国参议院通过了《下一代电信技术法案》，旨在创建美国"下一代电信委员会"，负责监督美联邦政府对下一代通信技术（包括6G）的投资和政策制定。委员会将从4个方面制定国家电信战略：①开发和应用6G和其他先进无线通信技术，包括确保有色人种社区、服务不足的社区和农村社区在使用此类技术方面的数字包容性和公平性；②评估联邦政府内部职责，以及联邦政府如何更好地协调职能以确保及时做出决定和采取必要的行动；③6G和其他先进无线通信技术的研发和标准制定；④促进关于6G和其他先进无线通信技术的国际合作，包括安全合作。

2022年，美国通过了《量子网络安全准备法案》，制定了政府信息转型到后量子加密的路线图。此外，白宫还发布了一系列备忘录，敦促联邦机构报告编制加密系统清单，并开始向后量子加密转型。

（3）新加坡

新加坡固定宽带渗透率25.7%，移动宽带渗透率147%，固定电话渗透率32.8%，都处于相对较高水平。新加坡95%的光纤入户渗透率排名世界第一。作为"下一代国家宽带网络计划"（NGNBN）的一部分，政府致力于提供1GB/s的光纤接入服务，并推动FTTP和无线网络的结合。预计未来三年固定宽带的市场渗透率将稳定在26%的水平，2019年至2024年的年均复合增长率约为0.9%。到2024年底，固定宽带用户总数将增加至347万，不过到2029年底将回落到330万。

（4）俄罗斯

2023年8月，俄罗斯驻中国大使馆在社交媒体Telegram频道上发布消息表示，俄中两国就加强信息通信技术领域的合作达成一致。俄中双方就新一代通信网络发展、软件、人工智能、IT教育、俄中在实体数字化领域合作、网络安全及数据保护等问题进行了讨论。

6.3.2.2 国外技术创新发展态势

（1）5G和6G的研发和部署

国外在5G技术的研发和部署上已经取得了一定的成果，同时也在积极开展6G技术的研发。6G将进一步提高网络速度、降低延迟，并为人工智能、物联网等新技术提供更强大的支持。

（2）物联网的广泛应用

国外在物联网技术方面的发展非常迅速，广泛应用于智能家居、智能城市、智能交通等领域。同时，国外也在积极推动物联网与云计算、大数据等技术的融合，以实现更高效的物联网应用。

（3）人工智能与通信技术的融合

国外在人工智能技术方面的研究已经非常深入，将其应用于通信技术中，实现更加智能化的网络管理和服务。例如，利用人工智能技术进行网络优化、故障诊断、解决网络安全问题等。

（4）量子通信技术的发展

量子通信技术是下一代通信技术的重要发展方向之一，国外在量子通信技术方面的研究已经取得了一定的成果，并开始探索将其应用于安全通信等领域。

（5）边缘计算与通信技术的结合

国外在边缘计算技术方面的研究也在不断深入，将其与通信技术结合，实现设备之间的实时数据传输和处理。例如，在智能制造中，利用边缘计算技术实现设备之间的实时通信和控制。

6.3.2.3 国外技术研究布局

国际组织逐步确定了6G研究方向和标准时间表。国际电信联盟（ITU）在2020年年初的第34次国际电信联盟无线电通信部门5D工作组会议上，正式启动了6G研究工作并初步形成了6G研究时间表和未来技术趋势研究报告撰写计划。

（1）美、欧、韩、日等发达国家和地区都高度重视6G研发，力图抢占6G战略制高点

美国联合盟友开展技术标准研究，积极建立美国主导的6G生态圈。欧盟整合区域内多国力量共同推动6G研究。韩国成立了"6G研究小组"推动6G核心技术与应用的发展，宣布将于2028年率先实现6G商用。日本将6G视为构建社会5.0的数字基石，并积极参与国际合作。

（2）在太赫兹技术研究方面美国开展较早，已经具有雄厚的技术积累

美国国家基金会、国家航空航天局、能源部和国家卫生学会等机构从20世纪90年代中期开始就对太赫兹科技研究进行大规模的投入。目前，美国国内有数十所大学、国家实验室都在从事太赫兹技术的研究工作。欧洲6G研究初期以各大学和研究机构为主体，积极组织全球各区域研究机构共同参与6G技术的研究和探讨。2020年，欧盟委员会发布的《全面工业战略的基础》报告中提出对包括6G在内的新技术进行大量投资。韩国政府将在超高性能、超大带宽、超高精度、超空间、超智能和超信任6个关键领域推动10项战略任务。2019年6月，在战略合作方面，韩国总统文在寅访问芬兰期间达成协议，两国将合作开展6G技术研发。日本相继发布全球首个以6G作为国家发展目标和倡议的6G技术综合战略计划纲要和路线图，提出要在2025年实现6G关键技术突破、2030年正式启用6G网络、日本掌握的6G技术专利份额要超过10%等目标。

（3）美国等发达国家加快推动6G等下一代通信技术研发和"去中国化"，下一代通信能否持续领先面临巨大不确定性

2020年，美国电信行业解决方案联盟联合三大电信运营商Verizon、AT&T和T-Mobile以及Qualcomm、Microsoft、Facebook、InterDigital等公司宣布成立下一代G联盟（Next G Alliance），开展6G相关技术研发，以确保美国能够在6G以及下一代通信技术中保持领导地位。在千兆光网方面，美欧等发达国家也加快推动基于多种技术路线的万兆宽带网络发展，根据Omdia的研究报告，目前全球已经有55家运营商开始提供万兆及以上通信服务。更为重要的是，美欧等发达国家和地区在推动下一代通信技术过程中，试图将中国排除在创新体系之外，构建"去中国化"的通信产业体系，从而彻底扼杀中国通信产业。

6.4 中国下一代通信技术创新发展挑战与建议

中国不是通信技术的发源地，但凭借自强不息的奋斗精神和举国体制的制度优势，中国通信发展走出了一条非凡之路，实现了通信网络基础设施和通信产业的双全球领先。但在5G发展方面潜能不足，在网络覆盖广度、覆盖深度、融合应用、核心技术等方面仍存在诸如无法实现多场景、全覆盖、"空天地海"一体化的网络通信等亟待解决的问题，不能满足数字经济快速发展的需要。在我国弯道超车的6G领域的发展尚处于早期阶段，在6G理论原始创新、新模式生态构建方面尚未实现突破，高端芯片的研发与制造面临诸多难题，基于新型信息基础设施的数字应用场景培育力度不足。未来中国通信产业发展需要在"延长当前代际周期、获取更多产业领先红利"与"抢占下一代技术先机、保障持续领先地位"中寻求战略平衡。为此，结合近年来全球下一代通信技术的发展动态，为贯彻落实新发展理念，进一步加快我国下一代通信技术创新，提出以下建议。

（1）加快推动5G、千兆光网技术迭代升级，巩固持续领先地位

推动5G向5.5G演进、推动千兆光网向F5.5G演进，加快通信技术迭代升级，保持动态领先优势。充分发挥半代技术通信产业的战略性作用，加快推动5.5G和F5.5G技术的研发和网络建设，积极推动5.5G和F5.5G在工业领域的应用。

（2）加大对6G、万兆宽带等下一代通信核心技术研发，抢占"万兆时代"标准和产业主导权

加快推动万兆技术研发和产业化，率先在北京、上海、广东、深圳等有条件的地区开展"万兆通信"技术研发和商业化试点，建立"万兆网络示范城市"，以"局部先行"确保在下一代通信产业技术研发和产业化上与"全球同行"。为了防止美国等发达国家在下一代通信技术领域对我国技术体系形成颠覆，中国需要强化对关键核心技术的研发，在6G、万兆宽带研发过程中构建国内外企业、高校、科研机构广泛参与的联合创新平台，牵头维护全球一体化的通信技术标准，加快6G、万兆宽带等新一代通信技术研发，有序推动代际演进升级，在下一代通信代际中持续保持领先地位。

（3）着力推动通信产业与数字经济融合发展，将通信产业局部领先优势转

化为数字经济全面领先优势

　　构建整体数字战略，加快网络、算力、云计算等新型基础设施的总体部署，强化新型基础设施与下游数字应用融合发展。推动新型基础设施与下游数字应用融合发展的关键在于制定基于新型基础设施的数字化解决方案，繁荣数字化转型的供给市场，以供给牵引数字应用发展。对此，要加快发展基于互联网的云服务软件，大力培育云服务平台，以产业链链长以及龙头企业为牵引，加快支持产业链链长探索基于细分行业的数字化转型应用方案，形成行业数字应用创新示范。

第7章

高端数控机床前沿技术识别与监测

制造业是国民经济的支柱产业，是工业化和现代化的主导力量，国际金融危机发生后，发达国家纷纷实施"再工业化"战略，重塑制造业竞争优势，加速推进全球贸易投资新格局。德国工业4.0着眼于高端装备，提出实现智能化工厂和智能制造，由数字化向智能化迈进。我国制造业面临发达国家和其他发展中国家"双向挤压"的严峻挑战，发布了"中国制造2025"战略，其中大力推动高档数控机床装备实现智能绿色制造突破发展是"中国制造2025"的战略任务和重点之一。

为了实现以科技发展带动生产力跨越发展，满足国内主要行业对装备制造的基本需求，我国实施"高档数控机床与基础制造装备"科技重大专项。经过十余年的攻坚克难，我国在高端数控机床的发展中进步巨大，助力航空、船舶、能源等多个领域取得突破，但在高端功能部件精度、批量制造产品的质量稳定性和可靠性等方面的技术水平与国际先进水平仍存在一定差距。推动行业自主创新能力提升，聚焦关键核心技术攻关，解决重点领域中的"卡脖子"问题，是实现制造强国梦的重要战略任务之一。本章以2018—2023年为切片进行高端数控机床领域检索式构建，采用WOS（Web of Science）数据库与incoPat专利数据库，从论文和专利两个角度开展前沿技术识别，并对国内外高端数控机床前沿技术创新布局进行监测，提出未来发展的对策建议，为推动高端数控机床技术创新及其产业化发展的战略决策提供参考依据。

7.1　高端数控机床技术简述

数控机床被称为"工业母机"，是工业制造使用最普遍、最重要的通用设备。高端数控机床作为机床行业的重要分支，属于高端制造装备，是国家培育和发展战略性新兴产业的重要领域。从全球范围看，世界机床行业是一个充分竞争的行业，主要机床大国包括中国、德国、日本、美国等国家。高端数控机床能对自身进行监控，可自行分析众多与机床、加工状态、环境有关的信息及其他因素，然后自行采取应对措施来保证最优化加工。

随着计算机网络、通信、人工智能技术的发展，基于八大技术的高端数控机床技术理论逐渐形成体系。相较于普通数控机床，数据收集、控制、通信模块在高端数控机床中发挥了重要作用。数据收集主要由现场布置的智能传感器来完成，高端数控机床的主要用途决定了智能传感器的类型，常见的智能传感器有力、温度、振动、声音、能量、液体、身份识别等。控制模块主要是基于数控程序在线调节算法、工艺参数智能决策与优化方法、执行部件协调技术、自动上下料控制技术等方法进行操作控制的逻辑功能模块。通信模块则是基于无线通信网络技术实现数据传输的设备。

7.2 基于文献计量分析的高端数控机床前沿技术识别

7.2.1 基于论文计量分析的高端数控机床前沿技术识别

基于科技论文数据，采用文献计量和内容分析方法，利用HistCite、VOS viewer等工具，对高端数控机床领域前沿技术的研究进展跟踪监测。

7.2.1.1 数据来源

利用WOS数据库进行文献获取，借鉴已有对该领域发展态势研究的检索方式制定检索策略。其中，高被引论文通常代表着高学术水平与影响力的重要成果，在WOS中表现为被引频次TOP10%的论文。本文将近五年被引频次TOP10%的论文定义为该领域基础研究的前沿技术，从论文角度识别该领域前沿技术。

为确保样本数据的质量及权威性，以Web of Science核心数据库中的文献（2013—2023年）为数据来源。本报告以主题词与发表日期限制为（TS=（"high-grade CNC machine tool*" OR "high-end CNC machine tool*"））OR（TS=

（"machine tool*" OR lathe）AND TS =（"numeric* control" OR "computer control" OR "digital control" OR "automatic control" OR autocontrol OR intelligen*））OR（TS=（"numeric* control machine" OR "NC machine" OR "Computer* Numeric* Control machine" OR "Digital Control Machine"））AND PY=（2013—2023）在数据库中进行检索，将文献的类型限定为"论文""综述论文""会议录论文"后，得到近2000篇文献，检索时间为2023年8月。

7.2.1.2 论文增长态势及分布

根据本研究的检索策略，截至2023年8月，Web of Science核心合集中近十年共收录全球高端数控机床领域相关研究论文1958篇，发文量年度变化趋势如图7-1所示。整体发文量呈现波动上升趋势，总体稳定在170篇上下，由此可见"高端数控机床"领域的研究热度还有待进一步提高（由于检索日期为2023年8月，且数据库收录数据会有延迟，2023年的数据尚不完整）。

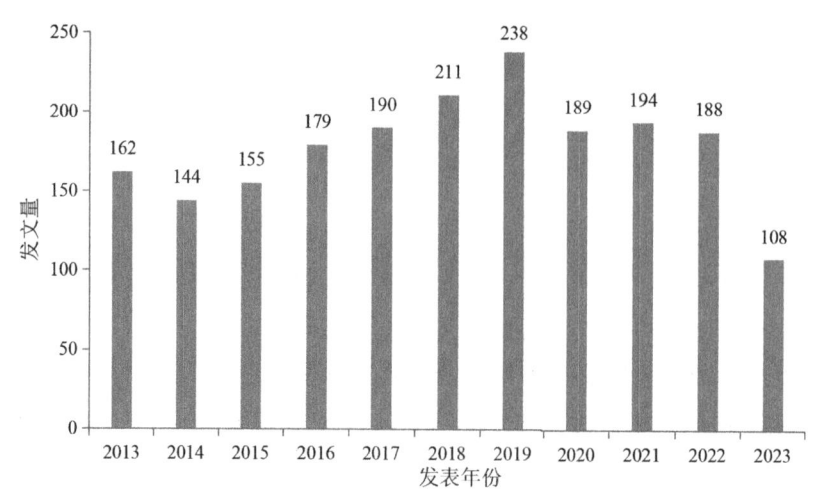

发表年份	发文量
2013	162
2014	144
2015	155
2016	179
2017	190
2018	211
2019	238
2020	189
2021	194
2022	188
2023	108

图7-1 高端数控机床领域论文发文量年度变化趋势

对高端数控机床领域国家/地区的发文量进行统计可知，该领域的论文广泛分布在145个国家或地区。图7-2显示了发文量前十名的重点国家/地区，总体可以分为两大梯度：①第一梯度为中国大陆，其发文量占总量的55%，遥遥领先于其他国家/地区，由此可见，中国大陆在高端数控机床领域的前沿技术研究具有绝对优势，占据领先地位；②第二梯度包括中国台湾、美国、印度、日本、德国、英国等，虽与第一梯度发文量的差距较大，但在该领域前沿技术的研究中也表现出一定实力。

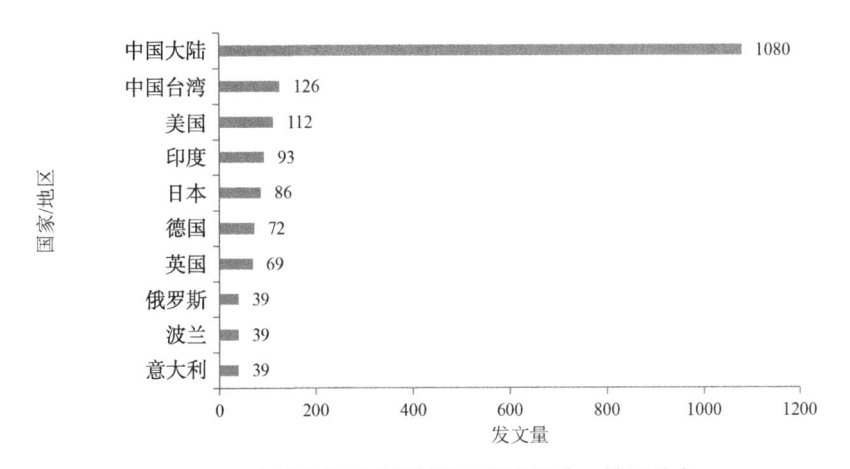

图7-2　高端数控机床领域发文重点国家/地区分布

7.2.1.3　前沿技术热点分析

高频关键词分析可从一定程度上表征该学科领域的研究主题，揭示某一时间段内的研究热点。统计论文关键词可知（图7-3），高频关键词主要包括machine tools（机床）、step-nc、optimization（优化）、computer numerical control（计算机数控）、artificial intelligence（人工智能），可见这些主题是该领域近年来备受关注的研究问题。将高端数控机床前沿技术研究中高被引（被引频次前10%）论文导入VOSviewer进行关键词共现分析（图7-4），该领域主要包括五个主要研究热点方向：先进材料和切削工具、精密加工和计量、智能制造和自动化、结构设计和动力学、混合制造和增材制造集成。

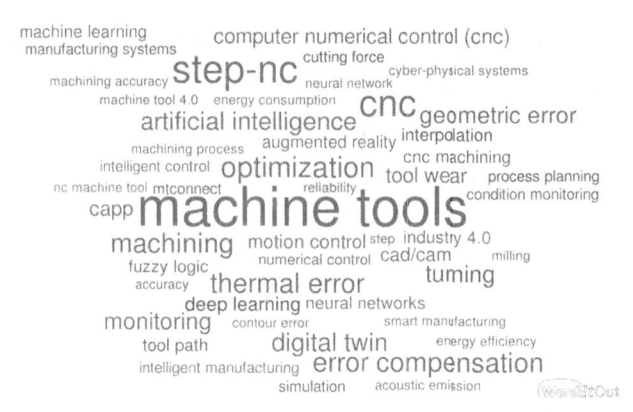

图7-3 高端数控机床领域前沿技术研究关键词词云图（关键词词频TOP55）

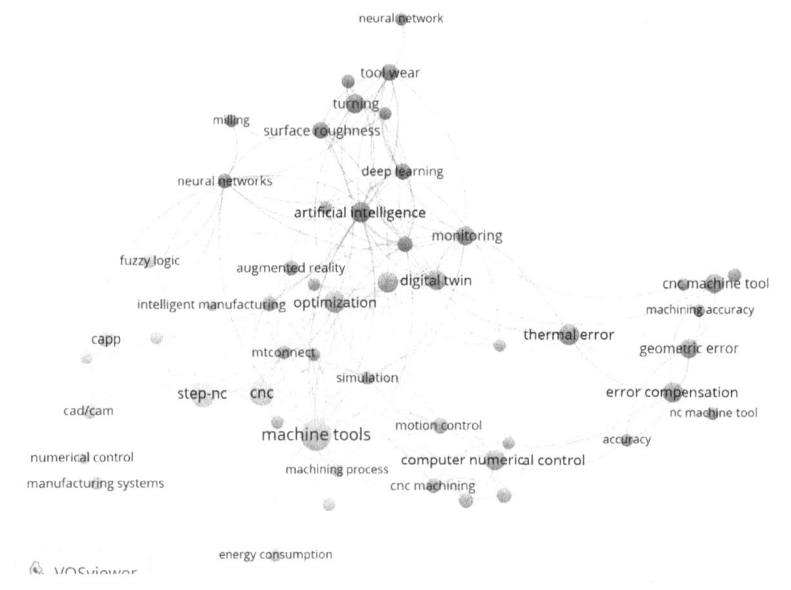

图7-4 高端数控机床领域前沿技术研究关键词共现网络（关键词词频TOP55）

研究表明，基于论文的高端数控机床前沿技术研究涵盖了诸多跨学科领域，主要包含五大热点方向：

（1）先进材料和切削工具

该领域的研究重点是开发和测试用于机床部件（例如床身、主轴材料）的先进材料，以提高刚性、阻尼和热稳定性，这些对于提高高端数控机床加工操作的精度、效率和耐用性至关重要。此外，它还涉及设计和优化切削刀具（例如刀具材料、涂层、几何形状等），以提高机床的加工性能和刀具寿命等。

（2）精密加工和计量

精密加工研究旨在提高加工零件的精度、表面光洁度和尺寸一致性，在实现机床的准确和高质量的制造工艺方面发挥着关键作用。研究人员致力于改进加工工艺、优化刀具路径，并开发用于过程监控和质量控制的先进计量技术。具体包括先进的控制系统、换刀系统、集成计量系统、冷却液和切屑控制等关键技术。

（3）智能制造和自动化

将人工智能和机器学习等智能技术应用于数控机床，可以实现自主决策、预测性维护和自适应控制，以实现现代制造流程的先进功能和效率。此热点方向的研究重点是开发更智能、更具适应性的控制算法、集成自动化解决方案（例如机器人），以及增强用于预测性维护和流程优化的实时监控和数据分析能力。

（4）结构设计和动力学

了解和减轻颤振和振动等动态效应对于实现高精度的加工操作而言十分重要，研究人员关注高端数控机床的结构设计，以提高其刚性、稳定性和减振性能，主要包括数控机床机架、动态刚度、重量分布、固有频率、模态分析、控制算法等方面的设计。

（5）混合制造和增材制造集成

指将传统减材加工工艺与增材制造技术相结合，制造先进、复杂和高精度的零件，该集成方法有助于增加机床设计自由度、减少浪费和增强生产能力。此方向的研究人员探索数控加工与增材制造等其他先进制造技术的集成，主要涉及混合机床、模块化系统、材料兼容性处理等多项工艺技术。

7.2.2 基于专利分析的高端数控机床前沿技术识别

基于全球专利数据库incoPat中的专利信息，分析高端数控机床前沿技术的技术研发态势，具体包括数据来源、检索策略、技术研发趋势、国家/地区分布、技术热点。

7.2.2.1 数据来源

高端数控机床技术应用前景广泛，其中专利申请时间越晚，代表这项专利技术的前沿程度越高。采用incoPat内置算法能够较好地识别该领域所属技术类别，筛选被引证次数较高的专利并对专利信息进行聚类，能够在一定程度上反映该领域的前沿技术热点。本文将近五年被引证次数前20 000篇的专利定义为该领域基础研究的前沿技术，从专利角度识别该领域前沿技术。

本节专利信息数据来源是全球专利数据库incoPat中的专利数据。将高端数控机床相关领域的关键词高端数控机床、CNC设备、数控机床、高档数控机床、智能机床作为检索关键词，时间限定为2013—2023年。构建incoPat检索式ALL=（高端数控机床 OR CNC设备 OR 数控机床 OR 高档数控机床 OR 智能机床 OR High end CNC machine tools OR CNC OR High grade CNC machine tools OR Intelligent machine tools）。共检索到相关专利123 611件，合并申请号剩余110 805件。

7.2.2.2 专利申请态势及分布

图7-5是2013—2023年高端数控机床领域相关专利申请和公开数量。从图中可以看出全球专利申请量从2018年至2020年逐年递增，但从2022年开始，专利申请量与前一年持平，之后的申请量明显下降。2023年高端数控机床领域的专利申请量和公开数量都明显减少，这说明这一技术的研发进度在全球范围内有所放缓。

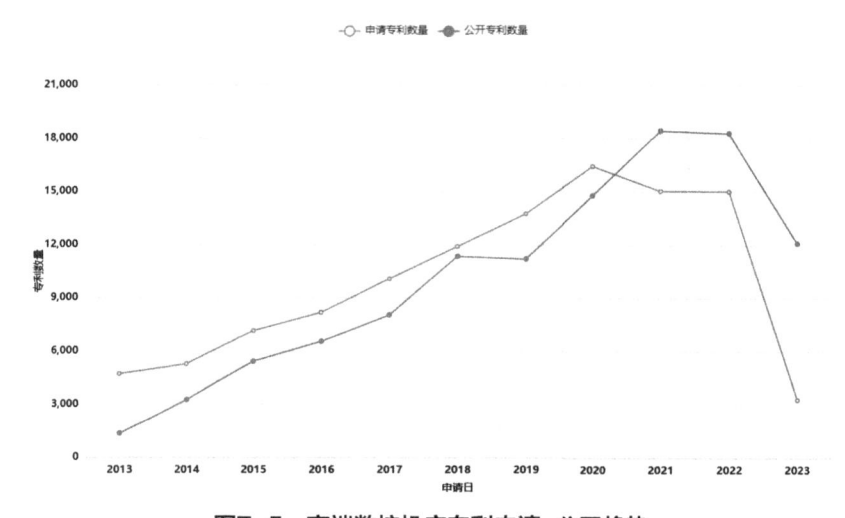

图7-5 高端数控机床专利申请-公开趋势

图7-6展示了近年来专利公开的主要国家／地区／机构。从专利公开数量上来说，中国是近年来高端数控机床领域专利公开数量最多的国家，其次是韩国和美国。中国从2013年起，专利申请量逐年增多，从2013年与其他国家专利申请持平，逐渐成为绝对的专利申请量排名第一的国家。但在2023年开始，中国明显减少了专利申请数量，减少幅度40%左右，可见中国开始在这一领域谋求技术转型。韩国也是高端数控机床领域重要的技术研发国，主要因为韩国的两大集团三星和LG在这一领域掌握着先进的技术资源。美国、日本、印度、欧洲等国，近年来专利申请量一直比较稳定，也说明国外对于这一领域的相关研究和定位是比较清晰的。

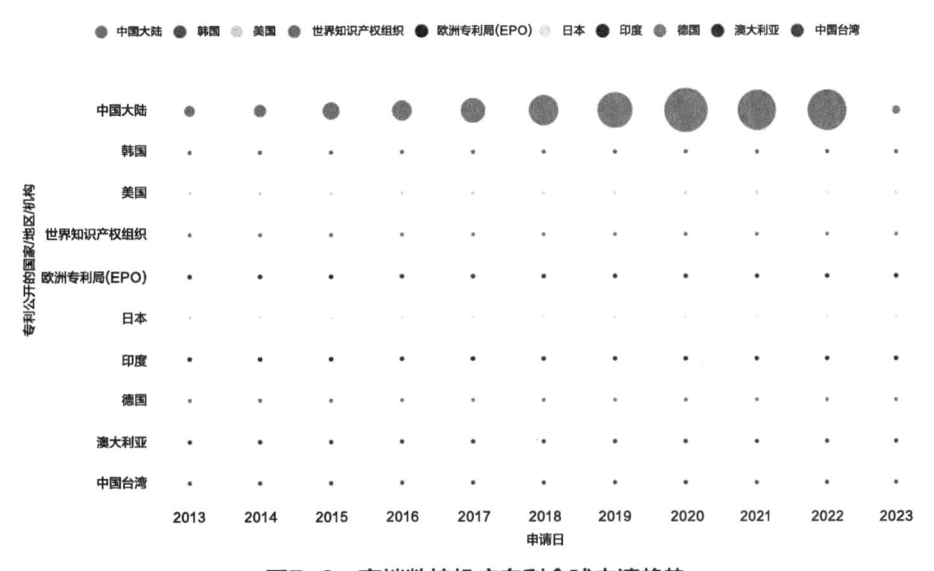

图7-6 高端数控机床专利全球申请趋势

在incoPat中针对机构存在简称和全称混用、同一机构下的研究所未合并、公司名称／机构的不同书写格式、中英文名称不同等进行清洗，清洗后得到专利TOP20申请机构如图7-7所示。

专利数量

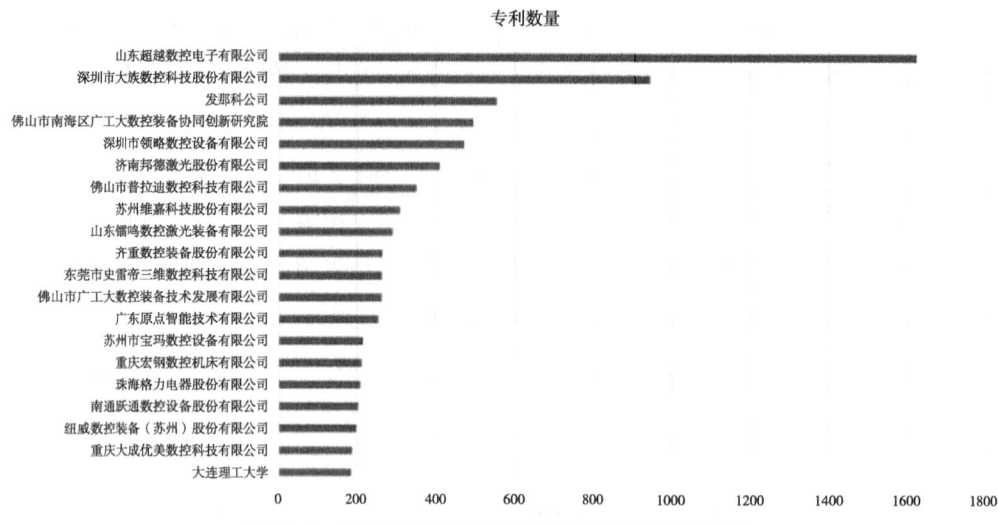

图7-7 高端数控机床领域专利申请TOP20机构

专利申请量排名前20的申请机构分别来自中国（19个）、日本（1个），这些机构中19个都是公司企业，只有中国的大连理工大学是高校。说明中国是目前高端数控机床生产、制造大国，并且在一定程度上重视技术研发。

从数据上看，中国是高端机床专利技术的绝对领先者。其中的主要高端机床的技术公司有山东超越数控电子有限公司、深圳市大族数控科技股份有限公司、广工大数控装备协同创新研究院和深圳市领略数控设备有限公司。这些公司主要集中在山东、广东等地区。山东超越数控电子有限公司是山东省首批认定的高新技术企业，是浪潮集团所属的面向加固产品领域的高新技术企业，是国内率先涉足抗恶劣环境计算机的企业之一。深圳市大族数控科技股份有限公司是全球PCB专用设备生成领域工序解决方案布局最为广泛的企业之一，是集技术开发、生产和销售为一体的国家级高新技术企业。佛山市南海区广工大数控装备协同创新研究院依托于广东工业大学，现专注于数控装备的创新技术研发工作。深圳市领略数控设备有限公司是领益科技旗下子公司，领益科技为全球领先的消费电子产品"一站式"高精密、小型化零件制造型企业，经过多年积累和发展，已成为一家集消费电子金属结构件、内外部功能性器件、粘胶与屏蔽件于一体的综合供应商。

日本的发那科公司（FANUC）是当前世界领先的高端机床制造和技术研发

公司，是当今世界上数控系统科研、设计、制造、销售实力最强大的企业。掌握数控机床发展核心技术的FANUC，不仅加快了日本本国数控机床的发展，也促进了全世界数控机床技术水平的提高。

总体来看，中国和日本是当前高端数控机床技术的主要研发和制造国家。两国在数控设备的研发、生产、销售上都掌握着非常多的资源。中国近几年增加了在这一领域的投资数量，在机床的智能化、数字化创新技术的研发上更加重视。日本是高端数控机床的老牌强国，目前仍是数控设备实力最强的国家之一。

7.2.2.3 专利技术热点分析

从专利申请的技术类别来看（图7-8），高端数控机床领域的技术类别以"B23Q（机床的零件、部件或附件，如仿形装置或控制装置）"为主，其次"B23B（车削；镗削；用于与任何机床连接的附加装置）""G05B（一般的控制或调节系统）""B24B（磨削；抛光）""B23P（未包含在其他位置的金属加工；组合加工；万能机床）"占据了绝大部分专利申请比例。2013—2023年，高端数控机床领域的"B23Q""B23B""G05B"所占比例逐年升高，可见在智能制造发展思路下，机床的智能化是发展高端数控机床的重要技术趋势。

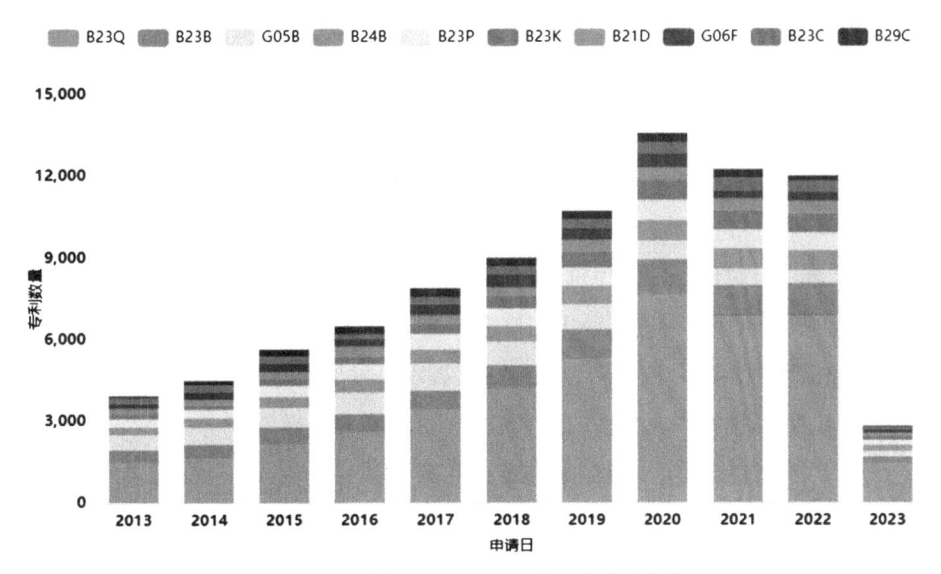

图7-8 高端数控机床专利申请技术趋势

通过筛选近三年（2020—2023年）被引证次数前10 000篇的专利，并对技术类型进行分析，获得图7-9中的技术类别沙盘图。从图中可知当前高端数控机床领域的主要技术热点涉及：五轴数控机床/轮廓误差/热误差、关节成形术/三维计算机模型/植入物、机器学习/网络数据中心/网络服务定义、数控/生产线/数控车床、复合材料/纤维热塑性/制造、超声辅助/生产工艺/除油脱脂、可靠性试验/平衡吊臂/椭圆振动切削。

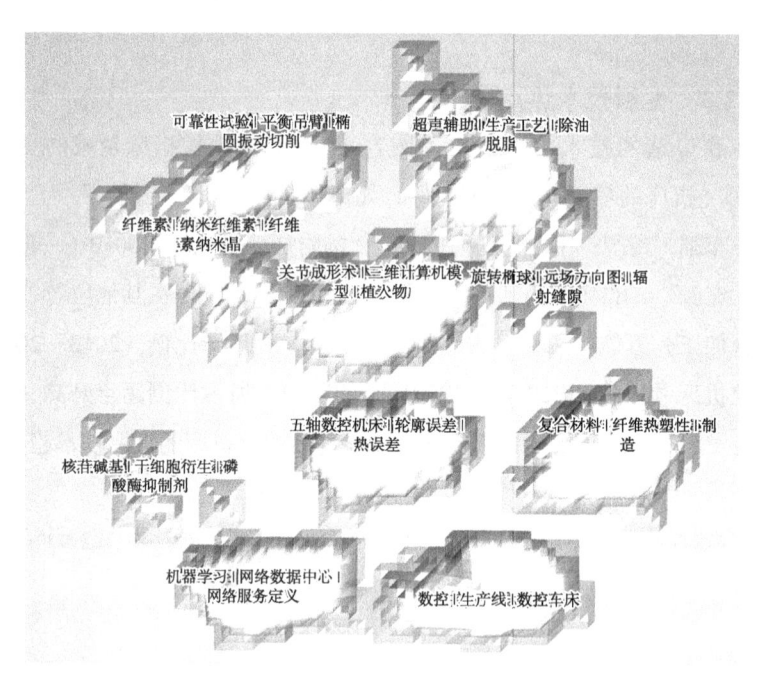

图7-9 高端数控机床领域2013—2023年被引证前10 000的专利技术类别分布

分析表明，目前高端数控机床领域的专利前沿技术涉及以下几个方向：

（1）数控机床组件的制备工艺技术

数控机床磨损部分的监测、用料回收技术研发是当前的热点。比如刀具的磨损监测、批量削批以及新型的刀具结构等工艺都有待提高。

（2）利用激光技术实现机床的部分功能

激光能够代替一部分切割、打印功能，还能制备涂层、复合材料。这一技术对于提高数控机床的性能有很大帮助，近年来相关技术受到关注。

（3）五轴、六轴的数控机床技术

五轴数控机床是航空航天、国防等领域中复杂曲面零件高精加工的关键装备，五轴联动数控机床能够满足用户的差异化需求，近几年受到机床市场的欢迎，但只有少数企业掌握核心技术，因此也有一些企业正在大力研究相关技术。六轴联动机床在一些生产行业能够实现其自动化，也受到一定的关注。

（4）智能化数控机床监测、控制系统开发

研发适用于不同行业的智能化控制系统以适应用户对于具体工作的需求是当前数控机床系统开发的重点。这些系统以提高机床在具体工作中的效率为主要目标，为用户提供定制化系统，是目前数控机床控制系统开发的一个主要方向。

7.2.3 高端数控机床前沿技术发展态势

德国机床制造商协会（VDM）数据显示，2020年全球经济受到新冠疫情冲击，机床市场消费额580亿欧元，同比下降20%。VDM预计后疫情时代制造业加速恢复，2021年全球机床业将触底反弹，预计达到15.6%的消费增长，以此为依据测算出2021年全球机床工业产值在670亿欧元左右。2020年中国机床产值169.18亿欧元，占全球总产值的29.3%；从需求端看，中国机床消费为186.1亿欧元，占全球消费额的比重为32.5%。中国机床产业规模达千亿，是全球最大的产销市场。围绕市场需求，学界进行了大量的研究探索。其中，专利计量分析能够窥探出高端数控机床的技术竞争热点，通过学术论文的计量分析可以发现面向市场和社会需求的高端数控机床领域的研究热点。综上分析可见，高端数控机床前沿技术热点呈现如下态势。

（1）从市场技术竞争态势看，基于神经网络的控制系统、装置、设备、服务系统，以及印刷电路（PCB）装置技术、激光加工设备、机床零件（如车铣、刀、轴承）设备结构制造和加工是当前市场技术竞争的热点领域。

（2）从技术需求态势看，先进材料和切削工具、精密加工和计量、智能制造和自动化、结构设计和动力学、混合制造和增材制造集成是当前市场和社会发展重要的技术需求领域。

7.3 高端数控机床前沿技术创新监测

7.3.1 国内高端数控机床前沿技术创新监测

7.3.1.1 政策布局监测

自"八五计划"以来，国务院的多部门都陆续印发了支持、规范数控机床行业的发展政策，内容涉及高端数控机床、数控系统、功能配件、数控机床产业发展方向等。"十四五"期间，我国主要省份也各自提出了数控机床行业的发展目标。

从行业规划历程来看："九五规划"（1996—2000年），以改进数控机床的性能和质量为主要目标；"十五规划"（2001—2005年），把发展数控机床、仪器仪表和基础零部件放到重要位置；"十一五规划"（2006—2010年）至"十三五规划"（2016—2020年）则强调发展高端数控机床及其配套技术；"十四五规划"（2021—2025年）注重高端数控机床产业的创新发展。此外，国家制定的《中国制造 2025》《国家创新驱动发展战略纲要》《智能制造发展规划（2016—2020年）》等重要政策文件都将发展高档数控机床作为重要目标，各省市也均在"十三五""十四五"期间发布了推动数控机床行业发展的支持性政策，政策内容均落实了"重点发展高档数控机床"的主旨（见表7-1）。

表7-1 高端数控机床行业相关政策

时间	发布部门	政策名称	政策要点
2021.12	全国人大常委会	《关于第十三届全国人民代表大会第四次会议代表建议、批评和意见办理情况的报告》	工业和信息化部针对加快关键核心技术攻关的建议，梳理集成电路、数控机床等产业链图谱，形成关键核心技术攻关任务清单，组织安排一批专项项目重点攻关
2021.12	国务院	《关于推动轻工业高质量发展的指导意见》	加快关键技术突破。智能手表用微型压力技术、动态电子衡器、智能衡器、无线力与称重传感器、动态质量测量技术

续表

时间	发布部门	政策名称	政策要点
2021.4	国务院	《"十四五"智能制造发展规划》（征求意见稿）	到2025年，规模以上制造业企业基本普及数字化，重点行业骨干企业初步实现智能转型。到2035年，规模以上制造业企业全面普及数字化
2020.10	国务院	《关于印发新能源汽车产业发展规划（2021—2035年）的通知》	推进智能化技术在新能源汽车研发设计、生产制造、售后服务等关键环节的深度应用。加快新能源汽车智能制造仿真、管理等核心工业软件开发和集成，开展智能工厂、数字化车间应用示范活动
2019.10	发改委	《产业结构调整指导目录（2019年本）》	鼓励高档数控机床及配套数控系统产业发展，例如五轴及以上联动数控机床，数控系统，高精密、高性能的切削刀具、量具量仪及磨料磨具
2018.8	工信部、标准委	《国家智能制造标准体系建设指南（2018年版）》	明确基础共性、关键技术、行业应用三个层次构成的国家智能制造标准体系，制定行业所需的智能制造相关标准
2017.12	工信部	《促进新一代人工智能产业发展三年行动规划（2018-2020年）》	提升高档数控机床的自检测、自校正、自适应、自组织能力和智能化水平等，"列入"着重率先取得突破的智能制造关键技术装备
2016.12	国务院	《"十三五"国家战略性新兴产业发展规划》	加快高档数控机床与智能加工中心研发与产业化，突破多轴、多通道、高精度高档数控系统、伺服电机等主要功能部件及关键应用软件
2016.5	国务院	《国家创新驱动发展战略纲要》	攻克高档数控机床等关键核心技术，形成若干战略性技术和战略性产品，培育新兴产业
2016.3	国务院	《国民经济和社会发展"十三五"规划纲要》	高档数控机床与基础制造装备。重点攻克高档数控系统、功能部件及刀具等关键共性技术和高档数控机床可靠性、精度保持性等关键技术

续表

时间	发布部门	政策名称	政策要点
2015.12	国务院	《国家标准化体系建设发展规划（2016—2020年）》	从全产业链条综合推进数控机床及其应用标准化工作，重点开展机床工具、内燃机、农业机械等领域的标准体系优化
2015.5	国务院	《中国制造2025》	拟将高档数控机床和机器人列为需要大力推动发展的十项重点领域之一
2013.3	国务院	《计量发展规划（2013—2020年）》	重点提升高速动车组、高档数控机床等相关产业发展的计量技术支撑能力

7.3.1.2 国内技术创新发展态势监测

从全球看，世界机床行业是一个充分竞争的行业，主要机床大国包括中国、德国、日本、美国等国家。中国是机床生产的第一大国，但是核心技术被控制在特定国家、特定公司的手中，尤其是数控机床，关键零部件大多来自德国、日本的相关企业。中国机床行业目前大而不强，高端机床自主可控愈加迫切，进口替代需求空间巨大。

（1）高端数控机床技术不断突破，形成一批标志性产品

随着高端数控机床技术的不断突破，形成了包括大型、五轴联动数控加工机床，精密及超精密数控机床以及专门化高性能机床等的一大批标志性产品，并形成了一批中档数控机床产业化基地。例如，立式铣车床，已经开发和制造出世界上规格最大的加工直径25米数控铣车，目前正在开发加工直径达29米具有五轴联动的超重型立式铣车床。重型数控立式车床系列产品，已经完全满足自我需要，并实现部分出口。重型数控卧式车床，已经开发和生产出加工直径5米、加工长度20米、承载重量达500吨的超重型数控卧车，为世界之最；已经可以生产加工最大直径为6.4米的数控卧式车床。落地式数控铣镗床系列产品，已经开发生产出镗杆直径为320 mm的世界最大规格的重型数控落地铣镗床。

（2）技术创新体系不断完善，技术水平不断提升

在创新体系上，通过创新平台、应用基地、示范工程、创新联盟等初步建立起了各级研发平台。在技术水平上，从低端逐步迈向中高端，自主突破了一

批关键共性技术，部分产品精度、可靠性逐步接近或达到国际先进水平，形成了一批具有自主知识产权的功能部件。通过自主研发或与国外合作开发，在中档数控系统研发生产上取得显著进步，初步解决了多坐标联动、远程数据传输等技术难题。

（3）随着行业加速发展，形成了一批技术创新骨干企业

以中国通用技术集团、秦川机床、济二机床、武汉重型机床等为代表的国有企业在我国机床工业爬坡过坎、转型升级的关键时期持续加大投入，发挥了重要作用。同时，随着国内经济的不断发展和国家对数控机床行业的大力支持，我国数控机床行业发展迅速，产业规模不断扩大，出现了创世纪、海天精工等行业龙头企业。

7.3.1.3 国内技术创新布局特征

《中国制造2025》将数控机床和基础制造装备列为"加快突破的战略必争领域"，其中提出要加强前瞻部署和关键技术突破，积极谋划抢占未来科技和产业竞争制高点，提高国际分工层次和话语权。2021年《中华人民共和国国民经济和社会发展第十四个五年规划和2035年远景目标纲要》与《"十四五"智能制造发展规划》相继发布，在数控机床领域，高端数控机床创新发展、高精度数控机床研发均被重点提及，推动数控机床整机及零部件技术创新将是"十四五"时期行业发展的核心。

（1）强化高端数控机床关键核心技术攻关布局

西方国家借助《瓦森纳协定》禁止数控系统出口到中国，倒逼国产高端机床厂商加强自主可控能力。同时，我国政府进行了相关产业政策布局，2021年，国资委强调要针对工业母机等加强关键核心技术攻关，开展补链强链专项行动，加强上下游产业协同。《中国制造2025》明确规划，到2025年高端数控机床与基础制造装备国内市场占有率将超过80%，数控系统标准型、智能型国内市场占有率将分别达到80%、30%；主轴、丝杠、导轨等中高档功能部件国内市场占有率达到80%；高档数控机床与基础制造装备总体进入世界强国行列。

（2）加快数控机床向高端化、智能化、绿色化发展

2021年，国内金属切削机床产值占全球市场份额28%，约等于日本、德

国的产值之和，但行业"大而不强"，一是国内机床数控化率在2021年达到45%，但距离德国75%、美国80%的数控化率仍有较大差距；二是低端产品产能过剩，中高端产品依赖海外，数控机床整机国产化率60%，高端国产化率不足10%；三是零部件存在明显短板，如硬质合金数控刀片国产化率仅在30%左右。随着需求结构和服务模式的升级，以及应用领域的不断拓宽，在高档数控机床与基础制造装备领域市场需求巨大。加快数控机床向高端化、智能化、绿色化发展是政策布局的重点，推动产品向智能化、柔性化、多元化方向发展的态势明显。

（3）市场和技术双重驱动下已初步形成七大产业集聚区

近年来，在市场和技术对数控机床产业的驱动下，在产学研结合、龙头企业带动和依托国内外产业转移落户等模式的推动下，我国数控机床产业初步形成了以辽、苏、浙、鲁、陕、京、沪等地区为集中带的七大产业集聚区。中国智能机床发展正逐渐走向成熟，但仍需经历从"数控机床高端化"到"数控机床智能化"的过程。

7.3.2 国外高端数控机床前沿技术创新监测

7.3.2.1 政策布局监测

各主要生产国纷纷出台政策法规，助推机床产业发展。

（1）德国

2019年11月29日，德国联邦经济和能源部部长阿尔特迈尔召开新闻发布会，正式公布《国家工业战略2030》（以下简称《工业战略》），内容涉及完善德国作为工业强国的法律框架、加强新技术研发和促进私有资本进行研发投入、在全球范围内维护德国工业的技术主权等。阿尔特迈尔在发布会上表示，该战略体现了"确保（德国工业）未来繁荣和就业的综合概念"。

（2）美国

美国机床落后是一个不争的事实。早在1993年，兰德智库就已发出"美国机床的下滑与振兴"的警告。然而，之后的近三十年，随着全球化的扩张，美国制造业大幅度外包。最近几年，美国制造又期望重归胜势，机床也得到了更大的关注。美国国防部在2021年1月份推出的《2020财年工业能力评估报告》中，对16个产业进行评估。作为重点交叉产业，机床的发展策略连续三年被列入讨论范围。

美国国防部2020年出版的《2019年工业能力评估报告》提到，在2018年的时候，中国机床消费产值接近300亿美元，而美国为85亿美元。当时差距达到了3.5倍。美国的机床消费量在增长，说明美国制造业，对机床产品仍然有很大的需求。

（3）日本

政策支持对日本机床产业发展至关重要。日本政府分别在1956年、1971年和1978年推出了《机振法》《机电法》《机信法》，以此为核心政策框架，予以本土机床产业保护和金融工具支持。一方面，日本通过进口管制、限制外资投入保护国产机床免受外来机床企业冲击；另一方面，日本通过研发补贴、低息贷款、专项贷款、折旧法案等金融工具支持促进本土机床企业发展。机床是制造业的母机，它是制造各种机械设备和零部件的工具。日本是全球最大的机床生产国和出口国，其机床技术在精度、可靠性、智能化等方面达到了世界一流水平。

（4）韩国

韩国机床产业的发展同样离不开政府政策的支持，政府通过法规限制设备进口。韩国《对外贸易法》规定，要严格审批引进工作。依据《限制措施通告》中的《电气产品安全管制法》《电讯基本法》《环境保护法》等一系列法规，严格限制设备引进。

（5）欧盟

欧盟认为，制造业仍然是推动欧洲经济发展的重要力量，但内涵将有所变化，欧洲的制造业是高技术的制造业，即以知识为基础的制造，其使命是重建欧洲的制造业，实现产业结构的现代化转型。

欧盟十分重视数控机床工业的发展，2003—2015年，由欧洲机床工业合作委员会（CECIMO）组织欧洲国际机床展，每逢奇数年份分别在德国汉诺威和意大利米兰举行；同时成立欧洲机床工业合作委员会技术部支持机床技术研发，多项研究计划中都包含有机床部分内容，如"欧盟第7框架计划（the EC

7th Framework Programme，FP7）""专题网络制造技术（The matic Network on Manufacturing Technologies，MANTYS）""为建设具有竞争力的机床而关注环保产品生命周期管理（Environmental Product Life Cycle Management for building competitive machine tools，PROLIMA）"和"下一代生产系统（NEXT Generation Production System）"等。

7.3.2.2 国外技术创新发展态势监测

美、德、日是全球在数控机床科研、设计、制造和应用上最先进、经验最多的国家。

（1）美国

美国高性能数控机床技术居全球领先地位。美国一直非常重视数控机床工业的发展，并从提出发展方向、凝练科研任务、提供充足经费、网罗世界人才等方面引导机床工业发展，且一贯重视科研和创新，其数控机床的主机设计、制造及数控系统基础扎实，其高性能数控机床技术也一直处于世界领先地位。科技发展是美国数控机床产业的主要影响因素，智能化、高速化、精密化是美国机床工业的发展主流。哈斯自动化公司是全球最大的数控机床制造商之一，在北美洲的市场占有率大约为40%，所有机床都由美国加州工厂生产，拥有近百个型号的CNC立式和卧式加工中心、CNC车床、转台和分度器。哈斯致力于打造精确度更高、重复性更好、经久耐用且价格合理的机床产品。

（2）德国

德国数控机床各种功能部件在质量、性能上居世界前列。数控机床在德国机械行业具有重要的战略地位，德国政府从多方面大力扶持其发展。德国数控机床在传统设计制造技术和先进工艺基础上，不断采用先进电子信息技术，在加强科研的基础上自行创新开发。德国非常重视数控机床主机配套件的先进实用性，机、电、液、气、光、刀具、测量、数控系统等各种功能部件在质量、性能上居世界前列。德国机械装备制造业的另一个重要特点就是中小企业集中，政府采取一系列措施鼓励中小企业积极进行研发和创新活动，提高竞争力。如覆盖范围最广的中小企业创新核心项目（ZIM）、为企业创新计划提供长期低息贷款的ERP项目等。

(3) 日本

日本机床因精密制造而闻名世界。日本是继美国、德国之后，世界上第三个机床工业实现工业化的国家。日本也非常重视机床工业特别是数控机床技术的研究和开发，通过规划和制定法规（如"机械法""机电法"和"机信法"），提供充足的研发经费，引导科研机构和企业大力发展数控机床。在"机振法"的激励下，日本的数控机床产业重点发展关键技术，突出发展数控系统，开发核心产品。日本政府还重点扶持发那克公司，使其逐步发展成为世界上最大的数控系统供应商，该公司的数控系统在日本的市场占有率超过80%，占到世界销售额的50%左右，其他厂家则重点研发机械加工部分。这种合作分工关系提高了日本数控机床的行业效率，避免了因行业标准的不兼容而削弱竞争力的问题。跟美国类似，日本政府也将数控机床产业发展纳入国家智能制造计划中进行整体规划，于1990年4月提出了为期10年的智能制造国际合作计划，其目标是开发出能使人和智能设备都不受生产操作和国界限制、彼此合作的高技术生产系统，同时致力于全球制造信息、制造技术的体系化、标准化。

7.3.2.3 国外技术创新布局特征

（1）技术创新加快突破，总体呈现"两高两化"的趋势

"两高两化"的趋势表现为：一是高精度、高效率。直线电机及其驱动控制技术在机床进给驱动上的应用，使机床的传动结构出现了重大变化，并使机床性能有了新飞跃；在生产过程、监控测量、自适应技术、新材料、新结构、建模仿真方面的创新，不断提高数控机床的精度和效率。二是绿色化、智能化。减少机床使用过程中能源的消耗、减少对工作环境和自然环境造成直接或间接的污染，大幅度提高工作效率和工作舒适度、安全性，是数控机床的研究热点。

（2）高档数控机床是目前数控机床技术的重点突破方向

高档数控机床是能够实现高精度、高复杂性、高效、高动态加工的数控机床。目前亟待突破的重点方向主要集中在四个方面：①新型功能部件的开发与应用，例如高频电主轴、直线电机、电滚珠丝杠的应用；②驱动并联化结构的设计，实现多坐标联动数控加工、装配和测量多种功能；③智能化的控制系

统，例如加工过程自适应控制技术、加工参数的智能优化与选择、智能故障自诊断与自修复和仿真技术、智能化交流伺服驱动装置等；④绿色化的加工过程，例如不用或少用冷却液，实现干切削、半干切削节能环保的机床；⑤极端化的应用产品设计，例如适用于国防、能源等基础产业装备的大型、高性能的数控机床，适用于微小型尺寸和微纳米加工的微切削机床。

7.4 高端数控机床技术发展建议

数控机床及系统的发展日新月异，作为智能制造领域的重要装备，除了实现数控机床的智能化、网络化、柔性化外，高速化、高精度化、复合化、开放化、并联驱动化、绿色化等也已成为高档数控机床未来重点发展的技术方向。近年来，我国在一系列研发创新政策和产业政策的支持下，数控机床取得了较大的发展，但国产高端数控系统在功能、性能和可靠性方面与国外仍有一定差距。高端数控机床下游应用领域广泛，随着新能源汽车、航空航天、国防军工、智能穿戴设备等高端数控机床下游行业的兴起，制造业升级周期上行，我国的数控机床产业有望实现更大规模的市场需求。结合近年来全球高端数控机床发展动态，为贯彻落实新发展理念，进一步加快我国高端数控机床技术创新，提出以下建议：

（1）开展高端数控机床跟踪监测和数据分析，做好顶层设计与政策储备

充分利用大数据、人工智能等新技术，建立高端数控机床产业链信息平台，加强监测、分析和预警。应针对高端数控机床产业链关键环节，兼顾国际、国内，建立产品（包括主机、部件和零件）、技术、企业等多维系统，融合信息收集、信息分析和信息共享等功能，及时跟踪高端数控机床市场及技术变化，强化顶层设计，统筹规划各项创新问题及其相应工作任务，提高定量化程度，使创新与产业政策措施更具有可操作性和可落地性。

（2）针对产业和市场特征，对高端数控机床产业链采取分级分类管理

针对高端数控机床产业链的研究、分析相对粗放，未能结合产业规模、技术特征、竞争态势和主导企业等因素统筹分析和决策的问题，建立高端数控机

床产业链分级分类管理方法。可针对高端数控机床产业链，分析其产业特点和影响因素，结合分级分类管理的目标和原则，筛选符合实际发展情况的评估指标并确定其权重。

（3）构建行业全产业链协同创新体系，强化协同创新

高端数控机床市场属于寡头甚至垄断市场，技术持有方具有相当控制力。在高端数控机床产业链创新中，需要同时发挥好市场和政府两方面的作用。探索建立高端制造装备全产业链协同创新体系。针对航天、航空、军工等国家重大需求，梳理核心技术、关键元器件、工艺和装备的短板问题以及"缺链""断链"环节，以机床行业龙头企业牵头联合高等院校、科研院所和行业上／中／下游企业共同组建高端数控机床装备协同创新联合体，全产业链协同创新、技术攻关，建立上游/中游/下游分工合作、利益共享的产业链组织新模式，突破一批关键核心技术，推动数控机床向智能化、柔性化、多元化方向发展。

（4）加强高端数控机床人才储备，培育多层次、复合型人才

近年来，我国高端数控机床行业不断发展，已从传统的制造产业向具有高科技属性和人才密集型的现代制造业转变，多层次、复合化的人才需求大幅提高。一方面需要培养具备机械加工、数控编程、工艺设计和机床维护相关能力，能够熟悉机床机械加工工艺和机床机械结构的复合型人才；另一方面要加快培养具备传感器、PLC、机床电气控制综合能力、数控机床产品开发和技术创新能力，以及能提供综合解决方案的复合型人才，满足高端数控机床智能化发展的需要。

第8章

工业软件前沿技术识别与监测

工业软件被称为制造业"皇冠上的明珠"。随着工业4.0的推进，工业软件作为智能制造重要基础和核心支撑，其重要性日益提升。中国工业软件起步时间较晚，自主研发设计的软件仅占产业市场份额5%左右，不具备先发优势，并且美、德等国在工业软件领域长期占据着技术优势，造成中国工业软件发展长期受到技术限制、人才缺乏等多方面影响，发展举步维艰。近些年来，我国工业软件产业实现了跨越式增长。据工信部中国软件业务收入统计数据显示，2014—2023年间软件业务收入逐年增加，从2014年37 026亿元增加到2023年123 258亿元，业务收入年均复合增长率高达14.3%；工业软件产品业务收入从2019年的1720亿元增至2022年的2407亿元，年均复合增长率为11.85%。尽管如此，我国工业软件领域长期被国外巨头垄断的问题在贸易摩擦的背景下愈发凸显，打好工业软件"攻坚战"，推动重要工业软件自主创新，是我国发展智能制造的必由之路。

目前我国在研发设计和生产控制方面的工业软件国产化率较低，我国在政策和产业层面持续拓展工业互联向工业智能的进阶之路，也为国产工业软件创造了换道超车的重要机遇。本研究以2018—2023年为切片进行工业软件领域检索式构建，采用WOS（Web of Science）数据库与incoPat专利数据库，从专利和论文两个角度开展前沿技术识别，并对国内外工业软件前沿技术创新布局战略及其特征进行监测，提出对未来发展的建议，为进一步推动工业软件创新发展提供参考。

8.1 工业软件技术简述

工业软件是工业领域里的应用软件，软件是指按照特定顺序组织的计算机数据及指令集合，通过数据指令设计实现特定功能，可按照性质分为系统软件、应用软件及中间件。从工业软件全产业链视角看，上游主要是为工业软件产品制造提供基础服务的软硬件，如计算机设备、操作系统、开发工具和中间件。中游主要包括研发设计软件、生产控制软件、业务管理软件及嵌入式软件。其中，研发设计软件主要应用于设计环节，是数字化研发创新的主要工具，能够提升产品开发效率、降低开发成本、提高产品质量；生产控制软件主要应用于产品生产过程，帮助企业提高制造过程的管控水平，改善生产设备的效率和利用率；业务管理软件主要用于提升企业的管理、治理水平和运营效率；嵌入式软件是基于嵌入式系统设计的软件，用于实现其他设备的控制、监视、管理等功能。在下游应用方面，工业软件广泛应用于机械装备、汽车制造、能源电力、航空航天、工业通信和安防电子等领域。随着工业智能化、数字化的深入推进，工业软件将在未来发挥更加重要的作用，助力工业企业提升生产效率、降低成本，实现可持续发展。

随着数字化转型时代的到来，工业软件迎来了发展的重要机遇期。我国工业软件市场潜力巨大，《中国制造2025》、智能制造试点示范行动等一系列行动计划将促使国内对工程软件产品的需求进一步扩大。工业软件作为现代工业生产的核心支撑，其技术创新对制造业竞争力的提升和发展前景有直接的影响。

8.2 基于文献计量分析的工业软件前沿技术识别

8.2.1 基于论文计量分析的工业软件前沿技术识别

采用WOS（Web of Science）数据库与incoPat专利数据库进行工业软件领域数据检索，并依据以往研究以及工业软件领域专家建议，结合国家自然科学基金委发布的信息学部工业软件领域的关键词制定检索策略。

8.2.1.1 数据来源

工业软件技术的变革速度迅猛，论文发表时间越晚在一定程度上越能代表这项研究的前沿程度之高。利用Web of Science数据库进行文献获取，借鉴已有对该领域发展态势研究的检索方式制定本研究的检索策略。其中，高被引论文通常代表着高学术水平与高影响力的重要成果，将高被引论文定义为该领域被引频次TOP10%的论文，故将近五年被引频次TOP10%的论文定义为该领域的前沿技术基础研究，由此从论文角度识别出该领域前沿技术。

为确保样本数据的质量及权威性，以Web of Science核心数据库中的文献（2018—2023年）为数据来源。本报告先以主题词与发表日期为限定（（TS="Industr* Software"）OR（TS=（"Industr*" AND "Software"）））AND PY=（2018—2023）在数据库中进行检索，将文献的类型限定为"论文""综述论文""会议录论文"后，得到2.7万余篇文献，检索时间为2023年8月。

8.2.1.2 论文增长态势及分布

根据本研究的检索策略，截至2023年8月，Web of Science核心合集中近五年共收录全球工业软件领域相关研究论文27 032篇，发文年度变化趋势如图8-1所示。整体发文量增长速度较缓，相对稳定地在较高水平线上波动，从2018年的4541篇增至2022年的5222篇，这直观地说明了"工业软件"领域近年来研究热度持续居高。（由于检索日期为2023年8月，且数据库收录数据会有延迟，2023年的数据尚不完整）。基于论文的产出发展的整体趋势来看，未来工业软件研究领域的论文数量很可能还会呈现缓慢增长的趋势。

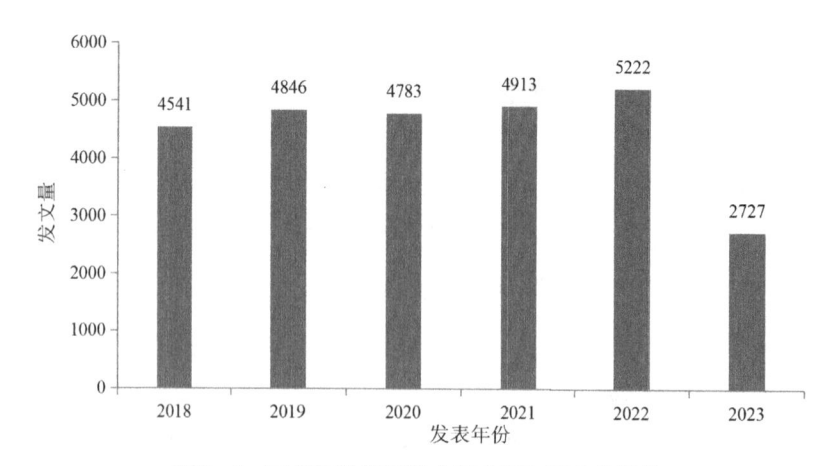

图8-1 工业软件领域论文发文量年度变化趋势

对工业软件领域国家／地区的发文量进行统计可知，该领域的论文广泛分布在157个国家或地区。图8-2显示了发文量前十名的国家／地区，总体可分为两大梯度：①第一梯度为中美，其发文量均占总量的11%以上，相对领先于其他国家/地区，由此可见中美两国在工业软件领域前沿技术研究具有一定优势，占据领先地位；②第二梯度包括印度、德国、意大利、英国、西班牙、巴西等，虽与第一梯度的发文量有一定差距，但均占据总发文量的3.5%以上，说明第二梯度的国家／地区在该领域前沿技术的研究中也具备一定实力。

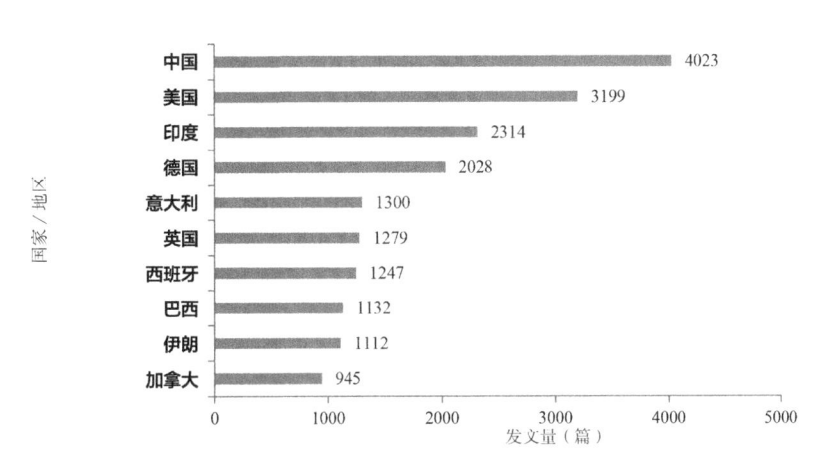

国家／地区	发文量（篇）
中国	4023
美国	3199
印度	2314
德国	2028
意大利	1300
英国	1279
西班牙	1247
巴西	1132
伊朗	1112
加拿大	945

图8-2　工业软件领域发文重点国家／地区分布

8.2.1.3　前沿技术热点分析

通过高频关键词分析可从一定程度上表征该学科领域的研究主题，揭示某一时间段内的研究热点。统计论文关键词可知（图8-3），高频关键词主要包括internet of things（物联网）、machine learning（机器学习）、industry 4.0（工业4.0）、blockchain（区块链）、software（软件），说明上述关键词为工业软件前沿技术研究领域的热点主题。将工业软件前沿技术研究中高被引（被引频次前10%）论文导入VOSviewer进行关键词共现分析（图8-4），工业软件领域的研究主题涵盖了各种跨学科领域和不断发展的趋势，主要包括六个研究热点主题：网络物理系统和物联网集成、数字孪生和仿真、工业应用中的人工智能和机器学习、供应链和可追溯性区块链、人机协作、可持续制造和能源效率。

图8-3 工业软件领域前沿技术研究关键词词云图（关键词词频TOP200）

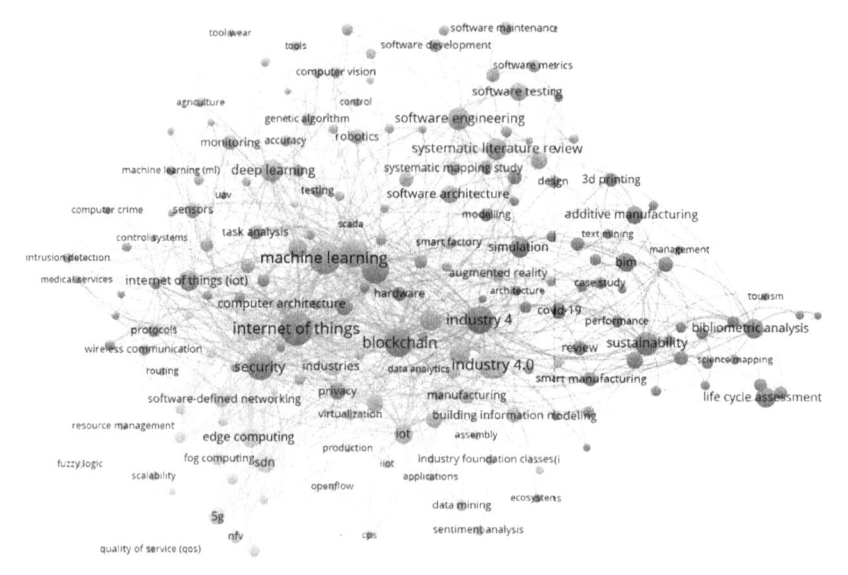

图8-4 工业软件领域前沿技术研究关键词共现网络（关键词词频TOP200）

研究表明，工业软件是一个广泛且活跃的领域，其前沿技术在提高制造、能源、运输等各个领域工业流程的效率、安全性和可靠性方面发挥着至关重要的作用。基于论文的工业软件前沿技术研究涵盖了诸多跨学科领域，主要包含六大热点方向：

（1）网络物理系统（Cyber Physical Systems，CPSs）和物联网集成

通过两种技术领域相互连接和良好工作，以创造更智能、更互联的系统和应用程序。研究重点是将网络物理系统和物联网设备无缝集成到工业流程中，

包括开发用于实时管理和分析来自传感器和执行器的数据的软件框架、开发标准和协议,以确保不同CPSs和物联网设备之间的互操作性等。

(2)数字孪生和仿真

推进数字孪生技术在工业系统建模和仿真中的应用。该领域的研究探索了如何使用数字孪生进行预测性维护、流程优化和新系统的虚拟测试。学者正在开发先进的建模和模拟技术,以创建更准确、更详细的数字孪生技术,包括结合基于物理的模型、高性能计算和机器学习算法来模拟复杂的行为。

(3)工业应用中的人工智能和机器学习

研究人工智能和机器学习技术在工业环境中的预测维护、质量控制、需求预测和异常检测等任务中的应用。主要关注方向包括开发机器学习模型来预测工业设备的故障和维护需求、使用机器学习技术来监测和控制生产过程、利用机器学习算法来优化生产过程和供应链管理、实现智能工厂等。

(4)供应链和可追溯性区块链

研究利用区块链技术增强供应链透明度、可追溯性和安全性,对于来源和合规性要求高的行业尤其重要。主要关注方向包括开发区块链解决方案以提高供应链的可见性、使用区块链建立可追溯性系统、利用区块链数据来进行供应链优化分析等。

(5)人机协作(Human-Robot Collaboration,HRC)

探索软件如何在工业环境中实现人类和机器人之间安全高效的协作,涉及计算机科学、人机交互、机器学习和认知科学等多个学科,主要包括自适应控制算法、安全协议和直观界面、自动化与辅助决策的研究。

(6)可持续制造和能源效率

旨在开发和应用软件解决方案,以改进制造业和工业过程的可持续性和能源效率,包括能源管理系统和可持续生产规划算法的开发、利用软件来优化工业过程中的能源使用等。

8.2.2 基于专利分析的工业软件前沿技术识别

基于全球专利数据库incoPat中的专利信息,分析工业软件前沿技术的技术研发态势，具体包括数据来源、检索策略、技术研发趋势、国家/地区分布、技术热点。

8.2.2.1 数据来源

工业软件技术的应用前景广泛，其中专利申请时间越晚代表这项专利技术的前沿程度越高。采用incoPat内置算法能够较好地识别该领域所属技术类别，筛选被引证次数较高的专利并对专利信息进行聚类，能够在一定程度上反映该领域的前沿技术热点。本文将近五年被引证次数前20 000篇的专利定义为该领域基础研究的前沿技术，从专利角度识别该领域前沿技术。

本节专利信息数据来源是全球专利数据库incoPat中的专利数据。依据工业软件相关领域的关键词：工业软件、仿真软件为检索关键词，时间限定为2018—2023年，构建incoPat检索式 TIAB=（OR Industrial software OR simulation software OR 工业软件 OR 仿真软件）。共检索到相关专利17 162件，合并申请号剩余13 858件。

8.2.2.2 专利申请态势及分布

图8-5是2018—2023年工业软件领域相关专利申请和公开数量。从图中可以看出全球专利申请量从2018年至2022年逐年递增，2023年申请量有所下降。2022年公开专利数量超过申请数量说明工业软件的专利技术水平逐渐提高。整体看这一领域的专利技术发展是处在一个缓慢提升的阶段。

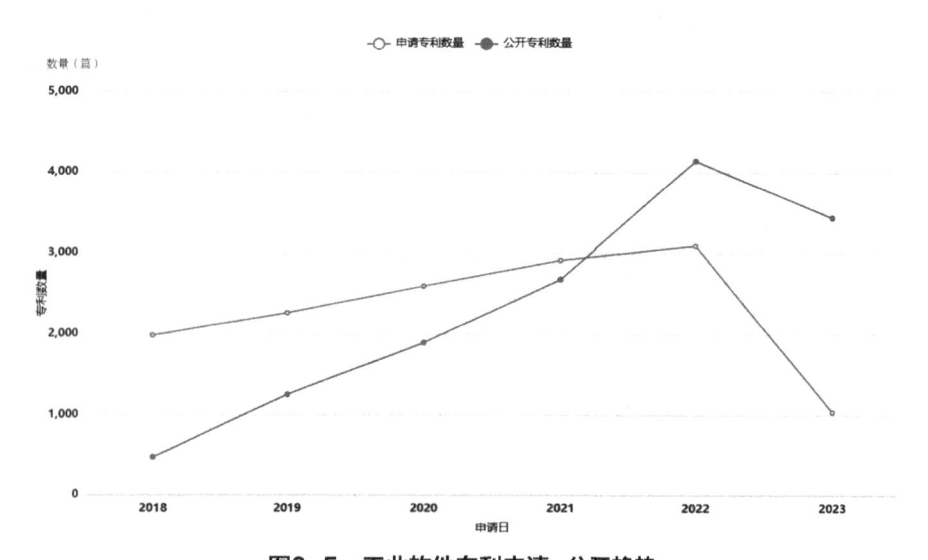

图8-5 工业软件专利申请-公开趋势

图8-6展示了近年来专利公开的主要国家／机构。从专利公开数量上来说，中国是近年来工业软件领域专利公开数量最多的国家，其次是美国和印度。中国在2018—2023年一直在提高这一领域的专利申请数量，且专利数量远超世界其他国家。但在2023年专利申请的情况有所放缓。而美国、印度及其他国家的专利申请量一直处在一个较低水平。这反映出我国是当前工业软件专利技术快速发展的国家，而其他国家对这一领域的关注度相对较低。

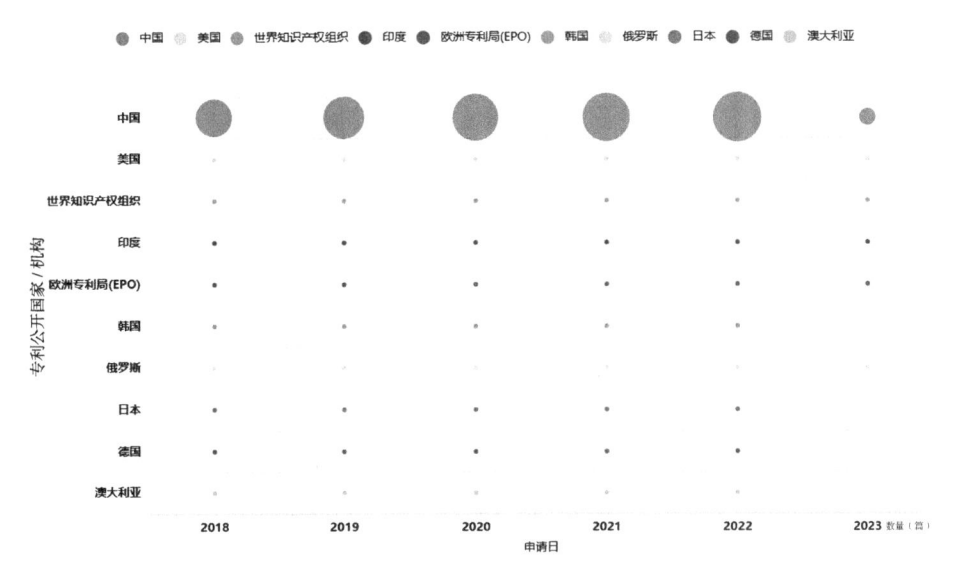

图8-6　工业软件专利全球申请趋势

在incoPat专利数据库中针对机构存在简称和全称混用、同一机构下的研究所未合并、公司名称／机构的不同书写格式、中英文名称不同等进行清洗，清洗后得到专利TOP20申请机构如图8-7所示。

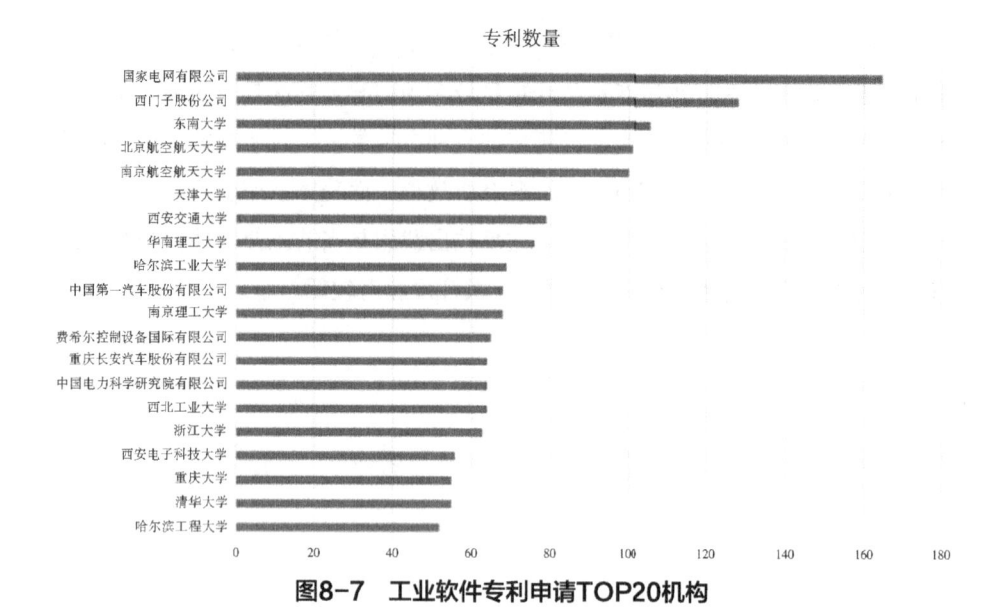

图8-7 工业软件专利申请TOP20机构

专利申请量排名前20的申请机构分别来自中国（18个）、美国（1个）、德国（1个），这些机构中有6家公司或企业，14家高校/科研机构且均来自中国。这说明目前我国的工业软件发展相对滞后，有许多攻坚技术还未能克服，处在高速发展工业软件技术的阶段之中。美国、德国均有世界领先的工业软件企业，这说明美、德在这一领域的技术是目前较为先进的。

中国是近年来工业软件领域专利技术申请量最多的国家。当前我国主要的工业软件技术企业和高校有国家电网、东南大学、北京航空航天大学、南京航空航天大学等。其中国家电网目前正全力进行数字化转型，设计并开发多款电力应用、电力控制软件。东南大学牵头组建，主要针对国产EDA设计软件卡脖子问题有所突破，涉及三维布局布线、时序分析、MEMS设计软件、功率器件模型、电磁仿真和射频电路自动综合等领域。北京航空航天大学致力于仿真软件、无人机平台开发等关键技术研发。南京航空航天大学积极开展工业软件+信息技术应用创新产业建设工作，重点研究自主可控、功能安全与信息安全融合的高安全系统的软件设计与验证方法和工具平台的问题。

美国的费希尔控制设备国际有限公司（FISHER ROSEMOUNT SYSTEMS INC）主要产品/业务有费希尔控制阀、费希尔调节阀、费希尔截止阀、费希尔执行器、费希尔控制器等。

德国西门子股份公司工业软件部门实现了涵盖企业整个工业价值链的数字化和一体化。西门子工业软件部可帮助制造商实施数字化企业转型，通过PLM解决方案、制造运营管理（MOM）解决方案和TIA设备，以及"Teamcenter"这一行业领先的西门子协作平台和单一数据主干网络，实现涵盖其整个工业价值链的数字化和一体化。采用全面的西门子工业软件套件，可将PLM、MOM和自动化整合在一起。

总体来看，中国是近年来工业软件专利申请量的绝对领导者，虽然数量上占有绝对优势，但在技术先进性上与美国、德国等国家还有一些距离。许多专利技术还处在研发过程中，尚不能应用到市场中。而美、德两国的企业都具备了一定数量的成熟的工业软件并占有很大的市场。因此中国在工业软件技术到实际应用、销售等阶段还有一段艰难的路程要走。

8.2.2.3 专利技术热点分析

从专利申请的技术类别上看（图8-8），工业软件领域的技术类别相对较为稳定，"G06F（电数字数据处理）"是最主要的技术类别。其次是"G05B（一般的控制或调节系统）""G06T（一般的图像数据处理或产生）""G06Q（专门适用于行政、商业、金融、管理或监督目的的信息和通信技术）""H04L（数字信息的传输）""G06N（基于特定计算模型的计算机系统）""G01N（借助于测定材料的化学或物理性质来测试或分析材料）"。"G05B（一般的控制或调节系统）""G06T（一般的图像数据处理或产生）""G06T（一般的图像数据处理或产生）"近年来所占比例有一些上升，说明工业软件的基础设施技术是目前关注的热点。

通过筛选被引证次数前20 000篇的专利，并对技术类型进行分析获得图8-9中的技术类别沙盘图。从图中可知当前工业软件领域的主要技术热点涉及：图形界面/状态图、三维仿真模型/CFD优化/有限元模型、数值模型/数值分析模型、工业软件定义、测试系统/硬件在环/FPGA、电力系统/等效电路模型、深度学习/设计/神经网络、分子动力学模拟。

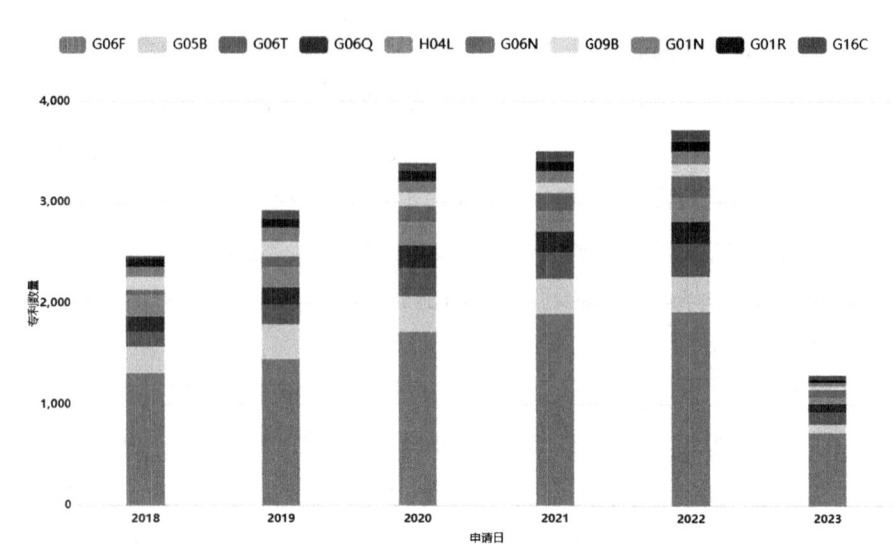

图8-8　工业软件专利申请技术趋势

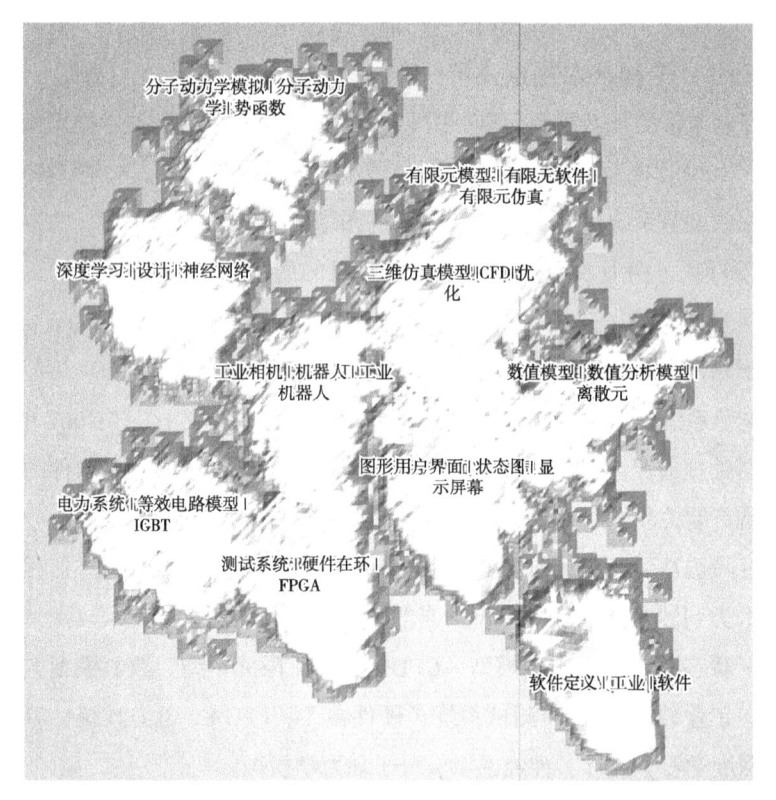

图8-9　工业软件领域2018—2023年被引证前20 000的专利技术类别分布

分析表明，目前工业软件领域的专利前沿技术涉及以下几个方向：

（1）用于工业、森林监测、医疗、通信等场景下的系统集成开发

用于数据采集、通信、装备检测等功能的系统集成开发是近几年重要的研究热点。在开发系统中融入各类机器学习、数值计算算法，提高了应用场景下的工作效率，在车间生产、驾驶领域提高了安全性。

（2）工业软件的开发方法及装置介质

随着虚拟现实、孪生网络技术的发展，将这些技术广泛应用于工业软件的开发。当前抓力技术关注硬件与数据间的存储和电子介质的开发，以实现硬件与电子系统的一致性，更真实地模拟实际生产场景。主要的技术涉及数据存储、3D打印、建模仿真算法。

（3）仿真场景建模方法

利用数值分析模型、机器学习算法开发的仿真场景优化方法和在三维场景下的三维仿真模型是这类问题的热点研究方向。当前工业网络环境复杂，储能优化算法、空间情况的探测、施工模拟方法的图像展示、场景建模、复现更加真实的虚拟现实和生产场景是仿真建模的技术研发热点。

（4）利用神经网络算法在工业制造环节的优化算法

使用强化学习、孪生网络、遗传算法、贝叶斯网络等算法优化车辆驾驶、管道运输过程，这些算法大多已有较为成熟的理论基础，但缺少实践经验，将这些应用于硬件的测试中，能提高生产环节的效率和安全性。

8.2.3　工业软件前沿技术发展态势

工业软件技术正在改变着人们的生产方式、经营模式以及社会生活，这让工业软件技术的发展趋势和方向更受市场关注。围绕市场需求，学界开展了大量的研究探索。其中，专利计量分析能够窥探出工业软件的技术竞争热点，通过学术论文的计量分析可以发现面向市场和社会需求的工业软件领域的研究热点。综上分析可见，工业软件前沿技术热点呈现如下态势。

（1）从市场技术竞争态势看

利用机器人的自动作业系统、利用神经网络和深度学习技术的系统控制方

法、仿真设备、装置、制造方法、工业化工生产的模拟、评估方法、车辆控制系统、设备检测与自动化设备是当前市场技术竞争的热点领域。

（2）从技术需求态势看

网络物理系统和物联网集成、数字孪生和仿真、工业应用中的人工智能和机器学习、供应链和可追溯性区块链、人机协作、可持续制造和能源效率是当前市场和社会发展重要的技术需求领域。

8.3 工业软件前沿技术创新监测

8.3.1 国内工业软件前沿技术创新监测

8.3.1.1 政策布局监测

近年来，中国工业软件行业受到各级政府的高度重视和国家产业政策的重点支持。国家陆续出台了多项政策，鼓励工业软件行业发展与创新。《关于深化制造业与互联网融合发展的指导意见》《扩大内需战略规划纲要（2022—2035年）》《"十四五"数字经济发展规划》《"十四五"工业绿色发展规划》《关于加快推动制造服务业高质量发展的意见》等产业政策为工业软件行业的发展提供了明确、广阔的市场前景，为企业提供了良好的生产经营环境（见表8-1）。

表8-1 工业软件行业相关政策

时间	发布部门	政策名称	政策要点
2022.12	国务院	《扩大内需战略规划纲要（2022—2035年）》	聚焦关键基础软件、大型工业软件、行业应用软件和工业控制系统，保证核心系统运行安全
2022.1	国务院	《"十四五"数字经济发展规划》	协同推进信息技术软硬件产品产业化、规模化应用，推动软件产业做大做强，提升关键软硬件技术创新和供给能力

续表

时间	发布部门	政策名称	政策要点
2021.11	工信部	《"十四五"工业绿色发展规划》	打造面向产品全生命周期的数字孪生系统，以数据为驱动提升行业绿色低碳技术创新、绿色制造和运维服务水平。推进绿色技术软件化封装，推动成熟绿色制造技术的创新应用
2021.3	发改委	《中华人民共和国国民经济和社会发展第十四个五年规划和2035年远景目标纲要》	加快发展现代产业体系，巩固壮大实体经济根基。其中提到实施产业基础再造工程，加快补齐基础零部件及元器件、基础软件、基础材料、基础工艺和产业技术基础等瓶颈短板
2020.12	工信部	《工业互联网创新发展行动计划（2021—2023年）》	提出推动工业互联网大数据中心建设，打造工业互联网大数据中心综合服务能力等要求，加快工业互联网发展
2020.8	国务院	《新时期促进集成电路产业和软件产业高质量发展的若干政策》	聚焦高端芯片、集成电路装备和工艺技术、集成电路关键材料、集成电路设计工具、基础软件、工业软件、应用软件的关键核心技术研发
2019.8	工信部等十部门	《加强工业互联网安全工作的指导意见》	加强工业生产、主机、智能终端等设备安全接入和防护，强化控制网络协议、工业软件等安全保障
2018.9	国务院	《关于推动创新创业高质量发展打造"双创"升级版的意见》	深入推进工业互联网创新发展，推进工业互联网平台建设，形成多层次、系统性工业互联网平台体系，加快发展工业软件，培育工业互联网应用创新生态
2017.11	国务院	《关于深化"互联网+先进制造业"发展工业互联网的指导意见》	加快信息通信、数据集成分析等领域技术研发和产业化，集中突破一批高性能网络、智能模块、智能联网装备、工业软件等关键软硬件产品与解决方案
2017.6	发改委	《外商投资产业指导目录》	其中软件产品开发、生产属于鼓励类外商投资产业
2016.5	国务院	《关于深化制造业与互联网融合发展的指导意见》	加快计算机辅助设计仿真、制造执行系统、产品全生命周期管理等工业软件产业化，强化软件支撑和定义制造业的基础性作用

8.3.1.2 国内技术创新发展态势监测

当前我国数字化软件尚处于发展初期，整体状况可概括为"管理软件强、工程软件弱，低端软件多、高端软件少"。其中，体系设计、系统设计、仿真推演3类软件以及CAD、CAE、EDA、CAM等核心软件取得了局部突破，但仍以跟踪研仿、开源改造、专建专用、补点连线模式为主，存在管理机制不健全、供需衔接不深入、资源投入小散弱等问题。

（1）重视个性化需求和多样化服务

随着云计算、大数据等手段逐渐应用于产业制造环节的智能化控制，传统的制造业逐步向大规模个性定制、开放式协同和服务型制造业转变，工业软件产业也随之展开跨界融合和新技术的创新，注重制造企业数字化、智能化的个性化需求，加大个性化定制力度，为制造企业量身定做工业App等产品，并基于工业互联网平台从工业制造领域延伸至服务领域，推动制造过程智能化和网络化控制。

（2）垂直行业不断纵深应用

工业软件的支撑作用逐渐放大，应用领域也逐渐开始不断纵向细分，比如应用于工业物联网、工业AR等领域。同时，工业软件的纵深应用也将推进形成统一的工业互联网络，通过软件架构将人、设备与系统进行整合，再通过数据共享5G和物联网技术，推动数字化与工业研发设计的融合，实现工业研发设计水平的大幅提高。

（3）企业不断加大研发投入，自主创新能力增强

"数字化+双碳"理念的推广，促使企业从研发、制作、应用等各个环节充分利用信息化技术和绿色能源，打造更环保、更先进的工业软件体系，构建更为完善的自主研发人才队伍。工业软件龙头企业均逐渐加大研发投入，通过研发与应用紧密连接，提升自身的核心竞争力，扩大产品的国内外影响力，进而带动行业的高速发展。

8.3.1.3 国内技术创新布局特征

全国的工业软件企业主要集中在华南、华东及华北一带，其中华南地区的代表企业有金蝶软件、中望软件及远光软件等；华东地区的代表企业有西门子等国外领先工业软件企业，还有浪潮软件等国内优秀龙头企业；华北地区的代

表企业有和利时、用友网络等。

（1）企业成为中国工业软件技术创新的重要力量

我国是制造业大国，随着近年来国家智能制造战略的全面推进，工业软件的重要性日益突出，政府对工业软件的重视程度也逐渐提高。截至2022年底，我国工业软件市场规模已达2562亿人民币，同比增长15.10%，近七年年均复合增长率为13.58%，市场规模增速远高于国际平均水平。巨大的行业空间给予国内工业软件企业广阔的发展舞台，企业纷纷加大研发力度，试图把握前沿技术发展方向、探索商业创新新模式，力争占领国内工业软件市场。

（2）三大因素叠加，国内工业软件行业迎来新发展期

需求拉动、政策推动、技术封锁三大因素叠加，促使国内工业软件迎来新发展期。首先，工业升级释放信息化及智能化需求。其次，我国提出"中国制造2025"大政方针，多部门颁布智能制造发展政策，刺激行业加速发展。此外，技术封锁加剧，国产替代进程加速。除华为受限制外，2020年6月哈工大和哈工程被禁用数学基础软件Matlab。技术封锁有望加速国内工业软件替代进程。

（3）沿着"国产替代"和"技术演变"两条主线寻找投资机会

国内工业软件企业逐步发展成熟，部分产品可以满足中低端需求以及中小企业需求。2022年国内工业软件市场规模达2562亿元，这为国产替代提供广阔发展空间。随着工业软件技术的不断突破，工业互联网平台、云原生开发平台等新赛道逐步兴起。新形势下，国内工业软件企业可以利用本土优势把握新机遇。

（4）加快完善工业软件产业的技术基础体系

统筹多方资源构建适合工业软件产业发展的生态环境，积极打造省级以上实验室、新型研发机构、研发核心团队，支持工业软件行业协会、产业联盟、中介机构、科研院校等机构为工业软件企业提供战略研究、技术创新、人才培养、交流合作、市场拓展、运行监测等优质服务，推动工业软件产业高质量发展。

8.3.2 国外工业软件前沿技术创新监测

8.3.2.1 政策布局监测

（1）美国

美国是工业软件全球领先的国家之一。美国凭借强大的科研实力、较高的

研发投入以及政府的大力支持，掌控着全球工业软件产业链的高端环节，此外美国研发设计软件、经营管理软件、生产制造软件、运维服务软件等工业软件均处于全球领先地位。美国长期将科学计算和建模仿真作为国家关键战略，航空和国防是美国工业软件的摇篮，孵育并推进了工业软件企业的成长。美国政府不遗余力地对发展工业软件予以政策支持，涉及机构主要为美国国防部（DOD）、美国国家航空航天局（NASA）、美国国家科学基金会（NSF）等。

2022年美国国防部发布工业软件政策——新的软件现代化战略，要求建立一个企业级软件工厂生态系统，使美军在软件开发过程中使用的工具和应用程序实现常态化/安全化/规范化发展。

2018年美国国防部高级研究计划局（DARPA）发布工业软件政策，推出"电子复兴计划"（ERI），扶持工业软件企业，稳固美国在EDA软件领域的技术霸主地位。

2014年美国国防部发布工业软件政策，在芝加哥建立"数字化制造与设计创新研究所"（DMDII），进行数字化设计工程和制造等过程的技术和流程研发与应用，推动数字化建模和仿真等工业软件技术发展。

（2）德国

基于机械、电子、自动控制和工业管理软件等方面的优势，德国政府出台《工业4.0》《德国工业战略2030》等一系列政策措施，通过政策引导、科研推动和市场拉动的合力，设置开放式课题，逐一完成工业软件等信息技术产业领域的创新项目和科技成果转化。德国"工业数据空间行动"于2015年启动，由弗劳恩霍夫协会承担基础研发工作，并通过成立工业数据空间协会（IDSA）连接130多家成员公司，共同推动工业数据空间的行业应用和全球化推广。2017年，工业数据空间参考架构模型发布，2019年4月，工业数据空间参考架构模型升级为国际数据空间参考架构模型3.0版（以下简称IDS架构）。2021年1月，德国政府发布《联邦政府数据战略》，明确提出建立环境、医疗健康、移动交通、农业等领域的公共数据空间。同时，德国和法国联合发起Gaia-X计划，支持IDS作为Gaia-X云计算平台的核心架构。

（3）法国

2013年9月，法国总统奥朗德宣布了"新的工业法国"战略规划，希望在未来十年，通过工业创新和增长促进就业，推动法国企业竞争力提升，使法国竞争力处于世界的最前列。"新的工业法国"规划中包含34项计划，涵盖数字技术（包括嵌入式软件和系统计划、大数据计划和云计算计划）、能源、交通运输、智能电网、纳米科技、医疗健康和生物科技等领域。法国政府将投入35亿欧元支持上述项目，并鼓励私人投资，保证企业科研工作。战略规划的每一项都将由专人负责（工业集团总经理或中小企业和创业公司的负责人），每6个月由法国总理和生产振兴部部长检查计划进展情况。

（4）俄罗斯

信息技术产业正在对俄罗斯各经济领域产生越来越深刻的影响。国际金融危机之后，俄罗斯政府出台了一系列促进产业多样化发展的战略规划，包括在2010年出台的《信息社会（2011—2020）》规划、2012年发布的《2018年前信息技术产业发展规划》、2013年出台的《俄罗斯联邦2014—2020年信息技术产业发展战略及2025年前景展望》、2014年出台的《俄罗斯联邦至2030年前科技发展预测》等文件。

8.3.2.2　国外技术创新发展态势监测

从全球装备数字化软件市场格局来看，美国、欧洲企业处于主导地位，把握着技术及产业发展方向：①体系设计建模软件主要由 Enterprise Architect（澳大利亚）软件占据；②系统设计建模软件主要由 MagicDraw（法国）软件、Reapsody（美国）软件占据；③仿真推演软件以 EADSIM（美国）、JTLS（北约）、JWARS（美国）等软件为代表；④研制生产软件主要由达索公司的 CATIA（法国）、TeamCenter（德国）、Candence（美国）软件等占据；⑤试验测试软件以 LMS Virtual.Lab Motion（德国）软件处于行业优势地位；⑥运用保障软件中以 Maxiom（美国）软件处于行业优势地位。

（1）智能化、云化、集成化发展态势

以EDA软件为例，人工智能将在EDA中扮演更重要的角色，促进智能化发展。一方面，芯片设计基础数据规模的增加与系统运算能力的阶跃式上升为人工智能技术在EDA领域的应用提供了新的契机，通过AI算法可以帮助客户设计达到最优化的PPA目标（功耗、性能和面积），开发针对具体环节或场景的定制化工具与性能更高的终端产品；另一方面，利用人工智能技术可以更智能化地进行判断，帮助设计师精准决策，降低芯片设计门槛，缩短设计周期，提升EDA工具效率。

（2）努力据守全球产业价值链中高端，形成较强的财富创造能力

欧美国家将"互联网""大数据""云计算"等概念性科技应用到制造业生产中，定义、表达制造业客户需求，更新、激活产品研发中的知识积淀，促进制造业核心工业流程优化与核心工艺方法的提升，掌控智能制造的规则话语权。以Oracle为代表的高端工业软件企业普遍拥有雄厚的资金实力和融资能力，2018财年Oracle总营收约为398亿美元，净利润为38亿美元。

（3）AI技术辅助决策

在研发领域，AI能够使得设计操作流程更加简单、方便。创成式设计是基于AI技术的工业软件重要落地应用方向，该技术能够根据现实制造条件和产品性能要求，生成多个CAD解决方案，从而简化设计流程，优化设计方案，开发出独特的解决方案和零件几何形状。当前ChatGPT已经能够应用于Autodesk、Dassult等厂商的CAD／CAE相关产品中，以设计规划、嵌入软件中的助手工具或插件等形式存在。在CAD领域，ChatGPT能够根据用户自然语言描述生成工业研发设计软件代码，但仍未达到实用水平。

8.3.2.3 国外技术创新布局特征

全球工业软件产业已形成较为稳定的市场格局，产业规模稳定增长。2020年全球产业规模估计为4 358亿美元，2012—2020年年均复合增长率约为5.45%。全球工业软件产业生态系统呈现出寡头垄断市场格局，上下游之间密切嵌合，智能化、云化、集成化发展态势明显，行业巨头通过并购称霸全球，国家参与度高等特征。发达国家在全球率先建立了较为完整的工业体系，并伴随着信息技术的发展提出了对工业软件的迫切需求，工业软件在为工业企业服务的同时也不断得到完善，二者相互促进不仅为发达国家建立了高度发达的现代工业体系，也使其拥有了工业软件领域几乎所有的核心技术和行业标准，孕育出了西门子、SAP等多家国际知名工业软件企业。

（1）加大企业研发创新投入，集聚创新资源要素

欧美国家经济快速发展的秘诀是以创新型企业作为创新研发主体，持续高

研发投入，超前布局高端产业。欧洲统计局数据显示，英国、荷兰等欧盟国家将 8%左右的研发经费投入软件业，有10%以上的研发人员从事软件研发等相关行业，荷兰则超过了 16%。全球市值最大的 5 家公司（苹果、谷歌、微软、亚马逊、Facebook）都属于高研发投入企业，极为推崇创新活动。如谷歌全球员工人数超过 8.5 万名，每年研发投入超过 10 亿美元，以内部孵化器推进核心技术研发、投资超过 250项学术科研项目、收购科技研发型初创公司。

（2）并购是行业巨头称霸全球的重要手段

绝大多数国外工业软件巨头经历了多次并购重组而得以发展壮大，这也是其能够为客户提供完整产品系统能力的主要原因。如新思科技通过大量并购，形成从设计前端到后端的完整生产能力与技术，满足客户差异化诉求，自 1990 年首次并购以来，公司并购总计超百起，产品线得到持续补强。2021年，公司并购步伐还在加速，收购了 10—800G数据速率以太网控制器 IP 公司 MorethanIP，使公司 IP 产品组合得到进一步扩充，将为客户提供面向网络、AI和云计算片上系统（SoC）的低延迟、高性能全线以太网IP解决方案。

8.4 工业软件技术发展建议

在全球工业软件产业蓬勃发展的大形势下，我国应把握时代脉搏，积极推进工业软件领域自主可控，从技术攻关、投融资支持、生态培育、人才培养四个方面发力，推动我国工业软件产业发展水平再上新台阶。结合近年来全球工业软件发展动态，为贯彻落实新发展理念，进一步加快我国工业软件技术创新，提出以下建议：

（1）完善国内工业软件产业与政策环境，加快工业化软件体系化发展

建议政府部门加强工业软件顶层设计，统筹工业软件与工业云、工业大数据的发展，形成有效互补、齐头并进的体系，做好政策扶持、平台搭建、人才培养等工作。同时，立足我国相关工业与软件联盟组织，梳理国内工业软件产业现状，从技术、应用市场、企业等多个维度进行系统性研究，针对产业薄弱环节，出台相应扶持政策与保障措施，加快推动国内工业软件体系化发展和产

业化应用。

（2）促进软件技术与工业领域深度融合，促进软件深度应用

国际CAD软件领先企业达索集团同时也是商务飞机制造行业的领导者，其航空仿真设计软件不仅性能稳定，而且符合行业特性。建议软件技术提供商加强行业需求的结合，促进软件技术与工业技术的深度融合，让工业软件企业与行业龙头企业相结合，共同开发工业软件，通过联盟、论坛、会议等形式打造工业领域与软件信息领域的技术交流与需求对接平台，鼓励发展与工业领域紧密结合的定制化软件与解决方案，使工业软件产品更具有行业特性，从而赢得市场竞争力。

（3）加强新型工业软件的研发和推广，提升竞争力和影响力

新一轮工业革命带来了新技术应用的爆发，建议产业方面重点关注大数据、云计算、人工智能等新一代信息通信技术与工业软件的结合，完善创新体制与机制，鼓励我国领先软件企业全面掌握关键技术，重点突破虚拟仿真测试、工业大数据处理等高端工业软件核心技术，支持开发通用的三维产品设计平台、数字化工厂仿真平台等新型工业软件平台，全面推动产业链升级，加紧抢占市场优势。

（4）高度重视人才培养和人才引进，完善人才使用激励约束机制

一是加强高校和职业技术学校工业软件人才的培养，依托高校工科、计算机等专业基础设立工业软件特色学院，推进专业教材研发、调整课程设置、优化教学计划和教学方式，培养复合型、实用型的高水平工业软件人才。二是鼓励国内科研院所、高校和企业开展联合培养，建立"产—学—研—用"综合实践应用平台、人才实训基地等，从供需两侧共同培养一批高端型工业软件人才。三是大力实施工业软件职业技能提升行动计划，国家财政资金应对提供工业软件职业技能相关业务的培训机构给予财政补贴，对相关职业资格证书的获得者给予奖励。四是在大力培养国产工业软件人才的同时，积极创造条件吸纳工业软件类留学归国人员为中国企业服务。

第9章

3D打印前沿技术识别与监测

3D打印技术，又称"增材制造技术"，是以数字模型为基础，将材料逐层堆积制造出实体物品的新兴制造技术，体现了信息网络技术与先进材料技术、数字制造技术的密切结合，是智能制造的重要组成部分。3D打印的步骤：首先，将要打印的物品的三维形状信息写入3D打印机，成为可以解读的文件；然后，将文件传输到3D打印机，3D打印机解读文件后，以材料逐层堆积的方式打印出立体形状。3D打印技术近几年发展迅速，在航空、航天、船舶、汽车、医疗、文化、教育等领域均实现不同程度的规模化应用，已经从航空航天、汽车等工业领域的应用延伸到生活用品等个人消费领域。随着应用领域的不断拓展，产业规模持续扩大，3D打印具有非常好的发展前景。

　　中国制造企业也在积极引进3D打印技术，代替或改进企业原有的生产方式，提高企业生产的智能化水平，满足政府对中国制造产品的转型升级需求。国家层面也积极出台诸如《"十四五"智能制造发展规划》《中国制造2025》《关于统筹节能降碳和回收利用加快重点领域产品设备更新改造的指导意见》等增材制造相关政策，中国3D打印产业规模不断扩大。2019年中国3D打印产业规模157.5亿元，2021年增至261.5亿元，2022年产业规模达到330.0亿元，预计2024年突破500亿元。当前，我国正处于从"中国制造"向"中国创造"转型的重要时期，深入分析全球3D打印技术的发展趋势，监测全球3D打印前沿技术创新战略布局，对建立3D打印基础理论和技术体系具有重要意义。本章以2014—2023年为切片进行3D打印领域检索式构建，采用WOS（Web of Science）数据库与incoPat专利数据库，从专利和论文两个角度开展前沿技术识别，并进行3D打印前沿技术国内外创新布局监测，为建立3D打印的基础理论和技术体系，推动其在制造业数字化转型中的广泛应用提供重要支撑。

9.1 3D打印前沿技术简述

3D打印技术汇集了CAD/CAM、激光、光化学和材料学的最新研究成果，为世界各地带来前所未有的技术变革，成为当今世界新一轮技术进步的典范。作为推动第三次工业革命的重要载体，3D打印技术能使产品生产向个性化、定制化转变，将逐步渗透到生产、生活的各个角落，也会对制造工艺产生深刻变革。3D打印技术起源于模具制造和工业设计，随着技术的进步，它已经被广泛应用于各种产品的生产，并且已经发展出了一整套完善的技术体系，从基本的模型到复杂的零部件，都能够通过3D打印实现。欧洲专利局（EPO）发布的《增材制造创新趋势》（Innovation Trends in Additive Manufacturing）显示，2013—2020年间，3D打印技术的国际专利数量以平均每年26.3%的速度增长，几乎是同期所有技术领域增长速度（3.3%）的8倍。随着技术的不断进步，未来将推动新材料、智能制造和数字制造等技术实现大的飞跃。

9.2 基于文献计量分析的3D打印前沿技术识别

9.2.1 基于论文计量分析的3D打印前沿技术识别

基于科技论文数据，采用文献计量和内容分析方法，利用Histcite、VOSviewer等工具，对3D打印领域前沿技术的研究进展进行跟踪监测。

9.2.1.1 数据来源

利用WOS数据库进行文献获取，借鉴已有对该领域发展态势研究的检索方式制定检索策略。其中，高被引论文通常代表着高学术水平与影响力的重要成果，在WOS中表现为被引频次前10%的论文。本文将近十年被引频次TOP10%的论文定义为该领域基础研究的前沿技术，从论文角度识别该领域前沿技术。

为确保样本数据的质量和权威性，基于科睿唯安Web of Science核心数据库，通过以主题词与发表日期为限定构建3D打印领域检索策略，将文献的类型限定为"论文""综述论文""会议录论文"，时间跨度为2014—2023年，得到10 000余篇文献，检索时间为2024年1月。利用Histcite、VOSviewer等工具，对该重点领域前沿技术的研究进行数据挖掘。

9.2.1.2　论文增长态势及分布

根据本研究的检索策略，截至2023年12月，Web of Science核心合集中近十年共收录全球3D打印领域相关研究论文10 711篇，发文年度变化趋势如图9-1所示。整体发文量呈现稳定的增长趋势，从2014年的145篇增至2023年的2 171篇，数据表明"3D打印"领域经历了从起步到快速发展的过程，相关技术迎来了研究与发展的热潮。但2023年发文量增长速度略有下降，相较于2022年增速下降85.4%，可能跟数据库收录延迟有关。基于论文产出的整体趋势，未来3D打印研究领域的论文产出数量可能呈现稳定的上涨趋势。从行业发展角度来看，智能制造领域3D打印研究仍然是学界和业界的研究热点。

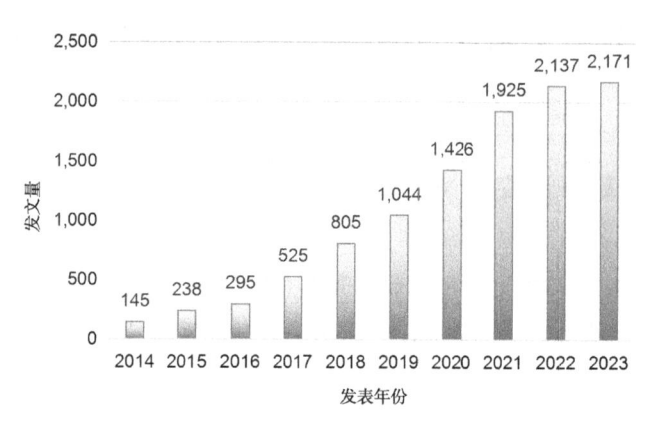

图9-1　3D打印领域论文发文量年度变化趋势

对3D打印领域国家/地区的发文量进行统计可知，该领域的论文广泛分布在107个国家或地区。图9-2展示了发文量前十名的重点国家/地区，总体可分为两大梯度：①第一梯度为中、美。位居首位的是美国，其发文量占总量的30.2%，其次为中国（占总发文量的18.0%），中美两国的3D打印研究遥遥领先于其他国家/地区，二者相加超过总发文量的48%。由此可见中美在3D打印领域前沿技术研究方面具有绝对优势。②第二梯度包括英国、德国、意大利、印度、澳大利亚、加拿大、韩国、法国。虽与第一梯度发文量具有一定差距，但仍然占据总发文量的3.4%—7.7%，说明第二梯度的国家/地区在该领域前沿技术的研究也具备较强实力。

国家/地区：
- 美国 3,239
- 中国 1,925
- 英国 827
- 德国 770
- 意大利 633
- 印度 604
- 澳大利亚 438
- 加拿大 428
- 韩国 366
- 法国 364

发文量

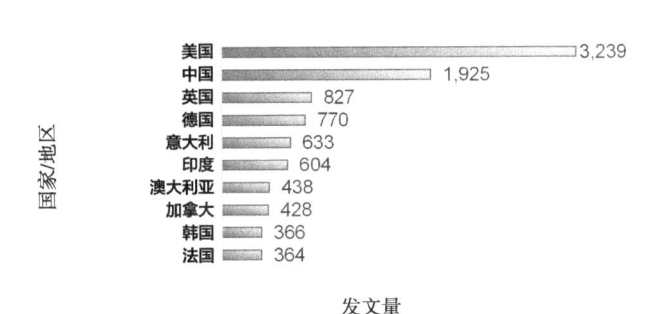

图9-2　3D打印领域发文重点国家/地区分布

9.2.1.3　前沿技术热点分析

通过高频关键词分析可从一定程度上表征该学科领域的研究主题，揭示某一时间段内的研究热点。由于"3D printing""additive manufacturing"和其他关键词极差较大，因此将其隐藏以更好地在词云图中呈现其他关键词。统计论文关键词可知（图9-3），高频关键词主要包括mechanical properties（机械性能）、laser powder bed fusion（激光粉末床熔融）、powder bed fusion（粉末床熔融）、directed energy deposition（定向能量沉积）、Ti-6al-4v、porosity（孔隙率），可见这些主题是该领域近年来备受关注的研究问题。

图9-3　3D打印领域前沿技术研究关键词词云图（关键词词频TOP200）

将3D打印前沿技术研究中高被引（被引频次前10%）论文导入VOSviewer进行关键词共现分析（图9-4）。忽略增材制造和3D打印两个关键词，该领域近年来的研究热点主要包括以3D打印机械性能为中心、以3D打印微观结构为中心、以3D打印立体照相为中心以及以3D打印粉末床熔融为中心的四大研究方向。

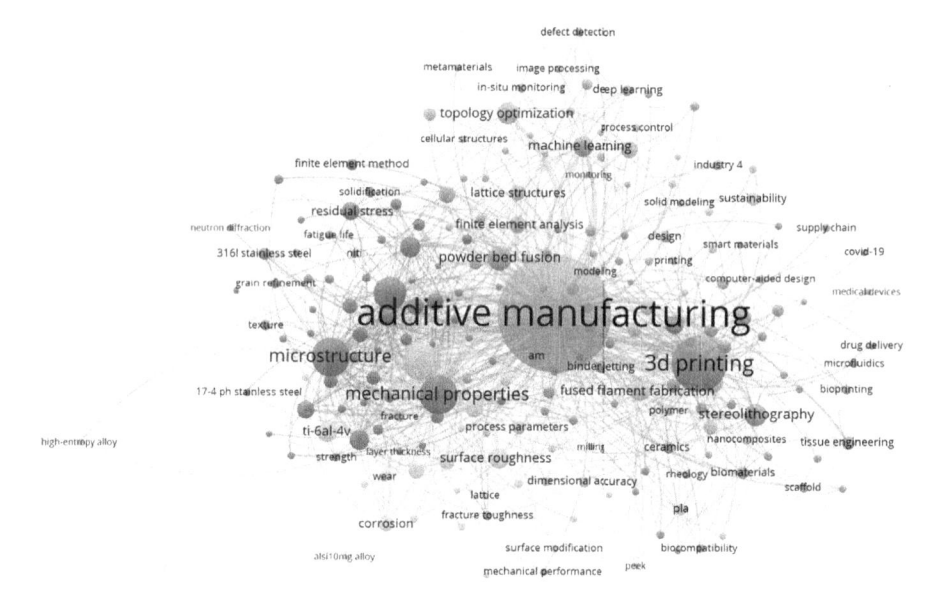

图9-4　3D打印领域前沿技术研究关键词共现网络（关键词词频TOP200）

研究表明，基于论文的3D打印前沿技术研究包括四大热点方向：

（1）以3D打印机械性能为中心的研究

机械性能是指材料在受力作用下的力学性质和变形行为。对于3D打印材料而言，机械性能是评估其可行性和可靠性的关键指标。常用的机械性能参数包括强度、硬度、韧性以及耐磨性等。由于L-PBF工艺能够产生独特的柱状微观结构，3D打印材料的机械性能仍然是研究的主题。标准的缺乏给准确表征通过3D打印制造的材料带来了挑战。因此，科学界尝试使用多种方法来满足分析和解释机械性能的需求，包括工艺参数、打印方向等对机械性能以及蠕变性能的影响等，并将3D打印材料和传统工艺制造的材料之间的机械性能进行了比较评估。

（2）以3D打印微观结构为中心的研究

3D打印材料完成再结晶的倾向取决于凝固微观结构中化学异质性的程度。溶质在微观结构中的微观偏析阻碍了晶界运动，产生的材料即使在高温处理之后也能保留大部分凝固时的微观结构特征。3D打印微观结构，包括相对密度、残余应力、晶粒结构、织构和位错网络、元素分布、析出物以及后处理对微观结构演变的影响。

（3）以3D打印立体照相为中心的研究

这种技术能够将三维空间呈现出来，通过拍摄两个不同视角的图像，每个人都能从相应的角度看到它们，从而模拟真实的三维效果。目前提出了立体3D打印过程，利用双色光聚合（DCP）的潜力，通过将一种新型双色光引发剂与新的DCP投影光系统相结合，实现真正的立体3D打印技术，旨在实现快速、高分辨率的打印。

（4）以3D打印粉末床熔融为中心的研究

对金属增材制造来说，粉末床熔融是迄今为止应用最多的技术；更具体来说，是激光粉末床熔融。由于增材制造仍处于技术迅猛发展的初期阶段，国内外对于某一种技术常存在多种称呼。比如，激光粉末床熔融技术，英文同时存在"Laser Beam Powder Bed Fusion" "Direct Metal Laser Sintering"或"Selective Laser Melting"等说法。激光粉末床熔融的创新多集中于对激光束的改进中，如激光调制、激光束分离或光束整形，其目的是减少打印时间或提高打印质量。

9.2.2 基于专利分析的3D打印前沿技术识别

基于全球专利数据库incoPat中的专利信息，分析3D打印前沿技术的技术研发态势，具体包括数据来源、检索策略、技术研发趋势、国家/地区分布、技术热点。

9.2.2.1 数据来源

3D打印技术的出现，标志着第二次工业革命的开端，它彻底颠覆了大型机械设备组装的传统，推动了产业的创新，让企业可以更好地满足客户的需求，从而推动市场的多样化。随着3D打印技术应用材料（例如塑料、金属、陶瓷甚至有机电池）的不断发展，增材制造在工具、能源、时尚、电子、建筑和工业领域的应用也呈现快速增长态势，其中专利申请时间越晚，代表这项专利技术的前沿程度越高。采用incoPat内置算法能够较好地识别该领域所属技术类别，筛选被引证次数较高的专利并对专利信息进行聚类，能够在一定程度上反映该领域的前沿技术热点。该研究将近五年被引证次数前10 000篇的专利定义为该领域基础研究的前沿技术，并从专利角度进行该前沿技术的识别。研究中基于incoPat全球专利数据库，以"3D打印"为关键词，将专利检索限定在"制造"领域，时间限定为2014—2023年，共检索到相关专利127件，合并申请号剩余113件。

9.2.2.2 专利申请态势及分布

图9-5为2014—2023年3D打印领域相关专利申请和公开趋势。从图中可以看出全球专利申请量在2013—2015年平均专利申请数量趋近于0。从2016—2020年逐年递增，但从2021年开始，专利申请量呈现锐减趋势。在2013—2016年公开专利数量均为0，2017—2022年专利公开数量整体呈现增长趋势，但2023年专利公开数量锐减。2021年后专利公开数量与专利申请数量的差距，说明该领域仍处于研究的热点时期，市场前景较好。

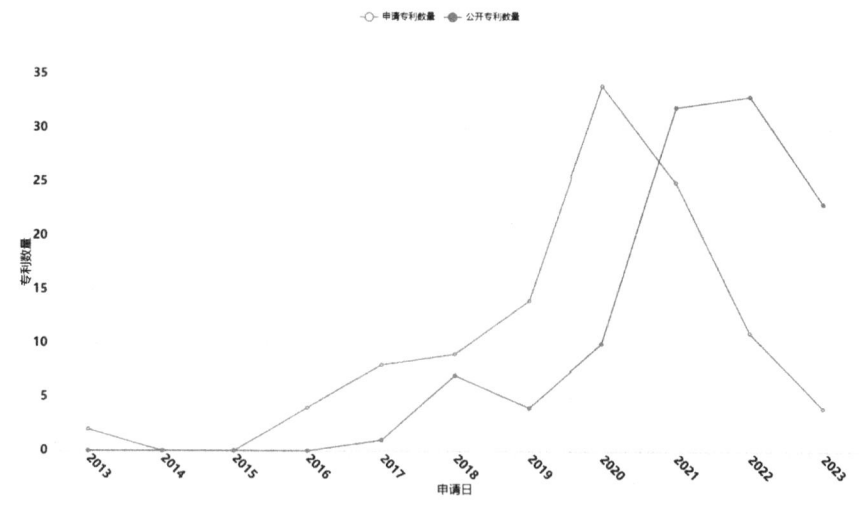

图9-5　3D打印专利申请-公开趋势

图9-6展示了近年来专利公开的主要国家/机构。从专利公开数量上来说，德国近年来在3D打印领域专利公开数量最多，其次分别为世界知识产权组织、中国。从德国、世界知识产权组织、中国三个国家/机构的申请趋势上看，2020年前德国专利申请数量逐年增长，2020年、2021年专利申请数量均超过25件；2019年、2020年世界知识产权组织专利申请数量到达峰值（均为4件）；2022年中国专利申请数量为5件，到达近十年的专利申请峰值，说明智能制造领域的3D打印技术研发与应用仍处于萌芽阶段，3D打印技术正逐渐从航空航天、汽车等工业领域的应用延伸到了生活用品等的个人消费领域，相关技术未来发展潜力巨大。

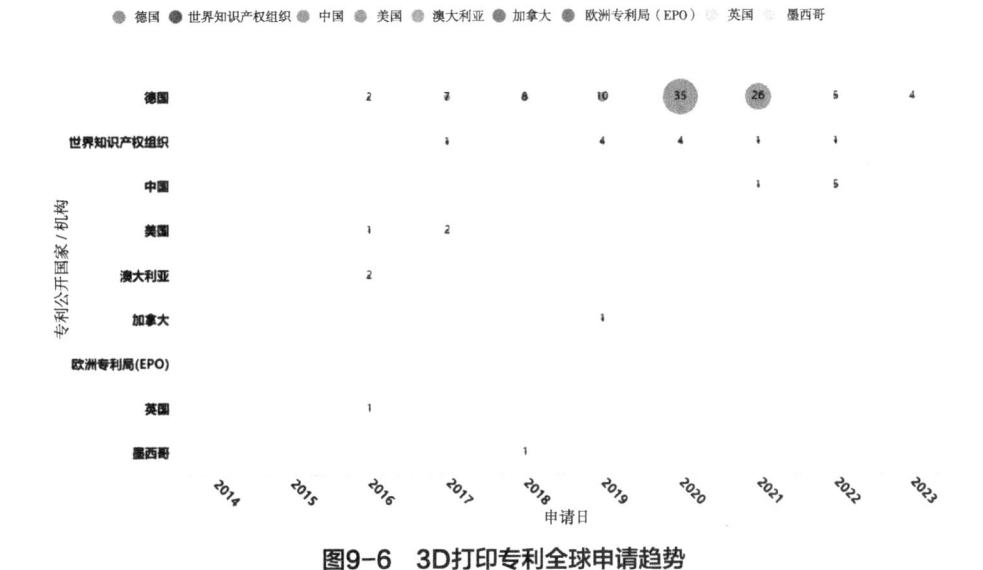

图9-6　3D打印专利全球申请趋势

在incoPat中针对机构存在简称和全称混用、同一机构下的研究所未合并、公司名称/机构的不同书写格式、中英文名称不同等进行清洗，清洗后得到专利TOP10申请机构如图9-7所示。

```
                                专利数量
台湾积体电路制造股份有限公司 ████████████████████████ 90
江苏盐城环保科技城快速凝固及增材制造工程技术中心 | 6
      江苏东工新材料研究院有限公司 | 6
              西门子股份公司 | 4
                KARDIOZIS | 2
              藤仓株式会社 | 1
                 EOS GMBH | 1
                    巴斯夫 | 1
              阿尔派株式会社 | 1
               瑞士ABB集团 | 1
              0  10  20  30  40  50  60  70  80  90  100
```

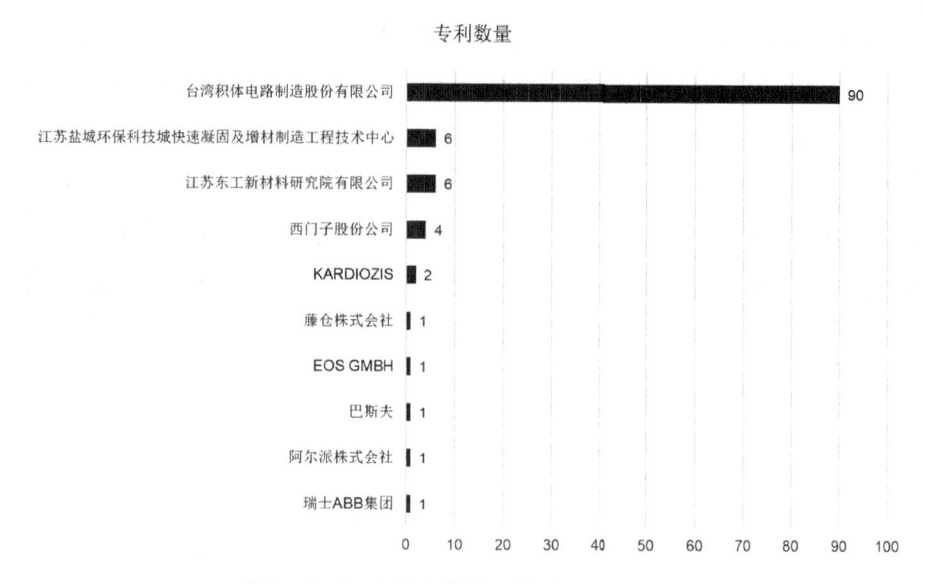

图9-7　3D打印领域专利申请TOP10机构

专利申请量排名前10的申请机构来自中国（3个）、德国（3个）、日本（2个）、法国（1个）、瑞士（1个）。值得注意的是专利申请量排名前10的机构性质均为公司企业，其中中国公司申请数量占专利总申请量的91.9%，但申请公司主要来自台湾地区。总体来说，中国在3D打印专利获取上占有明显的技术优势。

中国是近年来人工智能领域专利技术申请量排名第一的国家，我国当前主要申请3D打印专利的公司是台湾积体电路制造股份有限公司、江苏盐城环保科技城快速凝固及增材制造工程技术中心和江苏东工新材料研究院有限公司。其中台湾积体电路制造股份有限公司2021年参与了日本国家项目"尖端半导体制造技术开发"，旨在研究3D打印在芯片制造中应用时的关键技术。台湾积体电路制造股份有限公司2014—2023年申请3D打印专利共计90件，专利申请数量于2020年到达峰值，当年专利申请数量为35件；台湾积体电路制造股份有限公司专利价值度≥9的专利数量超过49件，占申请总量的44.1%。江苏盐城环保科技城快速凝固及增材制造工程技术中心主要技术方向为多边形卡块卡、高强度热轧弹簧扁钢、碳质金矿石，2014—2023年在3D打印领域申请专利6件。江苏东工新材料研究院有限公司主要技术方向为多边形卡块卡、高强度热轧弹簧扁钢、碳质金矿石，该公司与江苏盐城环保科技城快速凝固及增材制造工程技术中心合作紧密，在3D打印领域申请专利6件。台湾积体电路制造股份有限公司、江苏盐城环保科技城快速凝固及增材制造工程技术中心和江苏东工新材料研究院有限公司，专利价值度≥9的专利均超过53件。

德国在3D打印技术方面也处于世界领先地位，当前主要的3D打印布局公司为西门子股份公司、EOS、巴斯夫，但仅申请3D打印专利6项，占专利总申请数量的5.4%。

日本在3D打印技术方面共有两家公司申请专利，分别为藤仓株式会社、阿尔派株式会社，但仅申请3D打印专利2项，占专利总申请数量的1.8%。

2014—2023年，法国、瑞士申请3D打印技术各1件，处于技术开发的第二梯队。

总体来看，3D打印作为一项颠覆性技术，在智能制造3D打印技术领域仍处于萌芽阶段。业界对3D打印行业发展前景的乐观向往，可用于修复磨损零部件的再制造（如飞机发动机叶片、轧钢机轧辊等），也可以以极少的代价用于军械、远洋轮、海洋钻井平台乃至空间站的现场制造。由于不需要传统的机床工具，能够省去开模等传统制造过程，在减少人力物力的同时，极大地缩短了制作周期，因此未来涉及工业智能制造的3D打印相关专利申请也会逐步增加。

9.2.2.3 专利技术热点分析

从专利申请的技术类别上看，3D打印领域的技术类别相对较为稳定，主要以"H01L（半导体器件）""G11C（静态存储器）""B33Y（附加制造，即3D物品制造）""G06F（数据处理）""G02B（光学元件、系统或仪器）""B22F（金属粉末的加工；由金属粉末制造制品）""A61F（可植入血管内的滤器）""B29C（塑料的成型或连接）""C21D（改变黑色金属的物理结构）""G05F（调节电变量或磁变量的系统）"为主，但技术类别的占比有所变化（见图9-8）。2016—2023年，3D打印领域专利技术申请类别以"H01L"为主，共计申请专利87件，占专利申请总量的78.4%，说明3D打印技术在智能制造领域更多被应用于芯片制造。

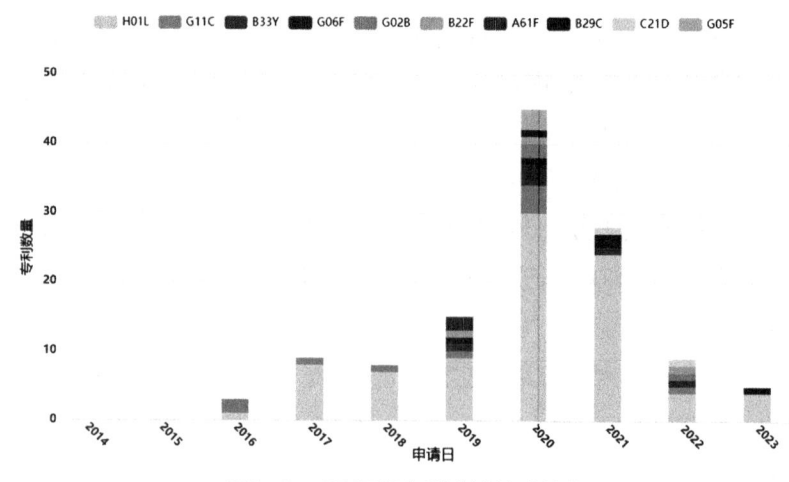

图9-8 3D打印专利申请技术趋势

通过筛选被引证次数前10 000篇的专利，并对技术类型进行分析获得图9-9中的技术类别沙盘图。从图中可知当前3D打印领域的主要技术热点涉及光纤线缆/扭转角度/光纤电缆、栅极堆叠/半导体层/半导体、介电层/集成电路/管芯、晶体管/开关晶体管/sram、增材制造/胶囊包封/胶囊材料、非晶合金/辊型设计/非晶母合金、计算机程序/电子束熔化/应用代理、血管支架/血栓/假体、铁基非晶合金/软磁合金薄带/铁基非晶、cd80l免疫调节蛋白/氨基酸修饰等。

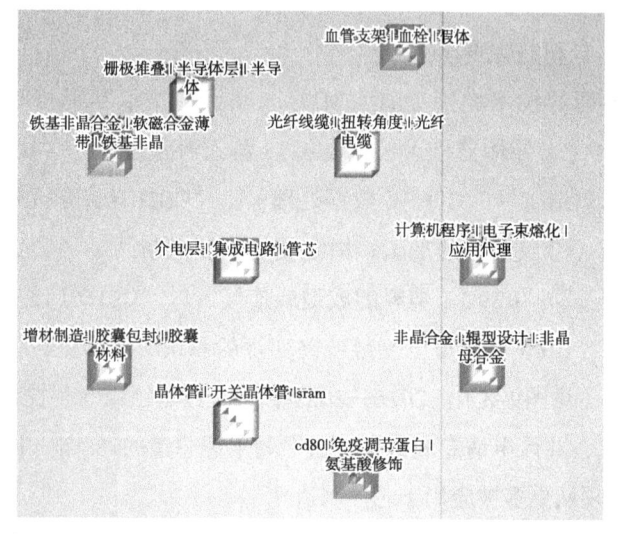

图9-9 3D打印领域2014—2023年被引证前10 000的专利技术类别分布

从3D打印专利申请技术功效上看（图9-10），3D打印领域技术功效分布波动较大，3D打印专利技术逐渐从2016—2018年的效率提高，向复杂性降低、可靠性提高、成本降低转变。此外，3D打印技术复杂性的申请数量于2020年到达峰值，随后技术复杂性的专利申请数量呈现逐年下降的趋势。

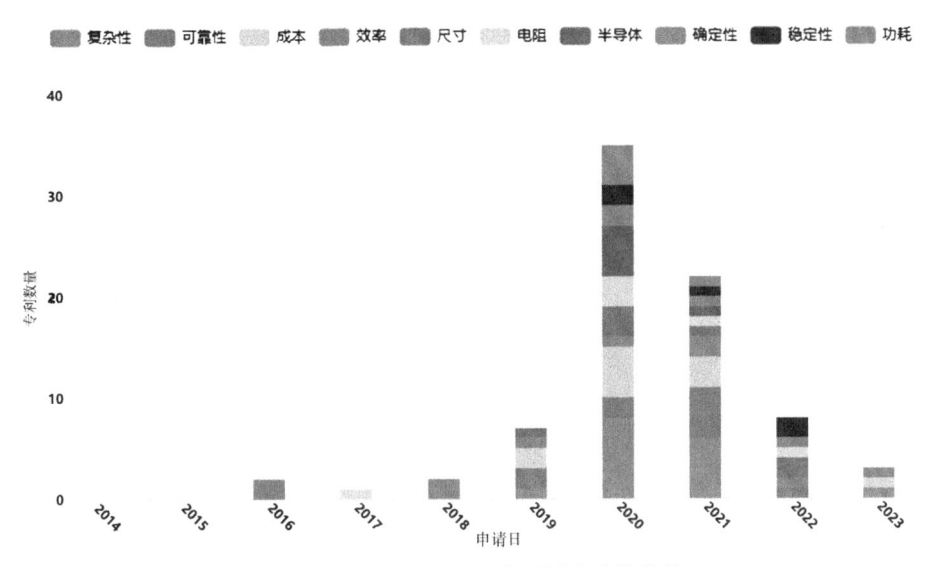

图9-10　3D打印专利申请技术功效趋势

分析表明，目前3D打印领域的专利前沿技术涉及以下几个方向：

（1）3D打印专用设备开发

3D打印技术的进一步改进与技术的进步，使中国在这一领域取得了长足的进展。一批专用材料、工艺装备、关键零部件、软件系统等新产品实现量产，供给能力不断提高，带动产业竞争能力提升。当前，由于科学技术的发展，我国的熔融沉积、光固化、激光烧结/熔融工艺和3D打印技术都取得了重大突破，一些工艺甚至超越了世界领先的工艺。未来，由于科学技术的进步，金属3D打印技术也将不断提升，以满足不同应用的需求。

（2）新型材料在3D打印中的应用

当前，3D打印技术的应用范围广泛，包括各种金属材质、无机化学非金属材料、有机大分子复合材料、海洋生物资源、特殊材料、特殊工艺资源等多种材料。为了满足不断变化的市场需求，Stratasys、3D Systems、EOS、巴斯夫、杜邦等知名制造商积极投入，开拓了多种3D打印技术的应用，并取得了显著的成果。近年来，由于技术的进步，许多3D打印技术已经开始采用更先进的方法，如多射流熔融技术和复合3D打印技术。这些技术都具有较低的成本和较快的生产速度。

（3）加大金属3D打印技术研发投入

由于科技的进步，金属增材制造工艺正朝着优质、可靠、经济、可扩展、可重复使用等多项特点迈进，以期达到生产出具有良好可靠性、可重复使用的各种功能零部件。研究表明，除了将现有较为成熟的粉末床选区熔化技术、定向能量沉积技术、电弧增材制造技术等结合实际工程化应用经验及材料、粉末、智能化控制软件等克服缺陷、提升优势外，还需要探索更多的创新方法，比如采用增强型和改性型的复合加固和3D打印技术，从而更好地满足市场需求。

9.2.3　3D打印前沿技术发展态势

3D打印是我国先进制造的重点方向，国家密集的政策推动行业稳步发展。3D打印技术在诸多领域稳步拓展应用，从早期的航空航天等高端制造领域逐步拓展至多个领域。围绕市场需求，业界和学界开展了大量的研究探索。其中，通过学术论文的计量分析可以发现面向市场和社会需求的3D打印领域的研究热点；通过专利计量分析能够窥探出3D打印的技术竞争热点。综上分析可见，3D打印前沿技术热点呈现如下态势。

（1）从技术需求态势看

以3D打印机械性能为中心、以3D打印微观结构为中心、以3D打印立体照相为中心以及以3D打印粉末床熔融为中心的四大研究方向，是对当前市场和社会发展来说重要的技术需求领域。

（2）从市场技术竞争态势看

3D打印的智能制造应用实践开始逐渐涌现，随着3D打印材料（例如塑料、金属、陶瓷甚至有机电池）的不断发展，3D打印技术将由现阶段主要用于芯片制造，向用于工具、能源、时尚、电子、建筑和工业领域等智能制造其他行业发展。

9.3 3D打印前沿技术创新监测

9.3.1 国内3D打印前沿技术创新监测

9.3.1.1 政策布局监测

自2012年以来，国家各部委不断出台相关政策，旨在促进3D打印产业的发展，包括产业化、发展目标、应用领域、技术进步和标准制定。这些举措旨在推动3D打印产业的发展，并为消费者提供更加便捷的服务。2021年6月，3D打印行业标准已被纳入国家企业标准"领跑者"重点领域。

（1）2015年国务院发布《中国制造2025》

《中国制造2025》将围绕重点行业转型升级和新一代信息技术、智能制造增材制造、新材料、生物医药等领域创新发展的重大共性需求，形成一批制造业创新中心。

（2）2016年发布《国务院办公厅关于促进和规范健康医疗大数据应用发展的指导意见》《"十三五"国家战略性新兴产业发展规划》

《国务院办公厅关于促进和规范健康医疗大数据应用发展的指导意见》中支持研发健康医疗相关的人工智能技术生物三维（3D）打印技术、医用机器人、大型医疗设备、健康和康复辅助器械、可穿戴设备以及相关微型传感器件。同年，国务院发布《"十三五"国家战略性新兴产业发展规划》，指出研发节能挤压、高效干燥、连续焙烤、3D打印等关键装备。

（3）2017年发布《外商投资产业指导目录》《国家技术转移体系建设方案》

国家发展和改革委员会、商务部于2017年6月28日发布《外商投资产业指导目录（2017年修订）》，鼓励外商投资3D打印设备关键零部件研发与制造。同年9月，国务院发布了《国家技术转移体系建设方案》，提出依托开源软硬件、3D打印、网络制造等工具建立开放共享的创新平台，为技术概念验证、商业化开发等技术转移活动提供服务支撑。

（4）2021年发布《国家智能制造标准体系建设指南（2021）》《"十四五"智能制造发展规划》

《国家智能制造标准体系建设指南（2021）》明确提出建立增材制造装备标准，主要包括模型数据质量及处理要求，工艺知识库的建立和分类，数据字典编码要求等。同年12月，工信部、发改委等8部门发布了《"十四五"智能制造发展规划》，提出加强关键核心技术攻关，开发应用增材制造、超精密加工等先进工艺技术。

（5）2022年，政府发布了《工业领域碳达峰实施方案》和《首批增材制造典型应用场景名单的公示》，以促进可持续发展，实现碳排放减少

工信部、发改委、生态环境部联合发布《"十四五"智能制造发展规划》，系统指导加快增材制造、柔性成型、特种材料、无损检测等关键再制造技术创新与产业化应用。同年8月，工信部发布《首批增材制造典型应用场景名单》，公示了拟入选的增材制造典型应用场景名单，其中涵盖了工业、医药、建设和文化四大行业。

表9-1 我国3D打印政策规划

时间	制定机构	政策规划名称
2015.5	国务院	《中国制造2025》
2016.6	国务院	《国务院办公厅关于促进和规范健康医疗大数据应用发展的指导意见》
2016.7	国务院	《"十三五"国家战略性新兴产业发展规划》
2017.6	发改委、商务部	《外商投资产业指导目录》
2017.9	国务院	《国家技术转移体系建设方案》
2018.11	国家统计局	《战略性新兴产业分类（2018）》
2020.8	国务院	《新时期促进集成电路产业和软件产业高质量发展的若干政策》
2021.11	工信部、国家标准化管理委员会	《国家智能制造标准体系建设指南（2021）》
2021.12	工信部、发改委等8部门	《"十四五"智能制造发展规划》
2022.3	工业和信息化部	《关于征集增材制造典型应用场景的函》
2022.7	工信部、发改委、生态环境部	《工业领域碳达峰实施方案》
2022.8	工业和信息化部	《首批增材制造典型应用场景名单》

9.3.1.2 国内技术创新发展态势监测

目前我国3D打印企业发展处在上升期，行业竞争相对不激烈，凭借我国相关政策驱动下企业端、研发端、资本端等齐力发展，我国3D打印行业将迎来发展热潮，市场竞争逐渐激烈。据中国增材制造产业联盟统计，2021年我国增材制造业的总营业额达到265亿元，近四年平均增长率约30%，超过了世界平均水准的约10%。2021年国内现有以增材制造为主营业务的上市公司已有22家。实力较为雄厚的有铂力特、先临三维、华曙高科等。我国3D打印区域特点：京津冀全国领先；长三角地区凭借良好的经济发展优势、区位条件基础，已初步形成全3D打印产业链发展形式；而华中地区以研发为主，以陕西、湖北为核心建立产业培育重地；珠三角地区则为3D打印应用服务的高地，主力分布在广州、深圳等地。

（1）国内3D打印仍处于发展早期，产业规模加速扩张

国内3D打印行业进入稳增长区间，预计2026年市场规模超千亿元。当前全球3D打印头部企业主要集中在美国，我国3D打印行业仍处于成长早期，2021年我国3D打印行业规模在全球占比约17%，国内多项专利通过申请但未投入具体应用，核心技术与尖端人才是制约我国当前3D打印产业发展的关键因素。我国高度重视增材制造产业发展，近年来，国内3D打印市场应用程度不断深化，在各行业均得到越来越广泛的应用。2017—2020年，中国3D打印产业规模呈逐年增长趋势，2020年中国3D打印产业规模为208亿元，同比增长32.06%。据前瞻产业研究院预测，预计2026年我国3D打印市场规模将超过1000亿元，2021—2026年复合增速20%以上。

（2）国内3D打印行业中，以增材制造设备与打印服务为主，竞争格局较为集中

根据机械工业信息研究院数据，2022年国内3D打印设备收入占比53.2%，服务占比26%，原材料占比12.4%，零部件占比5.9%。据中商产业研究院数据，我国3D打印设备市场CR5达到62%，但排名前五的企业中仅有联泰是中国企业，其余4家均为外资企业。2022年联泰在3D打印行业中市场占有率达到16.4%；华曙高科与铂力特凭借先进的技术优势和良好的产品质量，成为国内3D打印行业的核心企业，市占率分别为6.6%及4.9%，在国产金属打印领域具备领先优势。

9.3.1.3 国内技术创新布局特征

3D打印在我国相关政策驱动下，企业端、研发端、资本端等齐力发展，推动3D打印行业迎来发展热潮。据中国增材制造产业联盟统计，2021年我国增材制造业的总营业额达到265亿元，近四年平均增长率约30%，高出全球平均水平约10%。技术布局发展呈现以下特征：

（1）我国区域集聚态势明显

我国3D打印产业已基本形成以环渤海、长三角、珠三角为核心，以中西部部分地区为纽带的产业空间发展格局。其中，京津冀地区以北京、天津为中心，形成了完整的3D打印产业链；长三角地区凭借良好的经济发展优势和区位条件基础，已初步形成全产业链发展形式；珠三角地区则成为3D打印应用服务的高地。

（2）产业链不断完善

3D打印产业链涵盖了从原材料到设备的各个环节，从最初的设计到最终的应用，从上游的原材料到中游的耗材，再到下游的服务和应用。国内企业在这些领域均有所布局，且不断向高端领域拓展，产业链不断完善。

（3）高校和研究机构起主导作用

目前3D打印行业仍处于导入后期到成长初期的过渡阶段，技术竞争占据主导地位。国内以清华大学、西安交通大学等高校为代表的学院派经过长期的积累，掌握了3D打印的核心技术，并在国内3D打印行业中占据主导地位。

（4）应用领域不断拓展

随着3D打印技术的不断发展和成熟，其应用领域也在不断拓展。目前，国内3D打印技术已广泛应用于航空航天、汽车工业、医疗器械等领域，未来还有望在消费电子、教育科研、军事军工、建筑建造、服务型机器人等领域发挥更大作用。

9.3.2 国外3D打印前沿技术创新监测

9.3.2.1 政策布局监测

（1）美国

2012年，时任美国总统奥巴马多次在公开场合提及增材制造，并在《国情咨文》中将增材制造确定为国家重点方向之一。如今，10多年过去了，美国致力于重振制造业，喊出"Made in America"口号，而增材制造则逐渐成为其战略核心。作为世界强国，美国一直非常注重增材制造的发展，近年来发布了多项国家政策强化这一技术的发展地位。

2021年1月，美国国防部发布了首份《国防部增材制造战略》报告，将增材制造视为实现国防系统创新和现代化、支撑战备保障的强有力工具，致力于使增材制造成为广泛应用的主流制造技术。该报告明确了增材制造的未来发展愿景、战略目标和发展重点。为了进一步推进增材制造在国防部的使用，2021年6月，美国国防部研究与工程副部长办公室发布国防部5000.93指示文件《增材制造在国防部的使用》，就增材制造在国防部的实施和应用制定政策、明确责任并细化程序。

2022年5月，时任美国总统拜登宣布推出名为"增材制造推进（AM Forward）"的计划，旨在发动国家力量支持中小型企业发展增材制造及其相关技术，以及通过增材制造来强化制造业劳动力和美国本土供应链。该计划的首批参与者包括通用电气航空公司、雷神公司、西门子能源公司、洛克希德·马丁公司和霍尼韦尔公司。

（2）欧盟

2017年欧洲机床工业协会（CECIMO）发布《欧洲增材制造战略》，报告指出有必要重点投入的政策领域，同时也就如何更有效地实施增材制造做法给予了具体的指导。2021年增材制造行业技能战略联盟（SAM）明确了2030年前的应用需求及技术挑战，从消除增材制造技术差距的角度提出了目标和举措。欧盟对使用3D打印制造医疗设备设立了专门的立法，在COVID-19期间还发布了关于使用3D打印提供COVID-19救助的特别指南。事实上，疫情加速了相关方对3D打印的重视和实施。2020年3月，意大利一家初创企业Issinova依据欧盟COVID-19指南，利用3D打印制造呼吸阀，迅速满足了一家医院因需求暴增而出现的供应短缺问题。

（3）日本

随着日本政府的大力推进，日本工业4.0正在迅速发展，它的核心目标之一便是推进人工智能的发展，从根本上消除了劳动力的短缺，为未来的工业带来了强大的支撑。在这一过程中，许多企业都开始利用最新的科学技术来实现自主的智能化管理。本田集团是一家日本汽车行业龙头企业，它利用尖端的机械设备、无人搬运机、无人车间等先进技术，大幅度简化了生产流程，使得整个制造周期大大缩短，达到40%。此外，本田公司还利用创新的方法，将原本需要18道的焊接流程降低到9道，从而创造出全球最短的高级车辆制造流程。2014年，日本经济产业省将3D打印技术作为政策优先支持的领域，计划当年投资45亿日元，实施名为"以3D造型技术为核心的产品制造革命"的大规模研究开发项目，开发世界最高水平的金属粉末造型用3D打印机。

（4）韩国

韩国一直在稳步增加对增材制造（AM）的参与，特别是自2010年后，政府的"制造创新3.0"战略将增材制造置于重要位置。2014年，韩国多部门制订了一项3D打印10年计划，以支持该行业的发展。韩国科学技术信息通信部将2023年的研发投资目标提高到7000万美元，以鼓励3D打印发展，目前韩国拥有大约400家3D打印公司。韩国市场对高强度耐热工程塑料的需求量也在不断增长，这些材料可以替代电气/电子、汽车和机械行业的金属部件。特别是在快速发展的电动汽车行业，除了努力减轻重量外，为了应对环保法规，工程塑料的使用量也在大幅增加。在航空航天、汽车、国防、医疗和牙科等高附加值行业，对金属增材制造技术的需求也在不断增加，进一步扩大了相关市场的规模。

（5）俄罗斯

2021年7月，俄罗斯政府发布了《俄罗斯联邦至2030年增材制造发展战略》，旨在提升俄罗斯增材制造市场的竞争力，推动一批关键技术的发展，特别是生物组织、航空航天和核工业高精度产品的增材制造技术。此外，该战略还计划将俄罗斯增材制造市场规模扩大三倍以上，并为俄罗斯经济创新发展提供新动力。为此，该战略明确了俄罗斯增材制造行业的发展目标、优先方向、预期指标、实施阶段以及主要措施。

该战略首先对俄罗斯的市场现状进行了分析。在俄罗斯，增材制造行业的市场规模相对较小，但随着国家的政策扶持和产业链的不断完善，该领域的发展潜力巨大。2020年，俄罗斯增材制造市场规模为35.6亿卢布，从业人员数量为1456人，其中中小企业人员为496人。目前，该领域的发展主要集中在航空航天、医疗器械、汽车和工程制造等领域。

9.3.2.2 国外技术创新发展态势监测

3D打印作为增材制造的杰出代表，随着在打印精度、速度以及材料适用范围等方面技术的不断成熟，其发展潜力不断释放。从目前的时间节点来看，人工智能技术呈现出以下几个方面的发展趋势。

趋势一：3D打印产业迈入成长期，未来仍有较大发展潜力。近年来，3D打印逐渐从技术研发转向产业化应用，全球3D打印市场规模稳步提升。随着3D打印技术的发展，其下游领域不断扩展，同时也越来越多地应用于功能部件的直接制造环节。

趋势二：3D打印革新传统制造模式，或将与传统制造工艺相互融合、共同发展。与传统等材、减材制造相比，3D打印在小批量、复杂化、轻量化、定制化零部件制造中具有优势，同时有助于缩短新产品研发及实现周期、提高产品性能、实现制造模式优化。业界认为，3D打印和传统制造工艺并非相互替代关系，而有望相互融合、共同发展，从而提升工业制造水平。

趋势三：3D打印助力消费电子行业创新加速、性能提升和复杂结构实现。消费电子产品更新迭代快，加工方式需要综合考虑技术成熟度和可靠性、加工精度、批量生产经济性等。基于3D打印工艺优势，其已率先在消费电子产品设计研发、原型制造、模具成型环节实现应用。2023年9月，苹果首次将钛合金材料应用于手机中框（iPhone 15 Pro系列），钛合金作为3C产品理想材料，未来或在苹果示范效应下在消费电子行业加快渗透，但加工难度大、应用成本高等问题是当前主要限制因素。专家认为，3D打印有望解决钛合金加工痛点，或是未来重要解决方案。随着消费电子产品"含钛量"提升、3D打印应用持续拓展，或将提振消费者换机热情、拉动终端品牌新机销售；此外，具有3D打印技术积累、CNC加工能力较强的精密制造厂商也有望受益。

9.3.2.3 国外技术创新布局特征

2023年9月19日，欧洲专利局（EPO）发布《增材制造创新态势报告》（Innovation Trends In Additive Manufacturing），利用专利数据揭示增材制造（又称3D打印）技术领域的创新，从而为塑造未来自动机械加工的力量提供早期指导，这些数据也对了解自动机械加工的进展和确定推动技术进步的主要参与者至关重要。报告显示，3D打印领域创新在过去十年中激增；3D打印市场变得更加多样化，以前的主要参与者是成熟的工程公司，现在许多初创企业和专业的增材制造公司也加入其中。国外技术布局呈现以下特征：

（1）3D打印已在卫生、医疗和交通领域取得较大发展

长期以来，3D打印在原型制造方面发挥了重要作用，而目前它在大规模订制甚至批量生产的可行性方面也在不断进步。3D打印在保健、医疗和运输（包括航空航天和汽车）等行业获得了显著发展。在健康和医疗领域，因3D打印在病人专用植入物、解剖模型和牙科应用方面具有特别的优势，仅在2001至2020年间就公布了约10 000项与3D打印相关的国际专利家族（IPFs）专利申请。运输业领域也公布了7000多项IPFs。此外，时尚、电子、建筑甚至食品等行业也出现了有价值的应用。

（2）欧美国家正在引领3D打印创新

欧洲和美国正在引领全球3D打印的创新竞争。美国位居榜首，2001至2020年间，3D打印IPFs占总量的39.8%。欧盟国家和欧洲专利局成员国紧随其后，占32.9%。日本占所有3D打印IPFs的13.9%，中国和韩国分别占3.7%和3.1%。在欧洲，德国的贡献最大，占欧洲份额的41%，法国（12%）位居第二。

（3）推动3D打印的创新主体丰富且多元

首先，美国、欧洲和日本企业处于创新领先地位。2001至2020年间，3D打印创新领域专利申请排名前20位的申请者包括6家美国公司、7家欧洲公司、6家日本公司和1家韩国公司，其中排名前3的依次是通用电气、雷神技术和惠普；西门子排名第四，拥有近1000项IPFs，是欧洲实力最强的公司。尽管排名靠前的申请者主要来自大型国际公司，但几家老牌3D打印公司和新兴初创公司专利申请排名也居于前列，可见积极推动3D打印创新的企业主体比较丰富且多样。其次，大学和公共研究机构参与度较高。在3D打印技术领域，大学和公共研究机构作为申请人的比例高达12%，表明其在推动该领域发展方面发挥了重要作用，但其在不同3D打印应用领域的参与情况各不相同，在健康和医疗相关的应用领域贡献较大。大学和公共研究机构的参与不仅丰富了知识库，还促进了材

料、工艺和3D打印领域应用的突破性进展，并为具有高增长潜力的初创技术奠定了基础。

9.4　3D打印技术发展挑战与建议

3D打印技术虽然已在工业、医疗、交通运输等领域广泛应用，但作为一种新兴制造技术，它仍面临数据安全、知识产权、技术标准和材料选择等方面的挑战。近年来，中国3D打印技术进步显著，尤其是在智能制造方面，尽管中国拥有众多的技术专利和学术论文等研究成果，但国内3D打印产业的技术水平还存在着一定的不足。中国产业应用主要集中于某几个行业，技术研发应用面较窄。结合近年来全球3D打印技术发展动态，为贯彻落实新发展理念，进一步加快我国3D打印技术创新，提出以下建议：

（1）加大技术政策支持

为了促进3D打印技术的发展，政府应该制定更严格的规范条例，并组建一个专门的技术小组来监督市场，及时发现技术缺陷和专利侵权等问题。此外，应该根据当地的工业发展情况和3D打印技术的进步，制定一份最适合当地技术发展的法规文件。

（2）培养3D打印相关人才

加大3D打印技术研发的投入力度，划拨专门款项，高薪聘请省内外或者国内外相关技术高端人才，在高校增加相应课程和建立3D打印相关实验室，加大研究力度和人才培养力度。应该把3D打印作为一项重要的教育任务，努力培养出具备高超技能的专业人才，以弥补人才短缺的问题。

（3）完善行业规范机制

3D打印技术因工具、冲模、固定装置和夹具等类似产品的开发难度较小，所以尝试进行产品逆向工程设计的竞争者会对某些热门产品进行模仿研发。需要大力研究行业规则和运行方式，完善行业规范机制，建立一套严格的3D打印技术的质量管理体系，并且建立一个有效的3D打印生产流程，从而最大限度地保护企业的知识产权及其他相关技术的合法性。为了促进3D打印技术的持续进步，各地应当积极参与，建设3D打印技术工业联盟，加强对3D打印技术的支持，推动该领域的规范化管理，提升产业的核心竞争力。同样，各有关部门也应当根据3D打印技术的实际情况，出台有效的规章和指南。

（4）制造企业要灵活运用3D打印技术

企业应当充分利用3D打印技术，拓宽其应用领域，以满足不同的生产需求。通过不断提升制造水平，在传统的制造平台上，积极开发和应用3D打印技术，不断提高效率，实现可持续发展。

第10章

传感器前沿技术识别与动态监测

传感器是能感受到被测量的信息，并能将感受到的信息，按一定规律变换成为电信号或其他所需形式的信息输出，以满足信息的传输、处理、存储、显示、记录和控制等要求的检测装置。传感器行业产业链包括上游原材料及零部件制造、中游传感器制造和下游应用领域。上游原材料及零部件制造主要包括半导体材料、陶瓷材料、高分子材料等。下游应用领域包括智能家居、工业自动化、医疗设备、汽车电子、环境监测等。全球传感器市场规模不断扩大，尤其是随着物联网、智能家居、工业自动化等领域的快速发展，传感器市场需求持续增长。根据Statista，2022年全球市场规模为2512.9亿美元（约1.79万亿人民币）。华经产业研究院数据显示，2022年中国传感器市场规模为3096.9亿元，2019—2022年年均复合增长率为12.26%。从细分市场来看，汽车电子领域市场规模529亿人民币，占比为24%；工业领域市场规模462亿人民币，占比为21%；网络通信领域市场规模460亿人民币，占比为21%；消费类产品领域市场规模322亿人民币，占比为15%。随着传感器行业的不断发展，产业链上下游不断完善，为传感器行业提供了更加稳定的市场环境和良好的发展前景。

传感器作为智能制造的核心设备，在工业自动化过程中发挥着重要作用。在工业自动化过程中，通过传感器提供的实时监测数据，辅助生产过程的控制和分析，研判生产过程存在的任何异常，提高工艺效率和产品质量，实现高效、最佳的工业自动化生产流程。传感器与高端芯片、工业软件一起被称为拓展和征战数字世界疆域的三大"利剑"，是衡量一国数字化竞争力的关键产品，是赢得数字时代战略竞争的杀手锏。当前我国正在加快数字化转型、推进数字中国建设，传感器产业已经成为支撑万物互联、万物智能的基础产业，各领域数字化转型进程和深度跟传感器产业技术创新水平、产品供给能力等因素息息相关，但国内较多领域传感器技术产品对外依存度较大，部分领域传感器技术产品供应商选择非常受限，面临重大信息安全科技发展隐患，应引起国内相关部门重视。

10.1 传感器前沿技术简述

传感器（Sensor）起源于美国宇航局宇宙飞船的开发研制，基于智能制造的传感器能提供受控量或待感知量大小且能典型简化。随着工业4.0概念的不断渗透，传感器已然成为制造业大国发展战略上不可或缺的关键要素，传感器及围绕其构建的监测、检测技术是物联网感知层的核心环节。在工业大国大力发展传感器领域的背景下，采用WOS（Web of Science）数据库与incoPat专利数据库进行传感器领域数据检索，进而识别该领域的前沿技术。

10.2 基于文献计量分析的传感器前沿技术识别

10.2.1 基于论文计量分析的传感器前沿技术识别

基于科技论文数据，采用文献计量和内容分析方法，利用Histcite、VOS viewer等工具，对传感器领域前沿技术的研究进展跟踪监测。

10.2.1.1 数据来源

利用WOS数据库进行文献获取，借鉴已有对该领域发展态势研究的检索方式制定检索策略。其中，高被引论文通常代表着高学术水平与影响力的重要成果，在WOS中表现为被引频次TOP10%的论文。本文将近十年被引频次TOP10%的论文定义为该领域基础研究的前沿技术，从论文角度识别该领域前沿技术。

为确保样本数据的质量及权威性，基于科睿唯安Web of Science核心数据库，通过以主题词与发表日期限制构建传感器领域检索策略，将文献的类型限定为"论文""综述论文""会议录论文"，时间跨度为2014—2023年，得到3.5万余篇文献，检索时间为2024年1月。利用Histcite、VOSviewer等工具，对该重点领域前沿技术的研究进行数据挖掘。

10.2.1.2 论文增长态势及分布

根据本研究的检索策略，截至2023年12月，Web of Science核心合集中近十年共收录全球传感器领域相关研究论文35 280篇，发文年度变化趋势如图10-1所示。整体发文量呈现稳定的上升趋势，从2014年的1672篇增至2022年的5802篇，这直观地说明了"传感器"领域近年来迎来了研究与发展的热潮。但2023年发文量略有下降，相较于2022年下降12.3%，可能跟数据库收录延迟有关。基于论文产出的整体趋势来看，未来传感器研究领域的论文产出数量可能呈现增长或震荡趋势。从行业发展角度来看，智能制造领域、传感器领域仍然是学界和业界的研究热点。

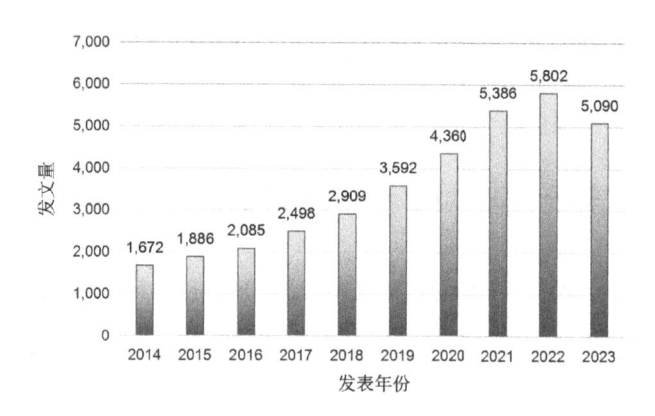

图10-1 传感器领域论文发文量年度变化趋势

对传感器领域国家／地区的发文量进行统计可知，该领域的论文广泛分布在151个国家或地区。图10-2显示了发文量前十名的重点国家／地区，总体可分为两大梯度：①第一梯度为中、美。位居首位的是中国，其发文量占总量的25.5%，其次为美国（占总发文量19.7%），中美两国的传感器研究遥遥领先于其他国家／地区，二者相加几乎占据总发文量的一半。由此可见中美在传感器领域前沿技术研究方面具有绝对优势。②第二梯度包括德国、英国、意大利、韩国、印度、西班牙、法国、加拿大。虽与第一梯度发文量差距较大，但占据总发文量的3.4%—6.7%，说明第二梯度的国家／地区在该领域前沿技术的研究也具备较强的实力。

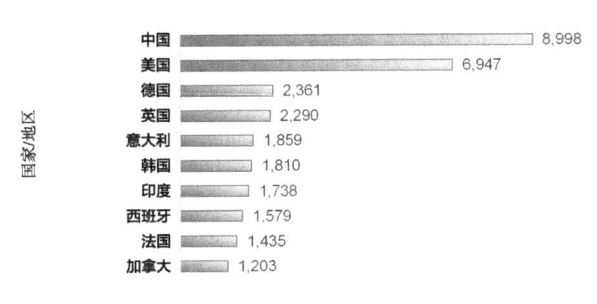

图10-2　传感器领域发文重点国家/地区分布

10.2.1.3　前沿技术热点分析

通过高频关键词分析可从一定程度上表征该学科领域的研究主题，揭示某一时间段内的研究热点。由于"additive manufacturing"、"3D printing"和"sensors"与其他关键词极差较大，因此将其隐藏以更好地在词云图中呈现其他关键词。统计论文关键词可知（图10-3），高频关键词主要包括machine learning（机器学习）、deep learning（深度学习）、artificial intelligence（人工智能）、process monitoring（过程监测）、COVID-19（新型冠状病毒肺炎）、feature extraction（特征提取），可见这些主题是该领域近年来备受关注的研究问题。

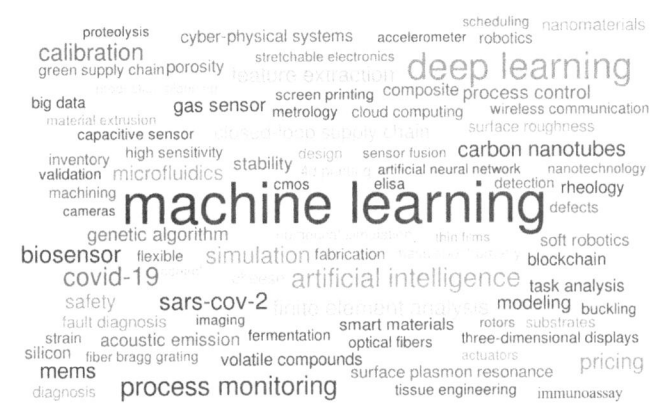

图10-3　传感器领域前沿技术研究关键词词云图（关键词词频TOP200）

将传感器前沿技术研究中高被引（被引频次前10%）论文导入VOSviewer进行关键词共现分析（图10-4），该领域近年来的研究热点主要包括以3D打印

（增材制造）为中心、以机器学习为中心、以微观结构为中心以及以物联网为中心的四大研究方向。

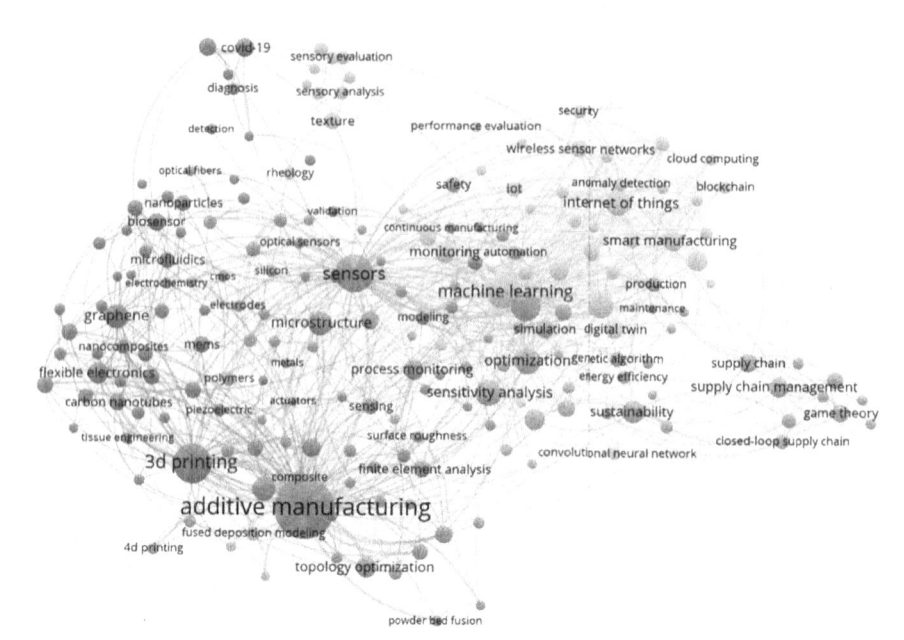

图10-4　传感器领域前沿技术研究关键词共现网络（关键词词频TOP200）

研究表明，基于论文的传感器前沿技术研究包括四大热点方向：

（1）以3D打印（增材制造）为中心的研究

3D打印传感器具有明显的优势，包括成本更低、制造速度快和精度高。3D打印技术与传感器的融合在各个领域，特别是工业生产中发挥着至关重要的作用。主要的研究方向包括：利用3D打印技术，定制适应不同的生产环境和设备的传感器；利用3D打印技术，可以制造复杂的结构和形状，使传感器能够更好地适应不同的制造场景；3D打印技术使得传感器能够嵌入到制造件的结构中，实现对于零部件状态和性能的实时监测；利用3D打印技术，可以制造智能传感器节点，构建传感器网络以实现实时数据采集和协同工作，从而优化制造过程。

（2）以机器学习为中心的研究

机器学习（ML）算法已被广泛报道，对收集到的柔性传感器的原始数据进行更复杂和全面的分析，以有效地提取有用的信息，远远超出传统方法的可解释性。

（3）以微观结构为中心的研究

基于微结构的柔性压力传感器具有灵敏度高、应变范围宽、成本低、功耗低、响应速度快等优势，在电子皮肤和柔性可穿戴设备等方面发挥重要作用。由于微观结构的硬化，微观结构逐渐抵抗导致信号饱和的增加的负载，这意味着传感器在信号线性和传感范围方面的性能较差。将金字塔、砂纸状结构、半球形阵列、微脊阵列等微结构引入柔性压电容传感器中，能够有效提高传感器的灵敏度。

（4）以物联网为中心的研究

传感器是整个物联网系统工作的基础，正是因为有了传感器，物联网系统才有内容传递给"大脑"。物联网场景中，传感器无处不在，是物联网不可或缺的一部分，主要的研究方向包括：带边缘计算能力的节能／超低功耗传感器、智能传感器、虚拟传感器和软传感器。

10.2.2　基于专利分析的传感器前沿技术识别

基于全球专利数据库incoPat中的专利信息，分析传感器前沿技术的技术研发态势，具体包括数据来源、检索策略、技术研发趋势、国家／地区分布、技术热点。

10.2.2.1　数据来源

智能制造是传感器的典型应用之一，体现在数控机床、高端装备行业的设备运维与健康管理环节等方面，其中专利申请时间越晚代表这项专利技术的前沿程度越高。采用incoPat内置算法能够较好地识别该领域所属技术类别，筛选被引证次数较高的专利并对专利信息进行聚类，能够在一定程度上反映该领域的前沿技术热点。本文将近五年被引证次数前10 000篇的专利定义为该领域基础研究的前沿技术，从专利角度识别该领域前沿技术。

本节基于全球专利数据库incoPat，以"传感器"为关键词，将专利检索限定在"制造"领域，时间限定为2014—2023年。共检索到相关专利716 636件，合并申请号剩余580 478件。

10.2.2.2 专利申请态势及分布

图10-5是2018—2023年传感器领域相关专利申请和公开数量。从图中可以看出全球专利申请量从2018—2021年逐年递增，但从2021年开始，专利申请量逐年下降。2018—2021年专利公开数量呈现增长趋势，但2022年前增速较高。2023年专利公开数量首次呈现下降趋势，说明专利技术的持有人呈现集中的趋势。

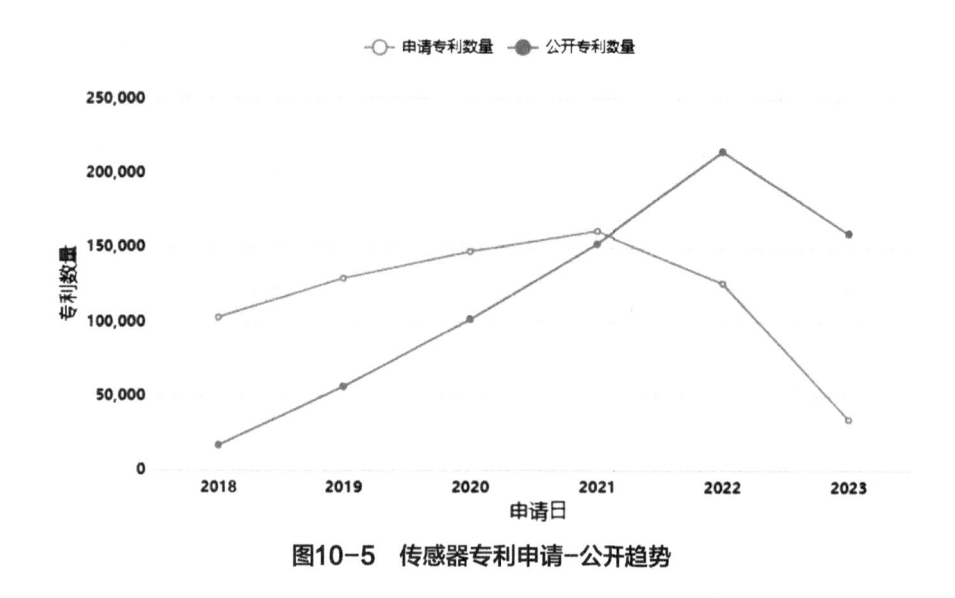

图10-5 传感器专利申请-公开趋势

图10-6展示了近年来专利公开的主要国家／地区／机构（TOP10）。从专利公开数量上来说，中国近年来在传感器领域专利公开数量最多，其次分别为美国、世界知识产权组织。从中国、美国、世界知识产权组织三个国家／机构的申请趋势上看，世界知识产权组织从2018年开始专利公开呈下降趋势，美国从2017年专利公开数量开始下降，而中国自2018年开始专利公开数量呈现下降趋势，尤其是2023年专利公开数量为近十年最低。说明传感器技术研发的主力国家近年来都减少了在传感器领域的专利申请，传感器技术已在市场被实际应用。

第10章 传感器前沿技术识别与动态监测

传感器专利全球申请趋势数据：

专利公开国家/地区/机构	2014	2015	2016	2017	2018	2019	2020	2021	2022	2023
中国大陆	22349	28393	33506	35723	38391	34719	35175	33600	27508	15533
美国	11687	11768	12510	12985	12399	12699	11434	8851	5647	2388
世界知识产权组织	6981	6729	6773	6783	6923	6808	5885	5591	4912	1943
韩国	8640	8721	7712	7934	7103	6520	6260	5047	2353	569
欧洲专利局(EPO)	7694	7845	7605	7105	6071	4715	3520	2368	984	231
日本	6496	6414	6553	6219	6262	5052	3826	3264	1684	566
德国	2458	2383	2379	2129	2111	1931	1804	1506	897	142
中国台湾	2164	1963	2050	2027	1769	1527	1400	1019	543	131
印度	611	612	645	851	889	810	1012	1432	1962	835
加拿大	1289	1287	1193	1107	1140	1071	924	823	430	32

图10-6 传感器专利全球申请趋势

在incoPat中针对机构存在简称和全称混用、同一机构下的研究所未合并、公司名称/机构的不同书写格式、中英文名称不同等进行清洗，清洗后得到专利TOP20申请机构如图10-7所示。

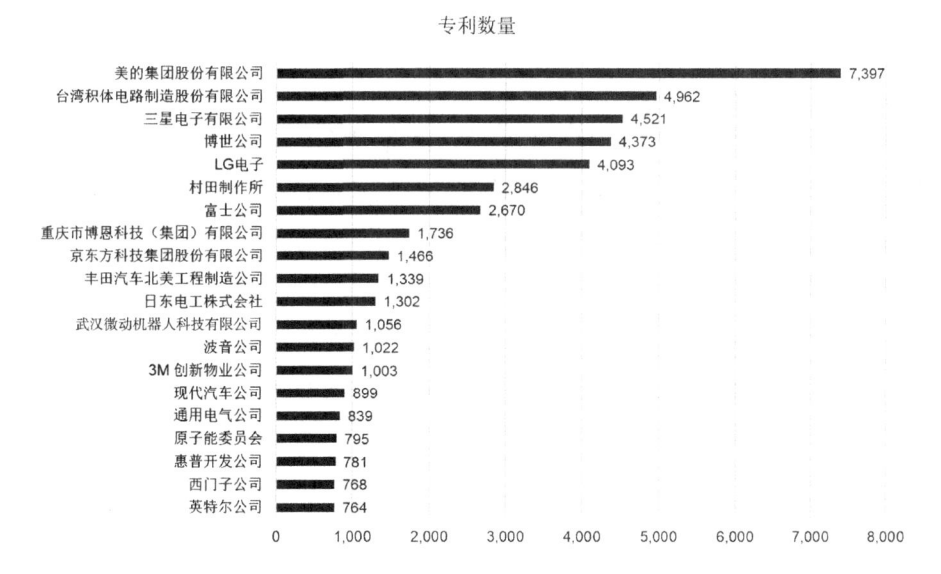

专利数量 TOP20：

机构	专利数量
美的集团股份有限公司	7,397
台湾积体电路制造股份有限公司	4,962
三星电子有限公司	4,521
博世公司	4,373
LG电子	4,093
村田制作所	2,846
富士公司	2,670
重庆市博恩科技（集团）有限公司	1,736
京东方科技集团股份有限公司	1,466
丰田汽车北美工程制造公司	1,339
日东电工株式会社	1,302
武汉傲微动机器人科技有限公司	1,056
波音公司	1,022
3M创新物业公司	1,003
现代汽车公司	899
通用电气公司	839
原子能委员会	795
惠普开发公司	781
西门子公司	768
英特尔公司	764

图10-7 传感器领域专利申请TOP20机构

专利申请量排名前20的申请机构分别来自美国（6个）、中国（5个）、日本（4个）、韩国（3个）、德国（2个）。值得注意的是专利申请量排名前20的机构都是公司企业，说明传感器的产业应用布局为公司企业的主要布局方向，美国、中国、日本在传感器专利获取上占有明显的技术优势，专利布局公司的类型多为机械制造公司。

中国是近年来传感器领域专利技术申请量第一的国家，我国当前主要申请传感器专利的公司有美的集团股份有限公司、台湾积体电路制造股份有限公司、重庆市博恩科技（集团）有限公司、京东方科技集团股份有限公司和武汉微动机器人科技有限公司。其中美的集团股份有限公司2014—2023年申请传感器专利共计7397件，但专利申请数量呈现逐年下降趋势。美的是一家覆盖智能家居、楼宇科技、工业技术、机器人与自动化和数字化创新业务五大业务板块的全球化科技集团。台湾积体电路制造股份有限公司2014—2023年申请传感器专利共计4962件，2019年申请专利数量到达峰值，随后呈现锐减趋势。台湾积体电路制造股份有限公司迎合了计算机、通信和消费电子细分市场，主要从事设计、制造、封装、测试、销售和市场营销的集成电路和其他半导体器件。京东方科技集团股份有限公司2014—2023年申请传感器专利共计1466件，2019年申请专利数量到达峰值。重庆市博恩科技（集团）有限公司是一家环境保护与食品安全投资服务提供商，致力于寻找环境保护与食品安全领域内世界级的技术，推动该技术成果转化，投资有"沙变土"、聚立信生物农药、"呼风唤雨·铁塔除雾霾"、覆膜新材料、重金属土壤治理等项目及技术。京东方科技集团股份有限公司致力于推动IoT技术的进步，通过MLED、MLED、智能医疗等多种方式，不断开拓出更多的可能性，并且在半导体显示、传感器、MLED、智能医疗等方面取得重大突破，建立起一套完整的"1+4+N+生态链"业务框架。武汉微动机器人科技有限公司是一家主要产品涉及自动检测、自动装配、自动焊装、自动涂装、自动输送等成套自动化生产线的高新技术企业。光机电一体化多学科高度交叉融合，广泛应用于航天航空、汽车制造、工程机械、物流仓储、家电电子等行业。美的集团股份有限公司、台湾积体电路制造股份有限公司、重庆市博恩科技（集团）有限公司、京东方科技集团股份有限公司和武汉微动机器人科技有限公司，专利价值度≥9的专利均超过10 598件。

美国是国际传感器领域的带头人，当前主要的传感器技术公司为波音公司、3M公司、通用电气公司、原子能委员会、惠普有限公司和英特尔公司，均为制造业公司。其中波音公司被誉为全球顶尖的航空公司，它不仅拥有众多的航空技术，如旋翼飞行器、电子设备与防护体系、导弹、运载火箭、发动机，还有领先的信号传递与通信技术。3M公司不断地创新，提供了超过6万种优秀的产品，覆盖了日常生活消费品、车辆、住宅、航空、交通、培训、电气、通信等多种行业，为消费者带来更多的便利与服务。通用电气公司在六大行业中占据着重要地位，分别是：基础设施、商务金融、消费者服务、医学、科学和娱乐、工程。该公司的产品覆盖了航空发动机、电力系统、污水净化和安全防护。原子能委员会负责监督反应堆的安全和安保、放射性核素安全许可证颁发和乏燃料管理，乏燃料管理包括贮存、安全、回收和处置。惠普有限公司产品涵盖智能手表、电脑、传真等多个领域，致力于提供企业级应用管理、运维管理、大数据以及企业安全管理等产品和解决方案。英特尔公司的业务范围包括客户端计算、数据中心组、物联网、非易失性存储解决方案、可编程解决方案等，主要从事计算机产品和技术的设计、制造和销售。

日本在传感器技术方面也处于世界领先地位，且其更关注的领域是产品的生产和应用方面，而非前沿的理论技术研究。其主要的传感器技术公司有村田制作所、富士公司、丰田汽车公司和日东电工株式会社。村田制造所更是世界上最具影响力的电子产品零部件供应商，其产品遍及PC、智能电子、汽车电子等多个行业。富士公司主营业务包括数码相机、影像、医疗、印刷、高性能材料、光学元器件等。丰田汽车公司产品范围涉及汽车、钢铁、机床、农药、电子、纺织机械、纤维织品、家庭日用品、化工、化学、建筑机械及建筑业等。日东电工株式会社则是一家专注于生产柔性电路板（FPC）和偏振光片的企业。

韩国较为有实力的传感器企业有三星电子有限公司、LG电子和现代汽车公司。三星电子有限公司拥有79家子公司，其经营范围涵盖电子产品、机械、重工、化学、金融以及物流等多个行业。LG电子的主营业务是数码、通信等电子设备。2022年该公司盈利最大的业务来自于高阶生活家电和车用零件，其在生活家电业务上一直致力于高阶产品生产，并积极开展AI智控业务。由于经营不善，该公司于2021年7月31日全面退出手机市场。现代汽车公司业务范围涵盖零部件生产/销售、汽车电子、二手车、物流等，正在逐步形成完整的产业链条。

德国也是国际传感器领域的带头人，其主要的传感器技术公司有博世公司和西门子公司，都是世界领先的传感器科技公司。博世公司的业务范围涵盖了工业技术、能源、汽油系统、汽车电子驱动、汽车底盘控制系统、柴油系统、电动工具、家用电器、起动机与发电机、传动与控制技术和建筑技术等。西门子公司是一个着力于工业生产、基建、交通运输和医疗保健方面的科技服务公司，主要业务从更有效节约的厂房、更具弹性的供应商、更智能化的楼宇和设备，到更洁净、更安全的交通运输及领先的医疗系统。

总体来看，美国、中国、日本、韩国和德国五个国家正在全力推进传感器技术的研发工作。这一领域的关注点不仅体现在理论探索上，更体现在实际应用产品的开发上。目前，这些国家在传感器技术的研究和应用方面都取得了显著的进展。传感器技术目前广泛应用于多个领域，其中重点覆盖汽车制造、半导体制造、工业技术、机器人与自动化、数字化创新业务以及医疗健康领域。这种全球性的研发势头为传感器技术的未来发展奠定了坚实基础，有望在更多领域实现创新和应用。

10.2.2.3　专利技术热点分析

从专利申请的技术类别上看，传感器领域的技术类别相对较为稳定，主要以"H01L（半导体器件）""G01N（除免疫测定法以外包括酶或微生物的测量或试验）""G06F（数据处理）""B29C（塑料的成型或连接）""A61B（诊断、外科、鉴定）""G02B（光学元件、系统或仪器）""G01L（测量力、应力、转矩、功、机械功率、机械效率或流体压力）""G01B（长度、厚度或类似线性尺寸的计量）""A61K（医用、牙科用或梳妆用的配制品）""H04N（图像通信）"为主，但技术类别的占比有所变化。从2014—2023年，传感器领域专利技术申请类别以"H01L""G01N"为主，其中2017年是"H01L"技术的申请峰值，"G01N"的申请峰值是2018年（见图10-8），说明传感器领域的半导体器件和除免疫测定法以外包括酶或微生物的测量或试验的专利技术更加受到企业重视。

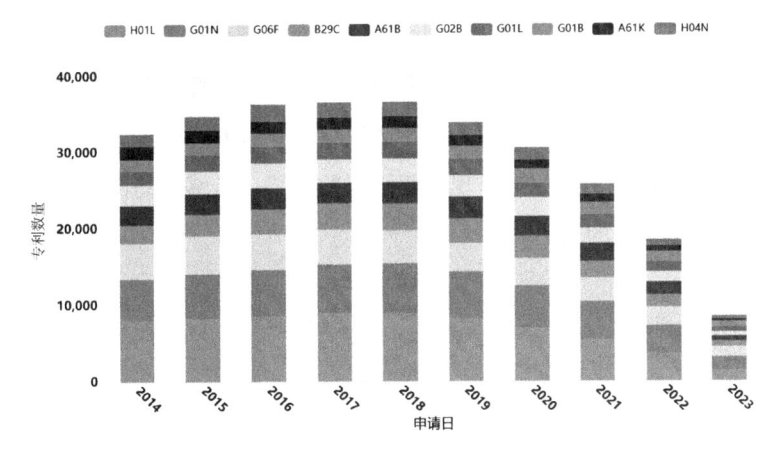

第 10 章 传感器前沿技术识别与动态监测   223

图10-8 传感器专利申请技术趋势

通过筛选被引证次数前10 000篇的专利，并对技术类型进行分析获得图10-9中的技术类别沙盘图。从图中可知当前传感器领域的主要技术热点涉及：气体传感器／黏合剂层／石墨烯、化合物／感光性树脂／固化膜、组件／柔性印刷电路板、MEMS／感测电极／触摸电极、烹饪器具／热管理／流动路径、磁共振信号／晶体管／电容传感器、光学传感器／透镜元件、生产线／工业机器人／控制系统、受试者／寡核苷酸／氨基酸序列、自主／移动设备／物联网。

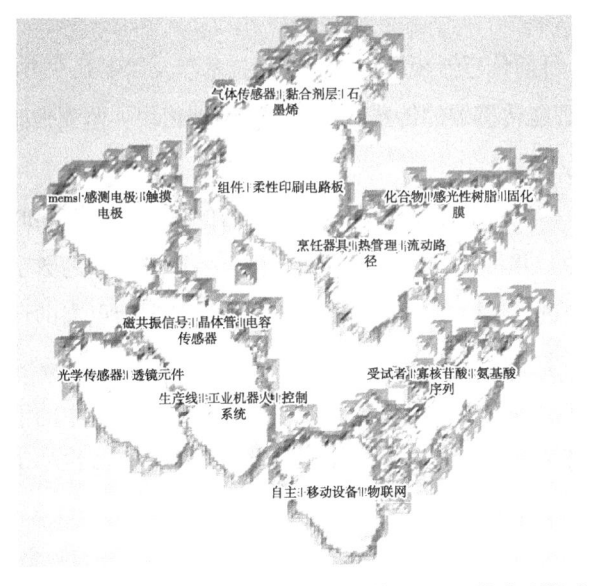

图10-9 传感器领域2014—2023年被引证前10 000的专利技术类别分布

从图10-10传感器专利申请技术功效上看，传感器领域技术功效比较稳定，以成本、复杂性和效率为主要类别，其中，传感器专利技术逐渐从成本向复杂性和效率转变。此外，技术成本的申请数量呈现先增加后减少的趋势，2016年申请数量最多，随后申请数量呈现逐年下降的趋势。传感器的便利性、稳定性和安全也一直是企业的关注对象。

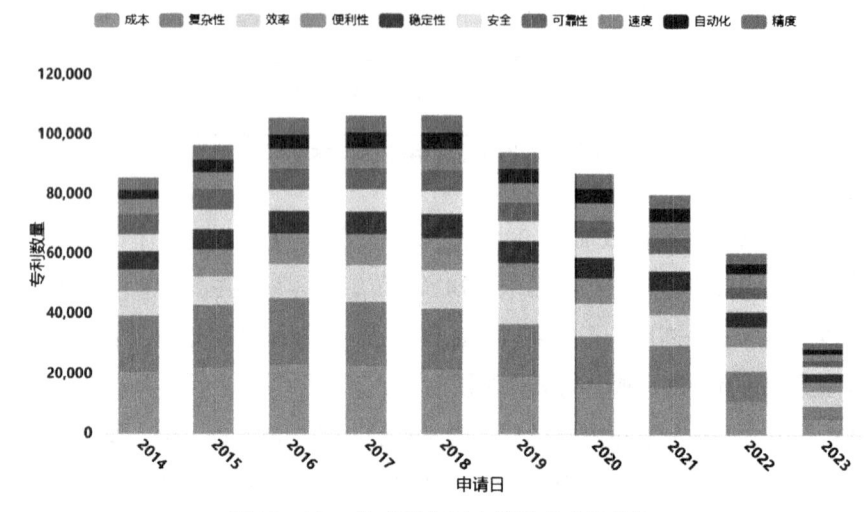

图10-10 传感器专利申请技术功效趋势

分析表明，目前传感器领域的专利前沿技术涉及以下几个方向：

（1）基于智能传感器的传感器组件、传感器模块、监测传感器、智能传感器、传感器单元

传感器是一种具备感知、计算和通信能力的设备，能够实时地感知环境中的物理量或事件，并将其转化为可用于分析、控制或通信的数字信号。传感器正变得越来越先进，关键的物联网传感器技术创新包括更高的计算能力和从多个离散传感元件检测信号的能力，业界将这些更先进的设备称为"智能传感器"。智能传感器不是简单地将传感器信号传递给价值链中的下一级，而是可以直接处理信号（例如，验证和解释数据、显示结果、运行特定的分析应用程序），通过这种方式传感器成为边缘设备。

（2）关于传感器变得更节能、功耗更低的相关技术

传感器使用可再生能源供电，如太阳能或风能，从而消除了更换电池或其他电源的需要。这一创新提高了物联网设备的可靠性和寿命，特别是那些部署在偏远或无法到达的地方的设备，这些设备需要能自我供电，有助于减少整个系统设置对环境的影响。在节能方面，新的传感器技术主要为超低功耗传感器、提高信噪比。

（3）数据特征的算法判断和决策处理功能

除了对原始传感数据进行再次校准和补偿，智能传感器还支持对原始数据进行特征提取，并基于数据特征实现更复杂的边缘计算模式，实现业务级的智能决策处理能力。比如，机械设备状态监测场景的智能传感器可以在边缘侧实现设备异常故障的识别，并在识别到设备故障后立即触发数据上报和更密集的数据采集模式。

（4）传感器集成化

传感器不断向精细化发展，其设计空间、生产成本和能耗预算都在日益紧缩，在大多应用领域中，为实现全面、准确感测事物和环境，往往需同步传感多种变量，要求在单一的传感设备上集成多种敏感元件、制成能检测多个参量的多功能组合，作为传感器主要解决方案，其特点为多个传感器硬件集成在一台设备中，各自独立工作并将原始数据直接传输至中央处理器进行决策，主体为硬件融合。这种使传感器呈现多种功能高度集成化和组合化是未来主要发展趋势之一。

10.2.3 传感器前沿技术发展态势

随着技术的进步，传感技术正迅速渗透到各个方面，从最初的智能家居到可穿戴装置，再到最近的工程技术，它不仅为我国的经济社会提供了强大的支撑，而且也为国防、科研、安全、航空、航天、航海、海洋、气象、地震、雷达等多个领域提供支持。其中，学术论文的计量分析可以发现面向市场和社会需求的传感器领域的研究热点，通过专利计量分析能够窥探出工业传感器的技术竞争热点。综上分析可见，传感器前沿技术热点呈现如下态势。

①从技术需求态势看，发展传感器的微型化技术，利用新原理、新效应、新技术推动众多新型下一代传感器产品的发展，以3D打印（增材制造）为中心、以机器学习为中心、以微观结构为中心以及以物联网为中心的研究，是当前市场和社会发展重要的技术需求领域。

②从市场技术竞争态势看，我国重点推进工业智能传感器智慧应用，提升工业惯性传感器、气体传感器稳定性与可靠性，突破多传感器数据融合处理关键技术，增强数控机床、工业机器人、制造装备等深度感知和智慧决策能力，持续提升智能传感器在工业领域的应用水平。

10.3 传感器前沿技术创新监测

10.3.1 国内传感器前沿技术创新监测

10.3.1.1 政策布局监测

近年来，随着物联网、移动互联网以及其他新兴科技的迅猛崛起，传感器作为这些科技的关键组成部分，受到越来越多的关注。为此，国家制定了多项有力的政策，以促进智能传感器的发展，其中包括大力投入基础理论、算法、设备材料的开发，以及实现更高效的应用。

（1）2015年国务院发布《中国制造2025》

《中国制造2025》将"集成电路及专用设备"作为新一代信息技术产业的重点突破口，列在需要大力推动的重点领域之首。提出着力提升集成电路设计水平，不断丰富知识产权（IP）核和设计工具，突破关系国家信息与网络安全及电子整机产业发展的核心通用芯片，提升国产芯片的应用适配能力的发展要求。

（2）2016年发布《"十三五"国家信息规划的通知》《工业强基工程实施指南（2016—2020年）》

在《"十三五"国家科技创新规划》中，国务院明确提出重点加强新型传感器的技术与器件的研发，并计划加强工业传感器技术在智能制造体系建设中的应用，提升工业传感器产业技术创新能力。同年，工信部发表《工业强基工程实施指南（2016—2020年）》提出"传感器一条龙应用计划"，旨在提高产品可靠性和稳定性，提升电子信息和通信领域传感器技术水平。

（3）2017年发布《智能传感器产业三年行动指南（2017—2019年）》《促进新一代传感器产业发展三年行动计划（2018—2020年）》

在《智能传感器产业三年行动指南（2017—2019年）》中，工信部鼓励推进智能传感器向中高端升级，面向消费电子、汽车电子、工业控制、健康医疗等重点行业领域发展。同年12月，工信部发表《促进新一代传感器产业发展三年行动计划（2018—2020年）》，计划传感器技术产品实现突破，设计、代工、封测技术达到国际水平，有利于行业的关键技术研发与产业化，优化企业发展环境，促进高端人才的培养。

（4）2021年发布《工业互联网创新发展行动计划（2021—2023年）》《基础电子元器件产业发展行动计划（2021—2023年）》《中华人民共和国国民经济和社会发展第十四个五年规划和2035年远景目标纲要》

《工业互联网创新发展行动计划（2021—2023年）》鼓励高校科研机构加强工业互联网基础理论研究，提升原始创新水平。鼓励信息技术与工业技术企业联合推进工业5G芯片／模组／网关、智能传感器、边缘操作系统等基础软硬件研发。在《基础电子元器件产业发展行动计划（2021—2023年）》中，工信部提出重点发展小型化、低功耗、集成化、高灵敏度的感测元件，温度、气体、位移、速度、光电、生化等类别的高端传感器。同年，全国人民代表大会通过《中华人民共和国国民经济和社会发展第十四个五年规划和2035年远景目标纲要》明确指出聚焦高端芯片、操作系统、传感器关键算法、传感器等关键领域。

（5）2022年发布《产业基础创新发展目录（2021年版）》《加快电力装备绿色低碳创新发展行动计划》

《产业基础创新发展目录（2021年版）》中列入了国内产业基础发展的核心产品和技术，涵盖压力、位移、加速度等多种传感器。同年8月，工信部发布《加快电力装备绿色低碳创新发展行动计划》，以此来贯彻落实中共中央、国务院关于减少温室气体排放的重要政策，促使我国的能源结构更趋于清洁、可持续，同时也有助于构筑一个更具可持续性的现代电网，以更好地满足人们的需求。

表10-1 我国传感器政策规划

时间	制定机构	政策规划名称
2015.5	国务院	《中国制造2025》
2016.7	国务院	《"十三五"国家科技创新规划》
2016.11	工业和信息化部	《工业强基工程实施指南（2016—2020年）》
2016.12	国务院	《"十三五"国家信息规划的通知》
2017.5	工业和信息化部	《智能传感器产业三年行动指南（2017—2019年）》
2017.12	工业和信息化部	《促进新一代传感器产业发展三年行动计划（2018—2020年）》
2019.8	发改委	《产业结构调整指导目录（2019年本）》
2019.12	工业和信息化部	《2019年工业强基重点产品、工艺"一条龙"应用计划示范企业和示范项目公示》
2020.9	发改委	《关于扩大战略性新兴产业投资 培育壮大新增长点增长极的指导意见》
2021.1	国务院、工业和信息化部	《工业互联网创新发展行动计划（2021—2023年）》
2021.1	工业和信息化部	《基础电子元器件产业发展行动计划（2021—2023年）》
2021.3	全国人民代表大会	《中华人民共和国国民经济和社会发展第十四个五年规划和2035年远景目标纲要》
2022.7	国家产业基础专家委员会	《产业基础创新发展目录（2021年版）》
2022.8	工业和信息化部	《加快电力装备绿色低碳创新发展行动计划》

10.3.1.2 国内技术创新发展态势监测

传感器经历了结构型到固定型，再到现在智能化的时代演进，智能传感器功能和性能也不断地得到提高和优化。随着新型敏感材料、芯片制造技术、加工工艺技术、工业技术等支撑传感器发展的技术不断进步，智能传感器更新迭代速度不断加快，新型传感器技术不断涌现。未来智能传感器将朝着微型化、集成化、融合化、智能化、无源化及低功耗等方向不断演进。

（1）国内智能传感器技术滞后，关键产品国产化率低

智能传感器行业具有技术壁垒较高、产业细分环节多而分散等特点，目前国内市场机遇主要来自下游新兴应用的强劲拉动。得益于国内应用需求的快速发展，我国已形成涵盖芯片设计、软件与数据处理算法、晶圆制造、封装测试等环节的初步的智能传感器产业链，但目前存在产业档次偏低、技术创新基础较弱、企业规模较小等问题。如部分企业引进国外元件进行加工，同质化较为严重；部分企业生产装备较为落后、工艺不稳定，导致产品指标分散、稳定性较差。总体来看，目前我国智能传感器技术和产品滞后于国外及产业需求，一方面表现为传感器在感知信息方面的落后；另一方面表现为传感器在网络化和智能化方面的落后。由于没有形成足够的规模化应用，导致国内多数传感器不仅技术水平较低，而且价格高，在市场上竞争力较弱。目前我国智能传感器产品主要以压力传感器、加速度计、硅麦克风等成熟产品为主，主要面向中低端市场，智能制造涉及的关键产品如智能光电、光纤传感器等，国产化率低于20%。同时由于晶圆制造对工艺及设备要求极高，投入资金巨大，国内绝大部分厂商为无晶圆厂（Fabless）。

（2）深科技创新驱动中国传感器科技产业的发展

智能传感器产业整体仍在起步阶段，下游应用市场广阔，极具发展潜力。以深圳地区为例，深圳产业总体呈现"小而精"的特点，根据智能传感行业协会数据，截至2022年底，深圳市智能传感器及产业链相关企业逾240家，其中包括上市公司12家、专精特新企业39家、国家级专精特新"小巨人"11家。在声学、压力、生物、激光雷达等多个细分领域涌现出一批具有强大研发实力和行业影响力的科技创新型企业。

10.3.1.3 国内技术创新布局特征

传感器的应用始终受到工业界的重视，它们的使用可以极大地改善生产流程，并且在当今的集成电路和新兴的科学技术的推动下已经进行了跨越式的演进，成为现代信息技术的三大支柱之一，也被认为是最具发展前景的高技术产业。正因此，全球各国都极为重视传感器制造行业的发展，投入了大量资源，

目前美国、欧洲从事传感器研究和生产的厂家均在1000家以上。在各国持续推动下，全球传感器市场保持快速增长。

（1）国家产业政策高度重视

随着我国制造业的快速发展升级，催生了巨大的智能传感器应用市场。但是，由于国内传感器生产企业起步较晚，厂商规模小，品牌和技术还与世界先进水平存在一定差距，导致应用于高端制造业的智能传感器市场主要依赖美国、日本、德国等国的国际厂商。近年来，国家相关部门发布一系列产业政策，不断加大对传感器产业发展的支持，智能传感器行业同样也受到政策利好，行业前景广阔。

（2）技术升级带动下游应用领域需求喷发

随着国家产业结构调整、高端制造业发展以及智能制造和工业物联网的推广，传感器在工业领域的应用呈现出新的技术发展特点。同时，得益于微电子元器件和芯片工艺技术进步，以前需要复杂系统和高成本的解决方案，现在可以用较为经济的方式实现，以白光共焦为例，其测量系统本身就是一台完整的微型光谱分析仪，而现在可以很方便地用集成化的方案实现模块化封装，逐渐可负担的解决方案成本使得下游应用领域需求出现喷发。

（3）通过提供多样化的应用场景，为行业创造了更大的市场机会

现在，智能传感技术被广泛应用于许多不同的行业，如消费品、汽车、制造、医学、通信。随着传感器和物联网技术的发展，应用场景将更加多元。传感器是重要的底层硬件之一，传感器收集的数据越丰富和精准，传感器的功能会越完善。随着联网节点的不断增长，对智能传感器数量和智能化程度的要求也不断提升。未来，智能家居、车联网、工业互联网、智能城市等新产业领域都将为智能传感器行业带来更广阔的市场空间。

10.3.2　国外传感器前沿技术创新监测

10.3.2.1　政策布局监测

（1）美国

20世纪80年代，美国开始大力投入传感器领域，并成立了国家技术小组

（BGT），协同政府、企业、高校多方资源，推进传感器技术发展。2004年美国国家科学基金会发布《传感器革命》，每年度财政投入69亿美元，加强对传感器基础技术的开发，2022年美国发布《关键和新兴技术清单》，将其作为一个核心任务，加强对传感器的数据处理及其相关的融合。同时，美国依托国家创新网络框架下的制造业创新研究院，推动工业智能传感器、可穿戴传感器、医疗传感器、成像传感器等新型传感器的应用研究，数据显示，世界科学仪表的前20强企业中，美国占了11家。

（2）欧洲

欧洲作为全球传感器行业的核心，其科学技术和产品创新水平处于世界前列。2021年，欧洲政府拨款1900万欧元，以支持10家具备相似竞争优势的企业联合开展下一代红外传感器的研究，以推动其技术和产品的不断进步。2023年，欧盟委员会在《欧盟芯片法案》批准了"欧洲共同利益重要项目"，将高达81亿欧元的资金投向56家关键公司（包括博世、意法半导体、英飞凌、欧司朗等20家传感器巨头）。德国作为微机电系统和传感器的领先者，2015年发布工业4.0战略，将加速度传感器、电子罗盘、气压传感器等定义为信息物理系统的核心组件。2020年，德国传感和测量技术协会发表了《传感器科技2022——让科技创新互联》的重要报道，强调了传感技术的重要性，并将它作为推动工厂生产、流程优化、汽车和电子产品技术创新发展的关键因素。

（3）日本

日本政府将传感器技术作为6项重要发展领域之一，在20世纪90年代的重点科学研究项目中，共设置了70个子课题，其中有18项与传感技术紧密相连。2013年，日本发布《打造全世界最先进的IT国家宣言》，提出2020年前利用传感器对日本20%的重要基础设施及老化基础设施进行检测和维修，对医疗护理及生活救助服务的相关传感器技术及机器人技术等进行开发验证与商用化。2018年，日本下一代传感器协会发布了《传感技术的普及与未来——智能社会×传感器2030》强调了发展智能传感器的重要性。2022年，日本与英国宣布将合作开发战机用的传感器技术。

（4）韩国

2022年12月，韩国相关部门联合发布《"新增长4.0战略"促进计划》

（简称《促进计划》），旨在激发新动能，解决国家层面的挑战性课题。所谓"4.0"是基于以农业、制造业、IT业为核心的前三代增长而言的，其目标是推进代表未来发展趋势的尖端领域。《促进计划》将重点部署三大战略方向：掌握新兴技术、研发和应用数字技术、抢占新兴市场，并将改善研发、金融、全球合作、人才培养、创新型监管等支撑体系。

（5）俄罗斯

2022年2月16日，俄罗斯经济发展部发布《俄罗斯和国外高新技术发展白皮书》。白皮书根据俄罗斯政府第一副总理安德烈·别洛乌索夫指示，由经济发展部与国立高等经济大学、国家技术创意中心、权威部委、头部企业联合拟定，对重要的高科技前沿领域进行深入探讨，包括：全球传感器网、物联网、5G网络、量子计算、量子通信、分布式账户、电力传输及其相关的智能化应用、电力储存及其相关的自动化设备以及未来的航空开发，分析了俄罗斯在上述领域与领先国家存在的差距、具备的优势和不足以及未来面临的风险。鉴于涉及国家机密，俄罗斯政府为大型企业确定的16个发展方向中的某些方向，包括新一代微电子与电子元件制造、量子传感器未被纳入白皮书。

10.3.2.2　国外技术创新发展态势监测

从目前的时间节点来看，未来智能传感器将朝着微型化、集成化、融合化、智能化、无源化及低功耗等方向发展。

趋势一：微型化和集成化。许多精密元件和零部件正在朝着微型化的方向发展，而智能传感器同样如此。通过增加集成度，缩减尺寸，可显著减轻制造过程中的负担，从而极大地改善产品的可靠性，使其具备良好的使用效果。MEMS技术经过四十多年的发展，已成为主流的传感器微型化、集成化技术之一。MEMS智能传感器由多个微型器件组合而成，它们能够在不影响传感器精度的前提下，提供更加便捷的操作，并且能够支持大量的应用要求。另外，它们还能够节约大部分的资源，提供更好的智能化解决方案，从而支持大量的应用要求。由于MEMS传感器技术的发展，其精确度达到微米级别，这大大提升了感应器的性能，并且拥有广阔的应用前景。根据最新的调查，目前80%的汽车领域都选择了MEMS感应器来进行检测和控制。尚普咨询集团数据显示，

2022年全球MEMS传感器市场规模达到255.4亿美元，预计2023年全年将达到281.7亿美元，2025年将达到340.7亿美元，年均复合增长率为9.4%。随着智能传感器尺寸的进一步缩小，MEMS将逐步向纳机电系统（NEMS）发展。

趋势二：融合化和智能化。随着设备智能化程度的不断提升，单个设备中搭载的传感器数量也逐渐增加，通过多传感器的融合及软件和算法的协同，提升了信号识别与收集的效果，也提高了智能设备器件的集成化程度，节约了内部空间。例如在惯性传感器领域，加速度计、陀螺仪和磁传感器呈现出集成化的趋势，融合了多功能的惯性传感器组合在消费电子和汽车领域的应用越来越广泛。例如先进驾驶辅助系统（ADAS）主要使用摄像机、毫米波雷达、全球定位系统（GPS）、惯性测量单元（IMU）、激光雷达、超声波和通信模块等多种传感器数据的融合来实现辅助驾驶的功能。未来，融合了传感器技术的新一代智能传感器将具有高度智能化和自主决策的能力。例如意法半导体在MEMS传感器中嵌入可编程智能传感器处理单元（SPU），使智能传感器能够感知、处理和采取行动，架起了技术与物理世界融合的桥梁。同时，为了能够面向场景实现更高程度的智能，新一代智能传感器供应商在某些应用方面可能需要面向客户提供联合标定、软件算法、相关功能的协助开发等服务。

趋势三：无源化。当前大多数无线传感器是通过电池供给能量，无法满足千亿互联、海量部署的场景要求，存在低碳环保要求不达标、极端环境部署受限、极低成本部署受限、终端尺寸受限等问题。如果采用无源传感器技术，可在没有外部干扰的情况下，将物理量或外界能源变更为可再生的资源，并且可以采用反向散射的传感器，从而在不需要外部接入的情况下，进行自动化的采集、传送、处理，从而满足多种应用需求。主要的能量采集技术包括：环境光能采集、振动能量采集、热能采集、射频能量采集等。业界对无源传感器开展了前期探索，一些场景已逐渐明晰，传统RFID已广泛应用于商超、零售等小型室内空间，基于蜂窝的新型无源技术能够在更远的距离将感知信息直接回传至5G网络，便于实现大规模组网和集中调度，极大地降低了无源感知系统的部署成本。当前，3GPP将以蜂窝无源为代表的新型无源物联网技术纳入5G-A技术体系。2022年，中国移动推出新型无源物联产品"e百灵"，单个设备的识别标签距离突破100米，同时支持多设备的连续组网，可用于中大型室内场景的物品、资产、人员综合管理。

10.3.2.3　国外技术创新布局特征

目前，德国、日本、美国这些国家依旧处在全球传感器领域的前列。然而在市场占比中，美国、日本、德国及中国合计占据全球传感器市场份额的72%，其中中国占比约11%。与全世界生产的超过2万种产品品种相比，中国国内仅能生产其中的约1/3，整体技术含量也较低，迫切需要采取措施来提高我们的竞争力。世界各国传感器发展情况如下：

（1）全球对传感器的投资正在迅速增加

美国国家科学基金会2023年8月22日消息，NSF投资2900万美元资助18个研究团队，以开发新的传感器技术，这些技术可以控制量子现象，从而精确测量以前无法测量的事物。这18个研究团队由美国各地大学的研究人员组成，未来四年，每个研究团队将获得100万—200万美元的资金，用于利用量子现象如量子纠缠开发新的传感器，利用量子尺度的自然属性创造人类尺度的新机遇。每个项目的研究课题都致力于量子传感技术创新，使其灵敏度可对亚原子粒子的温度、运动、方向和其他特征的变化进行先进而精确的测量。这些新项目旨在落实美国2018年签署的《国家量子倡议法案》，更是响应2022年美国《量子传感器国家战略报告》。日本科技领域领军企业——RS科技株式会社的车载传感器项目签约落地烟台黄渤海新区。项目计划总投资20亿元，主要从事车载传感器的设计、研发、生产及封测等，全部达产后预计年营业收入40亿元，为新区半导体产业发展再添"硬核"新军。黄渤海新区工委书记、管委主任包华与RS科技株式会社经营企划部部长田中利朗一行进行了会见交流。2023年6月8日欧盟发布新闻稿称，作为《欧盟芯片法案》的一部分，欧盟委员会批准了一个项目：欧洲共同利益重要项目（Important Project of Common European Interest，下文简称"IPCEI"），以支持微电子和通信技术在整个价值链中的研究、创新和首次工业部署。

（2）各国都将传感器视为发展科技的关键

美国在20世纪80年代初就成立了国家技术小组（BGT），帮助政府组织、各大公司与国家企事业部门进行传感器技术开发工作。美国国家长期安全和经济繁荣至关重要的22项技术中有6项与传感器信息处理技术直接相关。关于保持美国武器系统质量优势的多项关键技术之中，8项为无源传感器。美国空军在2000年公布了15项，旨在增强其21世纪作战实力的关键技术，这些技术对维持美国的战争实力具有极其重大的意义，而传感器则排在第二位。

德国将军事应急设备作为重点开发的领域，利用本国悠久的工业基础，结合德国企业的知名度、专家团队的实践经验以及高效的生产流程，使德国的军事设备具备更高的市场竞争能力。为了确保企业在竞争中处于优势地位，更加注意原材料成本的节约，注重人力资本的投入，以便使产品保持技术上的领先，进而保持较高的市场占有率。

日本则把传感器技术列为十大技术之首。日本工商界人士声称"支配了传感器技术就能够支配新时代"。日本对开发和利用传感器技术相当重视，并将其列为国家重点发展6大核心技术之一。

10.4 传感器技术发展建议

中国在传感器领域的研究与试验发展已经处于世界第一的水平，拥有世界上最多的应用场景。然而，在传感器伦理、人才培养等方面仍然存在一些挑战。鉴于近年来全球传感器的发展趋势，为了更好地实施新的发展理念，促进中国传感器技术的创新，提出以下建议：

（1）构建产学研用联动机制

构建力、电、热、光、磁、声、气体、材料等基础领域产学研用联动创新通道，打通高校、科研机构、社会企业在理论研究、工程建模、产品创新、市场应用转换渠道，推动理论研究、技术攻关、产品研制和商业应用协同互动。鼓励企业与各大高校、科研机构的合作，支持他们把传感器领域的理论、技术、工艺等方面的知识转化到实际的产品上，并创造更多的可能性。同时，通过这种方式，能够更好地与行业内的专家交流，并带来更多的支持，进而持续提升技术创新能力。

（2）构建安全可控产业生态

重点突破硅基MEMS加工、MEMS与CMOS工艺集成、非硅模块化集成，以及器件级、晶圆级封装和系统级测试等技术。探索多种感应器的整合和数字化处理，开发出具有更高效率、应用范围更广泛的复杂感应器。通过不断深入开展智能传感器的软硬件和功能优化，以及采用先进的高效率锂离子电池，不断增强其综合应用的创新能力，同时也大幅度改善半导体、陶瓷、金属、有机、高分子、光纤、超导、纳米等感应器领域的特种材料的制备工艺，以确保其具备更好的稳定性、更强的可靠性和更长的使用寿命。积极承接国内外加工制造、封装测试产业转移，推动智能传感器封装测试生产线建设。

（3）满足差异场景应用需求

加强智能传感器研发设计、加工制造、封装测试、材料设备等四大关键环节布局，为传感器产品创新夯实产业基础支撑。推动传感器行业的技术革命，在消费电子、汽车电子、医疗电子等行业中获得更多的政府补贴，并且建立起一个完善的协作生态系统，以更好地满足人们对于智能化、高效化的生活方式的需求，打造协同产业链，满足智能消费终端、智能汽车、智慧医疗等新消费需求。研制开发各类非常规的、具有多重功效的、可靠性较低的、可以抵御各类恶劣环境的传感器，提升国内企业对传感器特种应用条件的满足能力。

（4）增强稳定性、可靠性水平

加快推进传感器产品规范化、性能归一化、功能集成化、结构标准化进程，加快相关标准规范制定，以标准化来提升产品质量管控能力。加强传感器材料制备、专用设备方面技术创新，打造传感器研发制造"金刚钻"，为传感器产品质量品质提升夯实工具支撑。为了推动传感器的创新，应该大幅度改进现有的材料、技术、工艺和设备，并通过实施全面的管理来增强产品质量。

（5）提升高端需求供给能力

为了满足不断变化的市场对于智能传感器的日益增长的要求，要着力于开发新型的材料、芯片、器件、算法、智能装备和先进的封装，并且专注于满足各种行业的应用需求，从而打造出一个完整的、具有竞争力的智能传感器产业生态系统。加强智能传感器的研发设计与产业化应用，重点发展MEMS传感器高端产品制造以及推进MEMS研发中试平台建设。加快智能传感器研发，增强传感器自检、自校、自诊断功能，以及信息存储和传输、自补偿和计算、复合敏感、集成化能力。

第11章

大数据分析前沿技术识别与动态监测

大数据是指在生产、市场、消费等社会活动中利用计算机、网络、传感、传输等工具或载体，通过收集、编译、储存、利用的数据集，该类数据具有体量庞大、处理速度快、种类多、数据价值密度低的"4V"特征，难以利用传统数据处理软件加以处理。作为数据分析领域的前沿技术，大数据技术最重要的能力就是从类型多样、数量庞大的各类数据中快速获取有价值的信息，具体包括收集、编译、储存、计算、传输和利用等多个环节。随着学术界对大数据技术研究的日益深入，大数据理论体系和大数据治理体系会更加完善和成熟，人类将进入信息技术引领下的万物互联新时代。

随着全球主要经济体大力推动数字经济和大数据产业的发展，大数据市场将保持稳定增长态势。据赛迪CCID数据显示，2022年全球大数据市场稳定增长，市场规模达到4951.7亿美元，增速20.1%；中国市场规模由2020年的3527.9亿元增至2022年的5631.8亿元，年均复合增长率26.35%，未来三年中国大数据仍将保持较高的市场需求，预计到2025年，中国大数据市场规模将超过9000亿元。从地域分布来看，美国是全球最大的大数据市场，占据了近一半的市场份额；欧洲和亚太地区分别位居第二和第三，各自占据了约20%的市场份额；其中亚太地区是增长最快的地区，主要受益于中国、日本、韩国等国家在数字化转型、智慧城市、工业互联网等领域的积极投入。

在智能制造实践过程中，大数据技术可以帮助企业准确感知系统内外部环境动态变化，进而展开科学分析并给出解决方案，以优化生产过程和提高生产效率，在降低生产成本的同时，不断催生出精准营销、大规模订制等新模式和新业态，极大促进了大数据分析技术与智能制造的深度融合。因此，从某种意义上讲，大数据作为工业生产的重要要素，已经成为智能制造产业转型升级的关键。随着人工智能技术的不断升级，专家系统、深度学习、边缘计算、神经网络、机器学习、计算机视觉等模型更加成熟，尤其是以ChatGPT、文心一言为代表的生成式预训练模型正不断涌现。在此背景下，融合人工智能的大数据技术在智能制造领域的应用方兴未艾，其理念、方法、技术和应用将成为学术界和产业界关注的焦点。在工业大国大力发展及大数据分析领域的背景下，采用WOS（Web of Science）数据库与incoPat专利数据库进行大数据分析领域数据检索，进而识别该领域的前沿技术，并开展相关领域国际战略动态的跟踪分析，能够发现该领域技术创新的动态、竞争态势、面临的挑战等，能够为该领域技术创新发展提供参考。

11.1 大数据分析前沿技术简述

大数据分析起源于美国宇航局宇宙飞船的开发研制，基于智能制造的大数据分析能够提供受控量或待感知量大小且能典型简化。随着工业4.0概念的不断渗透，大数据分析已然成为制造业大国发展战略上不可或缺的关键要素，大数据分析及围绕其构建的监测、检测技术是物联网感知层的核心环节。在大数据时代，数据处理和分析技术正成为各行各业的重要手段，新技术、新方法、新思路的不断涌现，推动着大数据处理和分析技术的不断发展，发展方向也越来越多元化。未来，大数据处理和分析技术的应用领域会更加广泛，同时也会带来更多的商业价值。

11.2 基于文献计量分析的大数据分析前沿技术识别

11.2.1 基于论文计量分析的大数据分析前沿技术识别

基于科技论文数据，采用文献计量和内容分析方法，利用Histcite、VOS viewer等工具，对大数据分析领域前沿技术的研究进展跟踪监测。

11.2.1.1 数据来源

利用WOS数据库进行文献获取，借鉴已有对该领域发展态势研究的检索方式制定检索策略。其中，高被引论文通常代表着高学术水平与影响力的重要成果，在WOS中表现为被引频次TOP10%的论文。本文将近十年被引频次TOP10%的论文定义为该领域基础研究的前沿技术，从论文角度识别该领域前沿技术。

为确保样本数据的质量及权威性，基于科睿唯安Web of Science核心数据库，通过以主题词与发表日期限制构建大数据分析领域检索策略，将文献的类型限定为"论文""综述论文""会议录论文"，时间跨度为2014—2023年，得到1900余篇文献，检索时间为2024年1月。利用Histcite、VOSviewer等工具，对该重点领域前沿技术的研究进行数据挖掘。

11.2.1.2 论文增长态势及分布

根据本研究的检索策略，截至2023年12月，Web of Science核心合集中近十年共收录全球大数据分析领域相关研究论文1934篇，发文年度变化趋势如图11-1所示。整体发文量呈现稳定的上升趋势，从2014年的7篇增至2022年的389篇，数据表明"大数据分析"领域经历了从起步到发展的过程，相关技术迎来了研究与发展的热潮。但2023年发文量略有下降，相较于2022年下降17.5%，可能跟数据库收录延迟有关。基于论文产出的整体趋势来看，未来大数据分析研究领域的论文产出数量可能呈现增长或震荡趋势。但从行业发展角度来看，智能制造领域大数据分析研究仍然是学术界和业界的研究热点，未来大数据分析研究领域的论文产出数量可能仍将呈现稳定上涨趋势。

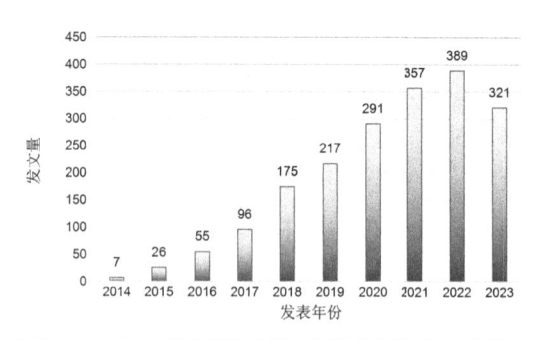

图11-1 大数据分析领域论文发文量年度变化趋势

对大数据分析领域国家/地区的发文量进行统计可知，该领域的论文广泛分布在93个国家或地区。图11-2显示了发文量前十名的重点国家/地区，总体可分为两大梯度：①第一梯度为中国大陆、美国。位居首位的是中国大陆，其发文量占总量的36.9%，其次为美国（占总发文量17.9%），中美两国的大数据分析研究遥遥领先于其他国家/地区，二者相加占据总发文量的一半。由此可见中美在大数据分析领域前沿技术研究方面具有绝对优势。②第二梯度包括英国、印度、意大利、德国、韩国、法国、中国台湾、澳大利亚。虽与第一梯度发文量具有一定差距，但仍然占据总发文量的4.0%—8.7%，说明第二梯度的国家/地区在该领域前沿技术的研究也具备较强实力。

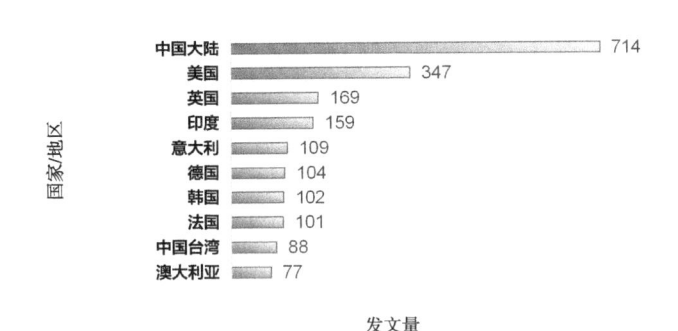

图11-2 大数据分析领域发文重点国家/地区分布

11.2.1.3 前沿技术热点分析

通过高频关键词分析可从一定程度上表征该学科领域的研究主题，揭示某一时间段内的研究热点。由于"big data"与其他关键词极差较大，因此将其隐藏以更好地在词云图中呈现其他关键词。统计论文关键词可知（图11-3），高频关键词主要包括smart manufacturing（智能制造）、deep learning（深度学习）、digital twin（数字孪生）、data mining（数据挖掘）、blockchain（区块链）、additive manufacturing（增材制造），可见这些主题是该领域近年来备受关注的研究问题。

图11-3 大数据分析领域前沿技术研究关键词词云图（关键词词频TOP200）

将大数据分析前沿技术研究中高被引（被引频次前10%）论文导入VOSviewer进行关键词共现分析（图11-4）。忽略大数据关键词，该领域近年来的研究热点主要包括以工业4.0为中心、以大数据分析为中心、以数据挖掘为中心以及以云计算为中心的四大研究方向。

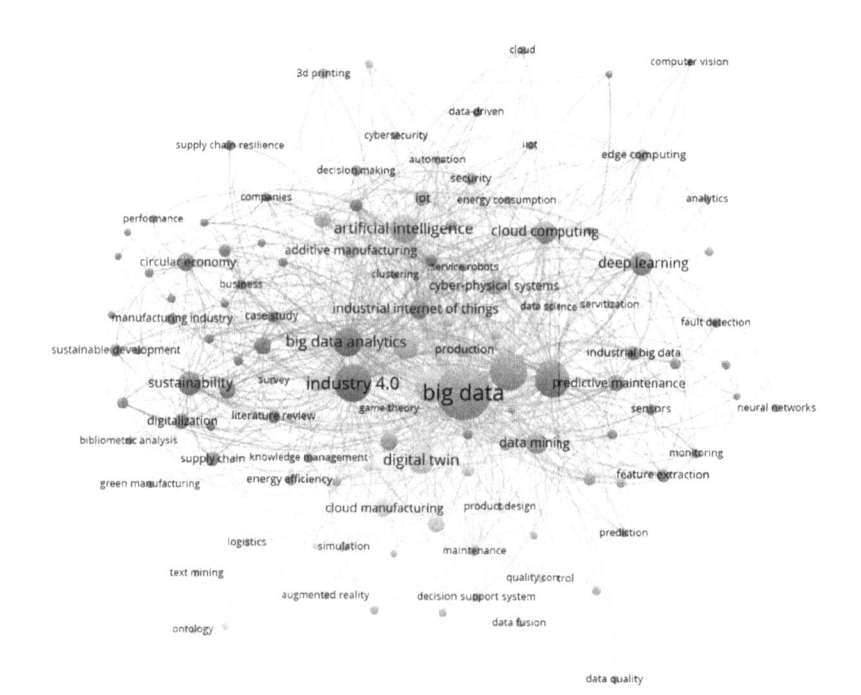

图11-4 大数据分析领域前沿技术研究关键词共现网络（关键词词频TOP200）

研究表明，基于论文的大数据分析前沿技术研究包括四大热点方向：

（1）以工业4.0为中心的研究

工业4.0时代，大数据和人工智能技术被广泛应用于工业生产过程的实时监控，以达到优化生产流程、提高生产效率和产品质量的目的，如通过收集和分析生产过程中产生的海量数据，可以对生产流程精细化程度进行调整，以达到提高生产效率和产品质量的目的。

（2）以大数据分析与管理为中心的研究

大数据分析和管理技术是智能制造的关键和基础，智能化、个性化、虚拟与现实相融合是工业4.0时代的显著特征。智能制造的生产环节会产生大量的数据，包括设备运行、产品技术、质量参数等，其对企业的运营和管理至关重要。通过大数据分析，可以帮助企业发现生产过程中存在的问题和瓶颈并采取有效应对举措。同时，企业还可以通过大数据分析和管理技术，对产品质量数据、用户反馈等情况进行及时监控，及时了解市场情况和用户行为，绘制目标群体的用户画像，为企业决策提供全方位支持，以确保企业在自己产业领域的竞争优势。此外，还涉及大数据技术的绩效评估和数据管理等。

（3）以大数据的开发与挖掘为中心的研究

主要研究热点包括系统、框架、计算机应用、算法、模型、机器学习、人工神经网络，这些词的结点最大，是这个聚类的中心结点。大数据挖掘是指通过建模、创建新算法等方法以实现在海量数据中获取有价值的信息的过程。大数据时代，基于人工智能技术，开发适用于工业大数据的数据模型对提高数据预测的准确性至关重要，如针对如何实现对人类神经网络的模拟，构建大数据网络体系。随着面向智能制造各细分领域的数据挖掘的不断积累，融合了回归分析、神经网络、聚类分析、贝叶斯分析、关联规则等技术的大数据挖掘技术得到持续优化和迭代升级。

（4）以大数据运维与云计算为中心的研究

大数据运维是工业大数据管理的关键环节，涉及工业大数据平台及相关系统的部署、安装、配置、监控、维护、升级、数据管理、安全管理、性能优化、故障处理、技术支持等一系列过程，在数据管理环节，涉及采集、存储、清洗、处理和分析等工作，以确保数据质量和准确性。安全管理主要涉及工业大数据的数据安全、系统安全和网络安全等，通过配置数据平台的安全策略和权限管理，确保数据安全与用户权限控制。此外，云计算相关的安全问题主要包括：虚拟机隔离、数据保护、云计算体系结构、身份访问与控制等。云计算环境中，虚拟的操作系统建立在服务器上，数据信息都储存在服务器中，如用户上传的身份认证信息。

11.2.2　基于专利分析的大数据分析前沿技术识别

基于全球专利数据库incoPat中的专利信息，分析大数据分析前沿技术的技术研发态势，具体包括数据来源、检索策略、技术研发趋势、国家/地区分布、技术热点。

11.2.2.1　数据来源

大数据技术在研究领域中的应用越来越广泛，传统的专利检索方式已经不能满足大量专利数据的需求。大规模的数据处理和分析可通过自然语言处理算法、机器学习算法以及决策树算法等来提取、筛选和清洗，提高数据检索和分析的效率和准确性，其中专利申请时间越晚代表这项专利技术的前沿程度越高。采用incoPat内置算法能够较好地识别该领域所属技术类别，筛选被引证次数较高的专利并对专利信息进行聚类，能够在一定程度上反映该领域的前沿技术热点。本文将近五年被引证次数前10 000篇的专利定义为该领域基础研究的前沿技术，从专利角度识别该领域前沿技术。

本节基于全球专利数据库incoPat，以"大数据分析"为关键词，将专利检索限定在"制造"领域，时间限定为2014—2023年。共检索到相关专利10 982件，合并申请号剩余9 276件。

11.2.2.2　专利申请态势及分布

图11-5为2014—2023年大数据分析领域相关专利申请和公开趋势。从图中可以看出全球专利申请量从2014—2021年逐年递增，但从2022年开始，专利申请量呈现锐减趋势。2014—2023年专利公开数量整体呈增长趋势，但2016年前增速较高，随后增速明显放缓。2021年后专利公开数量与专利申请数量的差距，说明该领域仍处于研究的热点时期，市场前景较好。

图11-5　大数据分析专利申请-公开趋势

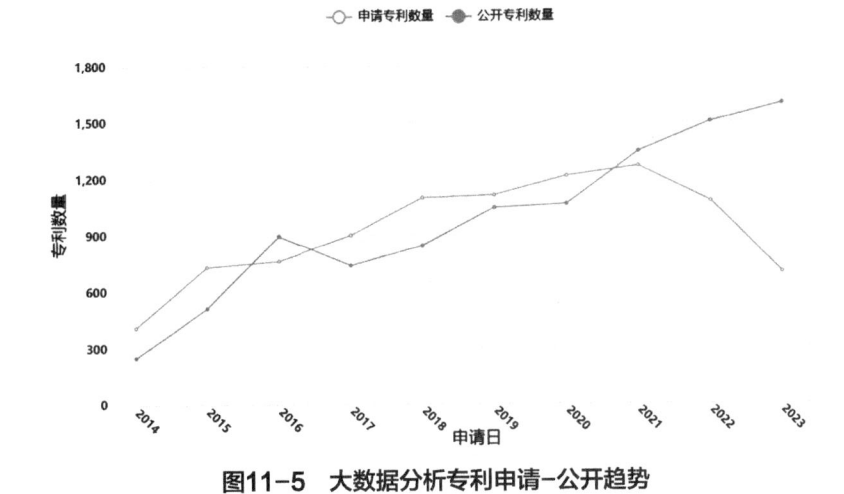

图11-6展示了近年来专利公开的主要国家/地区/机构（TOP10）。从专利公开数量上来说，中国近年来在大数据分析领域专利公开数量最多，其次分别为韩国、美国。从中国、韩国、美国三个国家的申请趋势上看，2021年前中国专利申请数量逐年增长，2022年开始专利申请数量锐减；2020年韩国专利申请数量到达峰值，2019年美国专利申请数量到达峰值，尤其是2023年韩国和美国专利公开数量为近十年最低。说明大数据分析技术研发的主力国家近年来都减少了在大数据分析领域的专利申请，大数据分析技术已在市场开展实际应用。

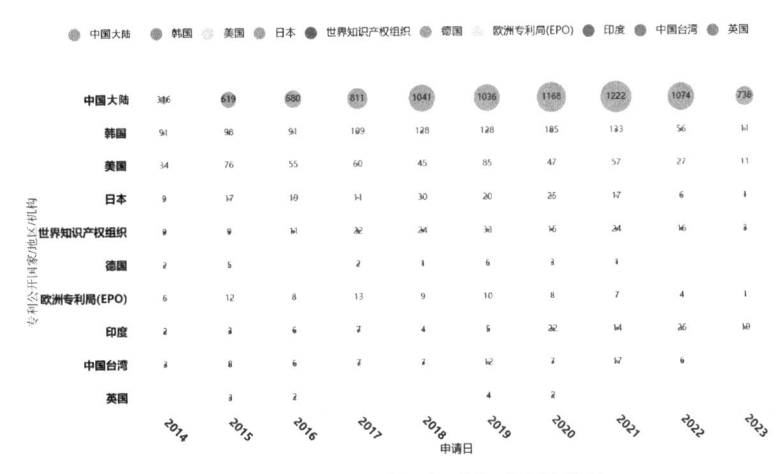

图11-6　大数据分析专利全球申请趋势

在incoPat中针对机构存在简称和全称混用、同一机构下的研究所未合并、公司名称/机构的不同书写格式、中英文名称不同等进行清洗，清洗后得到专利TOP20申请机构如图11-7所示。

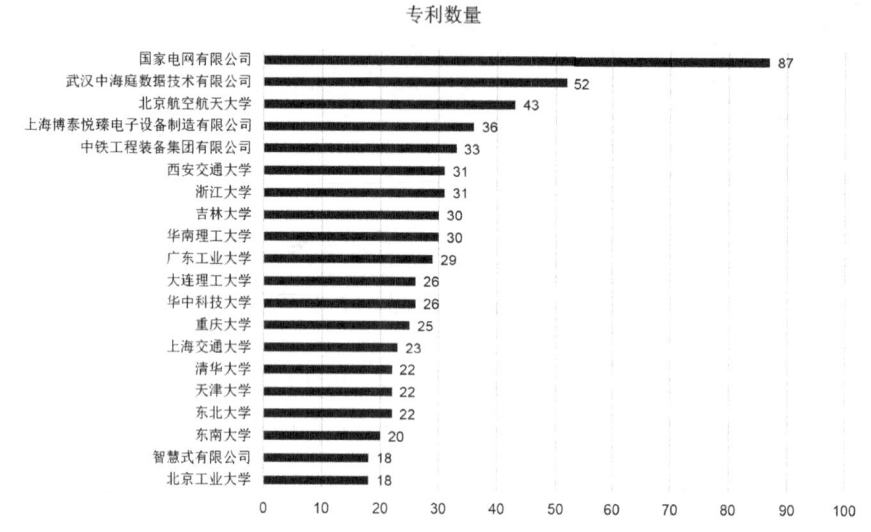

专利数量

机构	专利数量
国家电网有限公司	87
武汉中海庭数据技术有限公司	52
北京航空航天大学	43
上海博泰悦臻电子设备制造有限公司	36
中铁工程装备集团有限公司	33
西安交通大学	31
浙江大学	31
吉林大学	30
华南理工大学	30
广东工业大学	29
大连理工大学	26
华中科技大学	26
重庆大学	25
上海交通大学	23
清华大学	22
天津大学	22
东北大学	22
东南大学	20
智慧式有限公司	18
北京工业大学	18

图11-7 大数据分析领域专利申请TOP20机构

专利申请量排名前20的申请机构均来自中国，值得注意的是，入围企业虽仅有5家，但排名比较靠前，国家电网有限公司、武汉中海庭数据技术有限公司、上海博泰悦臻电子设备制造有限公司、中铁工程装备集团有限公司分别列1、2、4、5位。高校入围数量较多，有北京航空航天大学、西安交通大学、浙江大学、吉林大学、华南理工大学、广东工业大学、大连理工大学、华中科技大学、重庆大学等15所高校进入TOP20，可见，在大数据分析技术领域，高校在专利技术研发创新方面优势明显。

中国是近年来人工智能领域专利技术申请量第一的国家，当前我国主要申请大数据分析专利的公司有国家电网有限公司、武汉中海庭数据技术有限公司、上海博泰悦臻电子设备制造有限公司、中铁工程装备集团有限公司和智慧式有限公司。其中国家电网有限公司把核心非结构化数据资源汇聚至数据中台，形成全生命周期和全业务系统端到端非结构化数据治理思路，建立从非结构化元数据体系研究与数据资源目录构建到非结构化数据协同治理的工作模式，推动中台非结构化数据质量提高，为业务工作赋能。国家电网有限公司2014—2023年申请大数据分析专利共计87件，其中专利申请数量于2018年到达峰值。武汉中海庭数据技术有限公司立足于汽车工业自动驾驶、智慧出行大趋势和时空地理信息大数据产业的融合创新，汇聚人工智能核心技术和人才，打造基于高精度电子地图的出行大数据生态。武汉中海庭数据技术有限公司2014—2023年申请大数据分析专利共计52件，2020年申请专利数量激增并到达峰值，当年申请专利量为25件。博泰车联网（原为：上海博泰悦臻电子设备制造有限公司）通过金字塔工具体系搭建大数据工具平台，致力于打通汽车行业数据孤岛，聚焦以数据赋能汽车市场供应端优化、生产制造端改进、渠道端及生态端的关键商业价值挖掘，实现以技术操作层、业务营运层、战略掌舵层构建金字塔数据解决方案。中铁工程装备集团有限公司数字化建设的初步架构为"八大业务平台、两大数据中台、一个大数据平台"：八大业务平台为局部应用提供基础支撑，包括协同工作、人力资源管理、工程项目成本管理、业财共享、科技管理、经营开发、中铁鲁班电商、网络安全化态势感知和数字化管控中心等。智慧式有限公司是一家以"物联网+大数据+云平台+智能造"为基点的物联网智能产品高新技术企业，始终秉持着"智能行，慧天下"的品牌理念，全心致力于研发智能型、智慧型的高新科技产品，使现代都市人享受高品质智能生活。北京航空航天大学、西安交通大学、浙江大学、吉林大学、华南理工大学等9所高校2014—2023年共计申请专利398件，占TOP20机构申请量的63.8%。从高校或研究机构整体申请趋势来看，2018年专利申请数量最多，广东工业大学2022年申请大数据分析领域专利9篇，说明该领域仍然是广东工业大学的研究重点；从专利价值度来看，北京航空航天大学、浙江大学的专利申请质量较高，专利价值度≥9的专利均超过24件。

总体来看，随着互联网的发展和数字化转型的加速，中国产生的数据量呈指数级增长，数据采集、预处理、数据存储和管理、数据分析和挖掘等大数据分析技术和方法受到了学界和业界的广泛关注。这种全球性的研发势头为大数据分析技术的未来发展奠定了坚实基础，有望在更多领域实现创新和应用。

11.2.2.3 专利技术热点分析

从专利申请的技术类别上看，大数据分析领域的技术类别相对较为稳定，主要以"G06F（数据处理）""G06Q（适用于行政、商业、金融、管理、监督或预测目的的数据处理系统或方法）""H04L（数字信息传输）""G05B（一般的控制或调节系统）""G06K（数据识别；数据表示；记录载体；记录载体的处理）""G06N（基于特定计算模型的计算机系统）""G06T（一般的图像数据处理或产生）""G01N（除免疫测定法以外包括酶或微生物的测量或试验）""H04N（图像通信）""H01L（半导体器件）"为主，但技术类别的占比有所变化。2014—2023年，大数据分析领域专利技术申请类别以"G06F""G06Q"为主，其中2017年是"G06F"和"G06Q"两个技术类别的专利申请峰值。说明大数据分析领域在G06F（数据处理）、G06Q（适用于行政、商业、金融、管理、监督或预测目的的数据处理系统或方法）的专利技术更加受到企业重视。另外，G06N（基于特定计算模型的计算机系统）的技术申请增长率较高，2021年该技术增长率高达3283.33%。

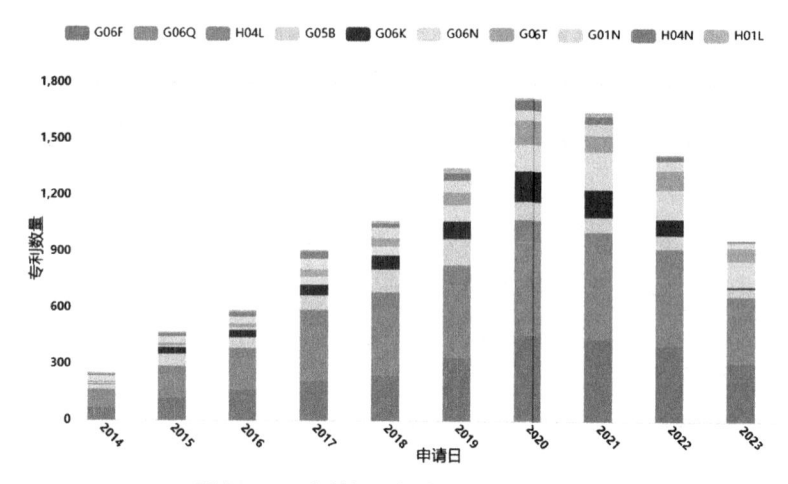

图11-8　大数据分析专利申请技术趋势

通过筛选被引证次数前10 000篇的专利，并对技术类型进行分析获得图11-9中的技术类别沙盘图。从图中可知当前大数据分析领域的主要技术热点为：显示装置像素电极薄膜晶体管、存储器读出放大器数据速率、肥胖基因风险度组合物、3D打印多功能、游戏图像识别信息、水力发电站超大型水轮机、人工智能预测监测系统、物联网大数据机械臂数控、施工混凝土激光喷丸、物联网平台服务系统。

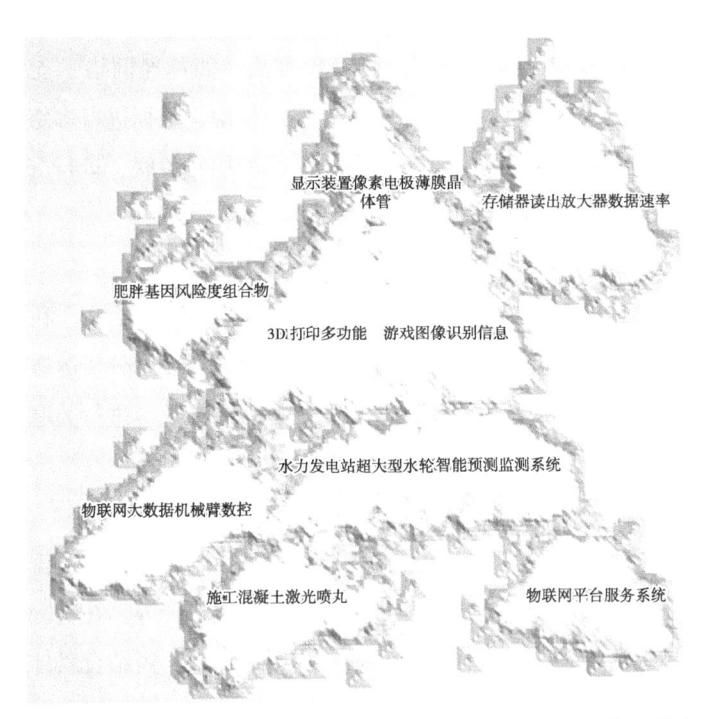

图11-9 大数据分析领域2014—2023年间被引证前10 000的专利技术类别分布

从图11-10大数据分析专利申请技术功效上看，大数据分析领域技术功效分布比较稳定，效率提高、成本降低和复杂性降低为专利申请人主要关注的研发路线。近年来，速度提高、准确性提升也是申请人关注的研发路线。

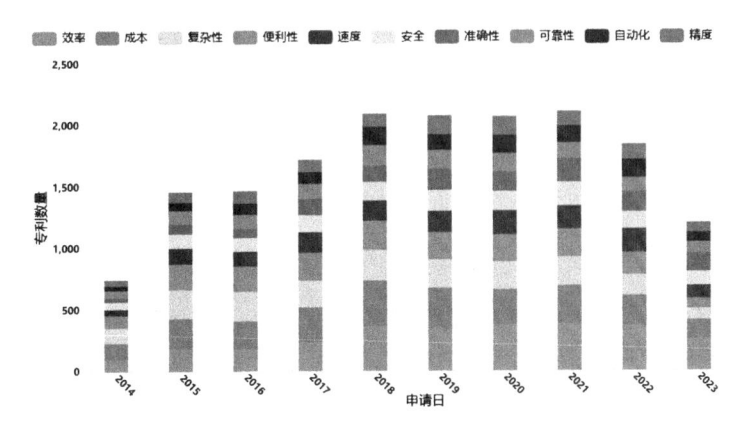

图11-10 大数据分析专利申请技术功效趋势

分析表明，目前大数据分析领域的专利前沿技术涉及以下几个方向：

（1）基于大数据融合处理方法的数据资源管理技术

基于智能制造领域工业大数据融合处理方法，如神经网络、支持向量机等，对制造平台或系统产生的海量、高维、多源异构、数据进行多级过滤、清洗去噪、建模集成与多尺度分类等，为制造系统的相互关联、运行分析和企业决策提供可复用的数据。

（2）基于海量数据的数据挖掘技术

针对智能制造相关的产品、工艺、设备、系统运行等要求，利用聚类分析、分类分析、回归分析、离群点分析、描述性分析和序列分析等数据分析工具或方法，对智能制造领域生产工艺参数、装备状态参数等进行关联分析，以发现隐含的信息和模型间的关系，从而更好指导生产和发展。

（3）基于数据挖掘的演化规律解析

利用数据挖掘技术分析数据动态变化和演化规律，通常包括数据准备、特征提取、演化模式识别、演化规律分析、结果表达与解释等。在实际应用中，考虑到智能制造领域数据的多样性、复杂性和不确定性，需结合具体问题和数据特点进行调整优化。

（4）基于关键制造数据的动态策略优化与决策

基于数据分析结果，对生产车间的生产策略、决策方案进行调整，如生产计划、设备维护、工艺流程等，以适应生产过程中的各种变化。在优化策略实施后，实时监控生产数据变化，并与正常情况进行对比，如发现数据偏离或出现异常，及时进行调整改进，以确保生产可持续性。

11.2.3 大数据分析前沿技术发展态势

数字时代，作为先进生产力的重要标志，大数据已成为经济发展的重要引擎和社会运行的重要基础，在加快经济结构转型和改变国际竞争格局中发挥着不可或缺的关键性作用。围绕市场需求，学术界和产业界围绕大数据进行了大量的研究探索。通过学术论文的计量分析可以识别面向市场和社会需求的大数据分析领域的研究热点，通过专利计量分析能够窥探大数据分析的技术竞争热点。综上，大数据分析前沿技术热点呈现以下态势：

①从技术需求态势看，以工业4.0为中心、以大数据分析为中心、以数据挖掘为中心以及以云计算为中心的研究，是当前市场和社会发展重要的技术需求领域。

②从市场技术竞争态势看，大数据驱动的智能制造实践开始出现并不断攀升，贯穿于智能设计、计划调度、质量优化、设备运维等多个环节，针对大数据驱动的智能制造应用实践开展了大量工作，将大大提高决策的科学性，最大限度避免决策失误。

11.3 大数据分析前沿技术创新监测

11.3.1 国内大数据分析前沿技术创新监测

11.3.1.1 政策布局监测

近年来，我国高度重视大数据在推进经济社会发展中的地位和作用。国家陆续出台了多项政策，鼓励大数据行业发展与创新，如《"十四五"数字经济发展规划》《"十四五"大数据产业发展规划》等。具体政策如下。

（1）2020年：《关于构建更加完善的要素市场化配置体制机制的意见》《关于深化新一代信息技术与制造业融合发展的指导意见》《关于扩大战略性新兴产业投资　培育壮大新增长点新增长极的指导意见》等系列政策

2020年，中共中央、国务院发布《关于构建更加完善的要素市场化配置体制机制的意见》，指出要加快培育数据要素市场，进一步明确数据作为新型生产要素的基础和战略性地位。加强数据资源整合和安全保护。探索建立统一规范的数据管理制度，提高数据质量和规范性，丰富数据产品。推动完善适用于大数据环境下的数据分类分级安全保护制度，加强对政务数据、企业商业秘密和个人数据的保护。同年6月，中央全面深化改革委员会颁布《关于深化新一代信息技术与制造业融合发展的指导意见》，提出将新一代信息技术，特别是领先技术应用于制造业领域，以加强对制造业全要素、全流程、全产业链的管理和改造，提升制造业的数字化、网络化和智能化水平。同年9月，发改委颁布了《关于扩大战略性新兴产业投资　培育壮大新增长点新增长极的指导意见》，提出加大5G建设投资，加快5G商用发展步伐，加快基础材料、关键芯片、高端元器件新型显示器件、关键软件等核心技术攻关，大力推动重点工程和重大项目建设，积极扩大合理有效投资。

（2）2021年：《十三届全国人大四次会议政府工作报告》《中华人民共和国国民经济和社会发展第十四个五年规划和2035年远景目标纲要》《"十四五"大数据产业发展规划》

2021年3月，《十三届全国人大四次会议政府工作报告》指出，加快数字化发展，打造数字经济新优势，协同推进数字产业化和产业数字化转型，加快数字社会建设步伐，提高数字政府建设水平，营造良好数字生态，建设数字中国。同年3月，全国人民代表大会通过《中华人民共和国国民经济和社会发展第十四个五年规划和2035年远景目标纲要》，指出加快数字化发展，打造数字经济新优势，协同推进数字产业化和产业数字化转型，加快数字社会建设步伐，提高数字政府建设水平，营造良好数字生态，建设数字中国。同年11月，工业和信息化部颁布《"十四五"大数据产业发展规划》，指出立足推动大数据产业，从培育期进入高质量发展期，在"十三五"规划提出的产业规模1万亿元目标基础上，提出到2025年底，大数据产业测算规模突破3万亿元的增长目标，以及数据要素价值体系、现代化大数据产业体系建设等方面的新目标。

（3）2022年：《"十四五"数字经济发展规划》《关于印发全国一体化政务大数据体系建设指南的通知》《中共中央国务院关于构建数据基础制度更好发挥数据要素作用的意见》

《"十四五"数字经济发展规划》提出，到2025年，我国数字经济迈向全面扩展期，数字经济核心产业增加值占国内生产总值比重达到10%，而2020年这一数字为7.8%。以数字技术更好地驱动产业转型为发展重点，从骨干企业、重点行业、产业园区和产业集群等方面进行系统部署，促进创新要素整合共享，持续培育经济发展新动能。同年10月，国务院颁布《关于印发全国一体化政务大数据体系建设指南的通知》，提出2023年底前，全国一体化政务大数体系初步形成，基本具备数据目录管理、数据归集、数据治理、大数据分析、安全防护等能力，数据共享和开放能力显著增强，政务数据管理服务水平明显提升。《中共中央国务院关于构建数据基础制度更好发挥数据要素作用的意见》指出顺应数字产业化、产业数字化发展趋势，充分发挥市场在资源配置中的决定性作用，更好发挥政府作用。完善数据要素收益的再分配调节机制，让全体人民更好共享数字经济发展成果。

表11-1 我国大数据政策规划

时间	制定机构	政策规划名称
2020.4	国务院	《关于构建更加完善的要素市场化配置体制机制的意见》
2020.5	国务院	《关于新时代加快完善社会主义市场经济体制的意见》
2020.6	中央全面深化改革委员会	《关于深化新一代信息技术与制造业融合发展的指导意见》
2020.7	国务院	《关于新时期促进集成电路产业和软件产业高质量发展若干政策的通知》
2020.9	发改委	《关于扩大战略性新兴产业投资 培育壮大新增长点新增长极的指导意见》
2021.3	国务院	《十三届全国人大四次会议政府工作报告》
2021.3	全国人民代表大会	《中华人民共和国国民经济和社会发展第十四个五年规划和2035年远景目标纲要》
2021.11	工业和信息化部	《"十四五"大数据产业发展规划》
2022.1	国务院	《"十四五"数字经济发展规划》
2022.3	国务院	《2022年国务院政府工作报告》
2022.10	国务院	《关于印发全国一体化政务大数据体系建设指南的通知》
2022.12	国务院	《中共中央国务院关于构建数据基础制度更好发挥数据要素作用的意见》

11.3.1.2 国内技术创新发展态势监测

大数据产业是激活数据要素潜能的关键支撑，是加快经济社会发展质量变革、效率变革、动力变革的重要引擎。近年来，我国大数据产业得到快速发展，2022年，国内大数据产业规模达1.57万亿元，同比增长18%，成为我国数字经济发展的重要引擎。预计到2025年，我国大数据产业规模将突破3万亿元。

（1）大数据"中台架构"的发展需要更多存储中心

大数据的软件最早在互联网行业出现，随后发展出适合数据集中化管理算法独立迭代、业务自由对接的中台架构，与云计算、5G网络、区块链等技术存在紧密联系。当前数字中台市场已经进入高速发展时期，国内一些独立软件服务商涉足布局数字中台业务，一些创新型企业快速进入，数据供求大幅度增加，市场规模得以快速扩张。2019年中国数字中台规模增长率达到100%以上，2022年预计实现50%以上的复合增长率，市场规模增长到180亿元。大数据"中台架构"中市场增长最快的是存储设备。根据2019年数字中台建设的平均成本结构，中台软件结构搭建的成本占42.8%，硬件基础设施占34.7%，运维管理占10.0%，人员培训占6.5%，其中硬件基础设施成本中绝大部分是存储设备的购置费用。

（2）深科技创新驱动中国人工智能产业发展

在深科技创新过程中，以国家级人工智能开放创新平台为代表的新型平台发挥着关键性作用，在通过自主创新展开前沿技术研究的同时，通过加强产业创业生态建设高效赋能产业发展。同时，新创企业在人工智能关键核心技术领域的突破，同样构成了深科技创新的重要推动力量。与商业模式创业不同，人工智能领域的深科技创业活动具有如下特征：一是科学家的广泛参与；二是风险资本的持续高投入；三是跨学科、跨组织、跨产业、跨区域和跨领域科技人才的汇聚；四是高度聚焦人工智能科技产业发展中的关键核心技术；五是积极培育创新生态。

11.3.1.3　国内技术创新布局特征

（1）大数据产业发展呈现良好发展态势

国内大数据产业发展态势良好，在工业、金融、医疗等领域均取得显著成效。据IDC数据显示，2021年全球大数据市场的IT总投资规模为2176.1亿美元，并有望在2026年增至4491.1亿美元，五年预测期内（2021—2026年）实现约15.6%的复合增长率。中国市场2026年大数据IT指出，规模预计为359.5亿美元，市场规模位列第二名，从增速上看，中国大数据IT支出五年CAGR约为21.4%，位列全球第一，中国大数据市场增速持续领跑全球，呈现出强劲的增长态势，市场前景十分广阔。

在过去几十年，大数据技术一直在稳步发展。21世纪预示着一个技术进步的新时代，这些技术从自动驾驶汽车到指纹和面部识别等生物识别安全系统。作为第四次工业革命的重要组成部分，大数据继续改变着人们所生活的这个世界。所有行业每天产生海量的数据，预计到2023年，大数据的市场规模将增长到770亿美元。企业对数据科学家的需求也呈指数级增长。许多人预测，在未来五年内，这将是最受欢迎的职业。无论专业领域如何，基础数据科学技能都可以为企业提供在该领域开始充满活力和有前途的职业生涯所需的广泛知识。

（2）数据资源极其丰富，总量位居全球前列

我国数据资源总量丰富，据国家互联网信息办公室发布的《数字中国发展报告（2022）》显示，2022年，我国数据产量达8.1ZB，同比增长22.7%，占全球数据总量的10.5%，位居全球第二，数据资源存储丰富，为未来大数据应用和发展打下坚实基础。从未来发展来看，大数据发展呈现良好态势。一是政策支持力度加大，如前文所述，政府层面出台一系列政策措施来推动数据资源的开发应用；二是技术创新加持，特别是云计算、人工智能等技术的创新发展，使我国数据资源的应用场景得到不断拓展，在金融、医疗、交通等众多领域得到较好应用。

（3）企业集群及其产业创新生态良好

2022年，我国数字经济规模达到50.2万亿元，居世界第二。数据资源作为重要的生产要素，被比喻为数字经济时代的"黄金"和"石油"，数据要素的战略地位和重要性在不断提升。从城市发展来看，总共分为三个梯队：第一梯队绝对优势明显，引领全国大数据产业发展，依次为北京、上海、深圳、杭州、广州等5个城市，主要集中在东部沿海。这些城市实力雄厚，大数据产业发展水平处于全国领先地位。第二梯队追赶势头强劲，大数据产业水平持续提升，依次为南京、苏州、武汉、合肥、成都、天津、青岛、重庆等8个城市，以东部和中部城市为主，排名相对集中，差距不明显。第三梯队发展趋势良好，但仍有较大提升空间，依次为郑州、无锡、长沙、济南、福州、西安、厦门等

7个城市，主要为中部和部分东部城市，这些城市大数据产业发展整体趋势较好，具有较大发展潜力和市场空间。

11.3.2 国外大数据前沿技术创新监测

11.3.2.1 政策布局监测
（1）美国

得益于"民主自由"的制度理念，美国是较早关注大数据发展的国家之一。完备的政策法规体系是推动美国政府大数据实践的重要保障。早在2010年，美国信息技术顾问委员会（PITAC）就发布了《规划数字化未来》的报告，显示出美国政府对大数据发展的高度关注。2012年，美国颁布《大数据研究和发展计划》，该计划涵盖了国防、卫生、能源等不同领域的150多个大数据开发应用项目类别，以及基于大数据的教育创新项目和计划，这也标志着大数据由商业行为上升至国家层面的政策。2016年，《大数据报告：算法系统、机会与公民权利》正式发布，大数据运用的技术和规范开始受到各界关注。此后，美国持续出台大数据发展相关政策规划，推动大数据领域前沿技术发展和创新研发。

2018年3月，美国正式发布《总统管理议程》，将数据提升至战略资源的高度，全面支持联邦数据战略。2019年6月，美国发布《联邦数据战略》，作为政府层面的首个数据战略，旨在通过进一步激发数据挖掘的潜力，在实现数据治理稳步推进的同时，有效保护数据安全、个人隐私和信息机密性。

2019年11月，为应对数据跨境流动风险、跨国公司数据收集等相关问题，美国《国家安全与个人数据保护法》提案明确规定，外国投资委员会应当对持有或收集某些公民个人敏感数据且可被用于威胁国家安全的公司的相关投资事项予以审批。

与此同时，美国多个州也相继出台数据保护的政策法案，2020年1月出台的《加州消费者隐私法案》对企业数据的采集、处理和使用进行规范，以保护加州公民隐私权和消费者权利。同年11月，为应对大量新兴互联网企业不断涌现而暴露出的数据泄露、隐私侵犯等各类风险，新出台的《加州隐私权法案》对

《加州消费者隐私法案》的内容进行了相应修改和扩展。

同时，美国积极参与国际规则制定，如2021年4月，美国与加拿大、日本、韩国等在建立全球跨境隐私规则的论坛上联合发表声明，希望通过多边合作的方式加快全球范围内可信数据的流动，增加数据的互操作性，这有助于解决数据保护和隐私保护面临的监管不同的问题。

（2）欧盟

欧洲较早便开始关注个人隐私信息的保护，对政府层面个人信息收集和利用等行为进行监管，明确个人信息利用方式、权利赋予、数据分类等具体规范。欧盟数据战略更加注重构建相对统一的数据治理框架，通过建立成员国的"统一立法"以消除执法障碍，达到克服市场分散化的现实问题。

1995年10月，欧洲议会和理事会发布《关于个人信息处理保护及个人信息自由传输的95／46／EC指令》，作为个人信息保护法和数据保护法发展的重要节点，该指令重在推动各成员国全面落实个人基本权利特别是隐私保护，这使得个人信息和数据能够得到合法保护，但也在一定程度上造成公共数据收集效率和利用途径受限。针对该问题，2003年11月，欧盟通过PSI指令，意在消除信息重用的影响。此后，2019年修订的《开放数据指令》则进一步明确公共数据的开放重用原则。

2016年4月，欧盟发布《一般数据保护条例》，指出个人信息保护是公民的基本权利，核心在于提高数据收集、存储和使用的透明度和管控力，重点关注个人数据收集、各相关主体的划分和责任、数据内部流动和第三国个人数据转移条件等问题。

2020年2月，欧盟发布《欧盟数据战略》，提出未来五年数字经济发展的政策措施和投资策略。2022年2月，欧盟发布《数据法案》，旨在确保参与者间数据价值分配的公平性，促进数据的跨部门共享。由于法案更加关注工业数据和物联网数据，因此，其适用对象主要为互联网产品的制造商、数据服务的提供商和数据用户等。

（3）英国

作为欧洲第一个制定和颁布隐私影响评估的国家，英国在数据治理中较早"嵌入"数据安全意识，除积极响应欧盟《关于个人数据自动化处理的个人信息保护公约》（1981）和《关于涉及个人数据处理的个人保护及此类数据自由流动的指令（95/46/EC）》（1995）外，还结合本国法律制度的整体情况，制定符合英国国情的数据法令，为其他国家加强个人数据保护提供了新的思路。整体上看，英国个人数据治理发展脉络大致可以划分为机构治理（1981—1998年）、公民嵌入式治理（1998—2016年）、转型治理（2016—2018年）、依法治理（2018—至今）四个阶段。

（4）日本

日本的技术政策设定了实现"社会5.0"（Society 5.0）的目标，即通过一个高度整合网络空间和物理空间的系统来实现经济发展并解决社会问题，以建立一个以人为本的社会。科学技术是实现这一目标的关键。《综合创新战略2022》也阐明了日本当前创新政策的三大支柱。

《综合创新战略2022》列明了战略重点领域，如量子技术、生物技术、人工智能、材料、健康和医疗、空间、海洋等。该战略还侧重于安全和安保举措，例如创建和利用智库资源以及实施《经济安全保障推进法案》。该法案计划在十年内投入2500亿日元（约合17.8亿欧元），以支持四大类别（海洋、太空和航空、网络空间、生物技术）的27项技术。

（5）韩国

2021年7月，韩国发布的"新政2.0"中重点提到"数字新政2.0"，将大数据列为发展5G产业的重点项目之一。

（6）俄罗斯

俄罗斯从21世纪初开始积极推动数字政府建设。通过梳理20年来俄罗斯颁布的相关战略规划等文件，发现俄罗斯数字政府的内涵和主要任务是在发展中保持一定的连续性，俄罗斯把数字化转型作为《2030年俄罗斯国家发展目标》中的五大目标之一，旨在实现强国梦想。从联合国、世界银行有关报告和俄罗斯国内评价看，俄罗斯数字政府建设表现不俗，进展迅速，发展潜力大，国家政策在发展数字政府方面发挥了积极作用。

11.3.2.2 国外技术创新发展态势监测

随着越来越多各行各业的企业发现大数据应用的价值，大数据技术、实践和方法正得到快速发展。用于收集、处理、管理和分析整个组织各种数据的新型大数据架构和技术不断出现。处理大数据并不仅仅是处理大量存储的数据信息，通常还有各种各样的其他数据——从分布在数据库中的结构化数据到文件、图像、视频、传感器、系统日志、文本和文档中的大量非结构化和半结构化数据。此外，这些信息通常以很快的速度创建和更改，并且数据质量水平参差不齐，这给数据管理、处理和分析带来了进一步的挑战。

趋势一：生成式人工智能、高级分析和机器学习。随着大量数据的产生，传统的分析方法面临着挑战，因为它们不容易实现大规模数据分析的自动化。分布式处理技术，特别是由Hadoop和Spark等开源平台推广的技术，使企业能够快速处理PB级的信息。然后，企业使用大数据分析技术来优化其商业智能和分析计划，从依赖数据仓库技术的缓慢报告工具转向更智能、响应更快的应用程序，从而更好地了解客户行为、业务流程和整体运营。

趋势二：数据多样性推动了处理的进步和边缘计算的兴起。数据生成的速度正持续加快。这些数据大部分不是由数据库中发生的业务交易生成的，而是有其他来源，包括云系统、网络应用程序、视频流以及智能手机和语音助手等智能设备。这些数据很大程度上是非结构化的，过去大多未经组织处理和使用，从而将其变成所谓的暗数据。

趋势三：大数据存储需求刺激云和混合云平台创新以及数据湖的增长。为了应对不断增长的数据生成，企业花费更多资源将这些数据存储在一系列针对大数据的所有 V 进行优化的基于云的混合云系统中。在过去的几十年里，组织管理自己的存储基础设施，导致企业必须管理、保护和运营庞大的数据中心。向云计算的转变改变了这种动态。通过将责任转移给云基础设施提供商（例如AWS、谷歌、微软、甲骨文和 IBM），组织可以处理几乎无限量的新数据，并按需支付存储和计算能力的费用，而无须维护自己的大型和计算能力、复杂的数据中心。

趋势四：数据运营和数据管理脱颖而出。大数据处理、存储和管理的许多方面将在未来几年持续发展。这种创新很大程度上是由技术需求驱动的，但也有部分是由我们思考数据和与数据相关的方式的变化驱动的。创新领域之一是DataOps的出现，这是一种方法论和实践，专注于敏捷、迭代的方法，用于处理流经组织的数据的整个生命周期。DataOps流程和框架不是由单独的人员处理数据生成、存储、传输、处理和管理，而是以零碎的方式思考数据，解决从生成到归档的整个数据生命周期中的组织需求。

11.3.2.3 国外技术创新布局特征

当前，大数据已经成为经济社会发展质量、效率和动力变革的重要引擎。随着新一轮科技革命和产业变革深入演进，各国纷纷出台大数据发展相关战略，加快布局大数据发展新赛道，通过聚焦数据要素多重价值的挖掘分析，积极争夺大数据行业发展制高点。

（1）全球大数据产业呈现蓬勃发展态势

从全球范围来看，全球数据要素市场规模呈现稳步增长态势。据市场调研机构发布的数据显示，2021年年底，全球数据要素市场规模已经达到3000亿美元，较2020年新增约150亿美元，到2022年，数据要素市场规模进一步上升至3200亿美元。欧美国家数字经济占据绝对优势，美国的大数据产业最为发达，规模大，市场活跃有序，在金融、医疗、制造、教育等各行业得到广泛应用，已经成为其经济增长的重要推动力量。近年来，大数据产业的商业化取得了重要突破，如大模型、ChatGPT引起业内广泛关注。欧洲大数据产业发展同样迅速，英国、法国、德国等国相继建立大数据基础设施，推进大数据的开发和应用。

（2）全球的数据产业模式

当前，全球数据产业模式以欧美国家的发展模式为主，其中较具代表性的有三类：征信模式、数据服务商模式（Data Broker）和本人数据管理（MyData）。征信模式是全球通用的数据产业模式，已有200年的发展历史，该模式中征信机构作为独立的第三方，从信贷机构共享数据，有利于降低信息共享成本，减少信息不对称。数据服务商模式是一类集合各类信息来源的企业，已经有50年的历史。作为独立第三方，数据服务商可以独立搜集数据。MyData模式主要为政府主导型，起源于英美国家，该模型主要关注个人数据的流动和应用，强调消费者的授权，具体又分为公共MyData和一般MyData两种模式。

11.4 大数据分析技术发展建议

我国大数据技术创新虽起步稍晚，但发展速度更快，目前已进入与欧美、日、韩等国家并跑的阶段。中国相关专利和论文有数量优势，但质量有待提高，国内外专利布局不合理。结合近年来全球大数据分析技术发展动态，为贯彻落实新发展理念，进一步加快我国大数据分析技术创新，提出以下建议：

（1）加强跨学科合作与人才培养

促使计算机科学、数学、统计学等领域的专家与领域内企业、政府等多方合作，推动大数据领域跨学科研究。培养具备数据科学、人工智能等综合背景的专业人才，强化数据分析领域的跨界交流。

（2）推动政策和法规创新

重点支持大数据产业核心技术专利研发，完善大数据产业发展和技术创新的预警、激励机制，加大对高价值发明专利的支持力度，提高大数据技术相关专利的培育、保护、运营、管理和服务等全链条基础服务质量，加快推进核心专利技术的转化和产业化，全面提升大数据技术专利的数量和质量。

（3）加大科研资金投入与技术创新

增加对大数据分析领域的科研项目资金支持，鼓励高风险、高收益的创新尝试。建立产学研用相结合的合作机制，加速科研成果转化为实际应用。通过拓宽和丰富应用场景、培育行业大数据市场优势等举措加快大数据产业升级。

（4）积极参与国际合作

加强与国际大数据研究机构、企业的合作，共享先进技术和经验，通过国际合作，提高我国大数据分析技术在全球创新格局中的地位。与此同时，中国作为数据资源大国，综合实力仅次于美国，理应成为全球数据治理的重要参与者，应顺应全球数据治理的时代大势，积极参与全球数据规则和标准制定，倡导以多边主义的方式解决全球数据治理面临的各类问题，推动我国在全球大数据治理的影响力。

第12章

增强现实和虚拟现实前沿技术识别与动态监测

虚拟现实（VR）和增强现实（AR）是近年来备受关注的技术。虚拟现实技术是指通过移动互联网技术模拟出模仿现实世界的逼真的三维空间虚拟世界，在视觉、听觉、触觉上为用户提供真实的模拟环境，随时、无限制地观察三维空间。增强现实技术是指将虚假信息与真实场景相结合，通过技术手段将虚拟对象融合到用户视野。

广义上的虚拟现实技术除狭义的VR以外，还包括增强现实、混合现实和扩展现实。虚拟/增强现实技术能够为智能制造和数字化转型提供很好的技术支撑，有力推动制造业研发、生产、管理、服务、销售和售后等环节的变革创新。在智能制造的核心环节，虚拟现实技术能够对装配工艺进行模拟和优化，帮助企业对工厂进行科学规划，虚拟现实技术在智能制造领域的深度应用将催生更多新场景，尤其是基于增强现实技术的工业模拟仿真在工业领域的多个环节开始推广普及，将推动工业生产效率得到进一步提升。围绕智能制造中的增强现实和虚拟现实技术，采用WOS（Web of Science）数据库与incoPat专利数据库进行大数据分析领域数据检索，进而识别该领域的前沿技术，并开展相关领域国际战略动态的跟踪监测，从而发现该领域技术创新的动态、竞争态势、面临的挑战等，能够为该领域技术创新发展提供参考。

12.1 增强现实和虚拟现实前沿技术简述

当前，全球虚拟现实和增强现实（VR/AR）产业蓬勃发展，随着VR/AR技术不断发展，多行业、多场景应用加速落地，虚拟现实行业市场规模保持高速增长态势。2022年，全球虚拟现实市场价值达184亿美元，预计从2023年到2033年，虚拟现实市场将实现26%的高价值年均复合增长率，2033年市场规模有望达到2337.9亿美元。欧洲市场在预测期内（2023—2033年）的年均复合增长率将达到29%。2022年，亚太地区占据全球市场40%的份额。目前，全球虚拟现实行业的企业主要分布在头戴设备显示、输入及反馈设备、全景摄像设备、内容制作和行业应用领域。

增强现实和虚拟现实技术作为促进智能制造各方面变革的关键技术，是为中国工业4.0的发展提供先进的、直观的、可交互的仿真、验证及可视化决策的平台，将为工业行业在产品生命周期中遇到的数字样机评审、超大装配、异构装配、交互式装配、人机工程、虚拟维修、虚拟培训、产品营销等问题提供新的环境与工具。近年来，得益于我国虚拟现实领域关键核心技术的不断突破，应用场景不断拓宽和丰富，产业规模持续扩大。据《2024—2030年中国虚拟现实行业市场深度评估及投资机会预测报告》数据显示，我国虚拟现实（VR）市场规模持续增长，2022年我国虚拟现实（VR）规模达775.9亿元，较2021年增长32.9%。2022年11月发布的《虚拟现实与行业应用融合发展行动计划（2022—2026年）》提出，到2026年，我国虚拟现实产业总体规模（含软硬件、应用等）超过3500亿元，终端销量超过2500万台，培育100家具有较强创新能力和行业影响力的骨干企业，打造10个具有区域影响力、引领虚拟现实生态发展的集聚区，建成10个产业公共服务平台等定量目标。目前，虚拟现实技术在视频、游戏领域的应用相对成熟，具有较高的示范推广价值，在医疗、教育、社会治理等领域同样展现出巨大的应用潜力和市场前景。

12.2 基于文献计量分析的增强现实和虚拟现实前沿技术识别

12.2.1 基于论文计量分析的增强现实和虚拟现实前沿技术识别

基于科技论文数据，采用文献计量和内容分析方法，利用Histcite、VOS viewer等工具，对增强现实和虚拟现实领域前沿技术的研究进展跟踪监测。

12.2.1.1 数据来源

利用WOS数据库进行文献获取，借鉴已有对该领域发展态势研究的检索方式制定检索策略。其中，高被引论文通常代表着高学术水平与影响力的重要成果，在WOS中表现为被引频次TOP10%的论文。本文将近十年被引频次TOP10%的论文定义为该领域基础研究的前沿技术，从论文角度识别该领域前沿技术。

为确保样本数据的质量及权威性，基于科睿唯安Web of Science核心数据库，通过以主题词与发表日期为限定构建增强现实和虚拟现实领域检索策略，将文献的类型限定为"论文""综述论文""会议录论文"，时间跨度为2014—2023年，得到2400余篇文献，检索时间为2024年1月。利用Histcite、VOSviewer等工具，对该重点领域前沿技术的研究进行数据挖掘。

12.2.1.2 论文增长态势及分布

根据本研究的检索策略，截至2023年12月，Web of Science核心合集中近十年共收录全球增强现实和虚拟现实领域相关研究论文2388篇，发文年度变化趋势如图12-1所示。整体发文量呈现稳定的增长趋势，从2014年的92篇增至2022年的426篇，数据表明"增强现实和虚拟现实"领域经历了从起步到发展的过程，相关技术迎来了研究与发展的热潮。但2023年发文量略有下降，相较于2022年下降8.69%，可能跟数据库收录延迟有关。基于论文产出的整体趋势，未来增强现实和虚拟现实研究领域的论文产出数量可能呈现上涨或震荡趋势。从行业发展角度来看，智能制造领域增强现实和虚拟现实研究仍然是学界和业界的研究热点。

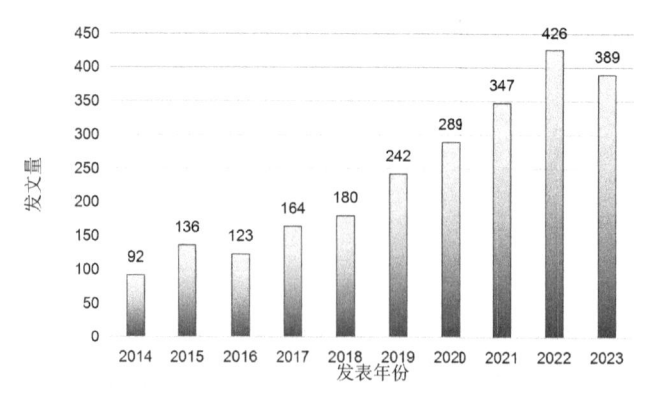

图12-1 增强现实和虚拟现实领域论文发文量年度变化趋势

对增强现实和虚拟现实领域国家／地区的发文量进行统计可知，该领域的论文广泛分布在88个国家和地区。图12-2展示了发文量前十名的重点国家／地区，总体可分为两大梯度：①第一梯度为中、美。位居首位的是中国，其发文量占总量的21.7%，其次为美国（占总发文量18.9%），中美两国的增强现实和虚拟现实研究遥遥领先于其他国家／地区，二者相加超过总发文量的40%。由此可见中美在增强现实和虚拟现实领域前沿技术研究方面具有绝对优势。②第二梯度包括德国、韩国、英国、意大利、印度、法国、西班牙、加拿大。虽与第一梯度发文量具有一定差距，但仍然占据总发文量的3.3%—8.6%，说明第二梯度的国家／地区在该领域前沿技术的研究也具备较强实力。

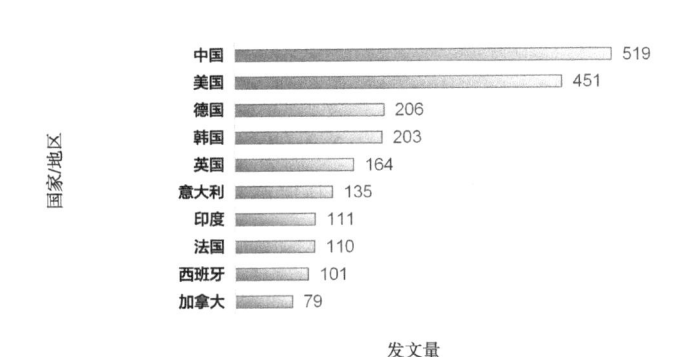

图12-2　增强现实和虚拟现实领域发文重点国家／地区分布

12.2.1.3　前沿技术热点分析

通过高频关键词分析可从一定程度上表征该学科领域的研究主题，揭示某一时间段内的研究热点。由于"augmented reality"与其他关键词极差较大，因此将其隐藏以更好地在词云图中呈现其他关键词。统计论文关键词可知（图12-3），高频关键词主要包括virtual reality（虚拟现实）、additive manufacturing（增材制造）、industry 4.0（工业4.0）、digital twin（数字孪生）、mechanical properties（机械性能）、artificial intelligence（人工智能），可见这些主题是该领域近年来备受关注的研究问题。

图12-3 增强现实和虚拟现实领域前沿技术研究关键词词云图（关键词词频TOP200）

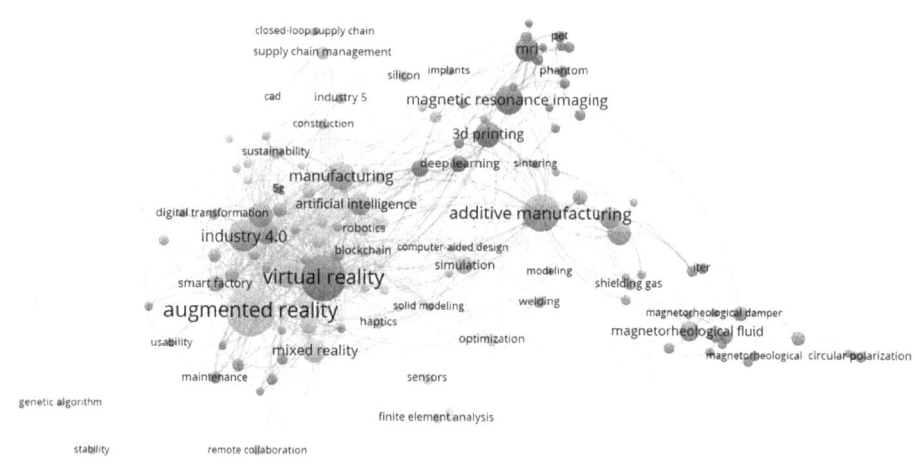

将增强现实和虚拟现实前沿技术研究中高被引（被引频次前10%）论文导入VOSviewer进行关键词共现分析（图12-4）。忽略增强现实和虚拟现实两个关键词，该领域近年来的研究热点主要包括以增材制造为中心、以工业4.0为中心、以核磁共振成像为中心以及以磁流变液为中心的四大研究方向。

图12-4 增强现实和虚拟现实领域前沿技术研究关键词共现网络（关键词词频TOP200）

研究表明，基于论文的增强现实和虚拟现实前沿技术研究包括四大热点方向：

(1) 以增材制造为中心的研究

以3D打印为中心的增强现实（AR）和虚拟现实（VR）在智能制造中的研究呈现出创新性和前瞻性。通过AR技术提供实时的3D模型叠加于实际打印工作中，以便更直观地了解打印过程，监测打印状态，优化参数设置。通过虚拟环境中的立体模型进行产品设计，实时调整参数、结构和外观，提高设计的精确性和创造性。整合增强现实和虚拟现实技术，实现3D打印远程操作、虚拟协作和智能监测。

(2) 以工业4.0为中心的研究

工业4.0（Industry 4.0），也称为第四次工业革命，代表了制造业和工业界的重大变革。增强现实（AR）和虚拟现实（VR）是实现工业4.0所必需的两种关键技术，是工业用户实现数字化的基础。利用"工业4.0"的企业需要真实世界和虚拟世界精确而持久的融合，实现采用虚拟现实技术制作工业数字样机、使用AR进行装配和安装设计、通过增强现实技术实现车间的维护与控制、使用虚拟现实技术培训工业作业等研究。

(3) 以核磁共振成像为中心的研究

核磁共振（MRI）在医疗系统中占据重要的位置，不仅可以被用来帮助勘察脊椎、脑部等身体多个部位的病症，还可以通过影像学专业设备，更加清楚地了解病症的发展程度。研究内容涉及MR技术在影像医学、临床医学、物理、工程、生物化学及生物工程等领域的研究、开发和临床转化应用。此外，新型功能磁共振成像（rt-fMRI）能够在线反馈明确定义的大脑网络功能，相关研究也得到了学界的广泛关注。

(4) 以磁流变液为中心的研究

磁流变液是一种具有广阔应用前景的智能材料，特别适用于结构智能减振领域，可以被用于制造设备的传感器系统。通过在设备表面嵌入磁流变液传感器，可以实时监测设备的变形、温度和其他关键参数。磁流变液可用于模拟和调整设备的结构，通过在虚拟环境中模拟外部磁场对磁流变液的影响，可以优化设备的设计和性能。实现对磁流变液材料的实时控制和调整，通过增强现实界面，操作人员可以监测并调整磁场，实现对磁流变液的精确操控，从而改变设备的流变性质和结构。

12.2.2 基于专利分析的增强现实和虚拟现实前沿技术识别

基于全球专利数据库incoPat中的专利信息，分析增强现实和虚拟现实前沿技术的技术研发态势，具体包括数据来源、检索策略、技术研发趋势、国家／地区分布、技术热点。

12.2.2.1 数据来源

增强／虚拟现实技术涉及计算机、电子信息、仿真等多项技术，通过计算机模拟虚拟环境从而给人带来环境沉浸感。随着社会的信息发展进程不断加快，各行各业对增强／虚拟现实技术的需求不断扩大，推动了VR产业的快速发展。采用incoPat内置算法能够较好地识别该领域所属技术类别，筛选被引证次数较高的专利并对专利信息进行聚类，能够在一定程度上反映该领域的前沿技术热点，其中专利申请时间越晚代表这项专利技术的前沿程度越高。本文将近五年被引证次数前10 000篇的专利定义为该领域基础研究的前沿技术，从专利角度识别该领域前沿技术。

本节基于全球专利数据库incoPat，以"增强现实和虚拟现实"为关键词，将专利检索限定在"制造"领域，时间限定为2014—2023年。共检索到相关专利352件，合并申请号剩余238件。

12.2.2.2 专利申请态势及分布

图12-5为2014—2023年增强现实和虚拟现实领域相关专利申请和公开趋势。从图中可以看出，2014—2019年，全球专利申请量逐年递增，但从2021年开始，专利申请量呈现锐减趋势。2014—2023年专利公开数量整体呈现增长趋势，但2014—2017年增速明显较缓，2018—2022年间增速较高。2021年后专利公开数量与专利申请数量的差距，说明该领域仍处于研究的热点时期，市场前景较好。

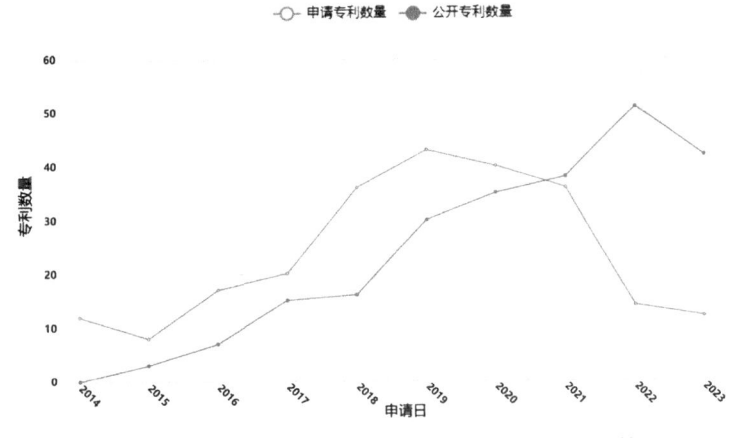

图12-5　增强现实和虚拟现实专利申请-公开趋势

图12-6展示了近年来专利公开的主要国家／地区／机构（TOP10）。从专利公开数量上来说，中国近年来在增强现实和虚拟现实领域专利公开数量最多，其次分别为韩国、美国。从中国、韩国、美国三个国家的申请趋势上看，2021年前中国专利申请数量逐年增长，2022年开始专利申请数量锐减；2020年韩国专利申请数量到达峰值，2019年美国专利申请数量到达峰值，尤其是2023年，韩国和美国专利公开数量为近十年最低。说明增强现实和虚拟现实技术研发的重点国家近年来都减少了在该领域的专利申请，增强现实和虚拟现实技术已在市场开展实际应用。

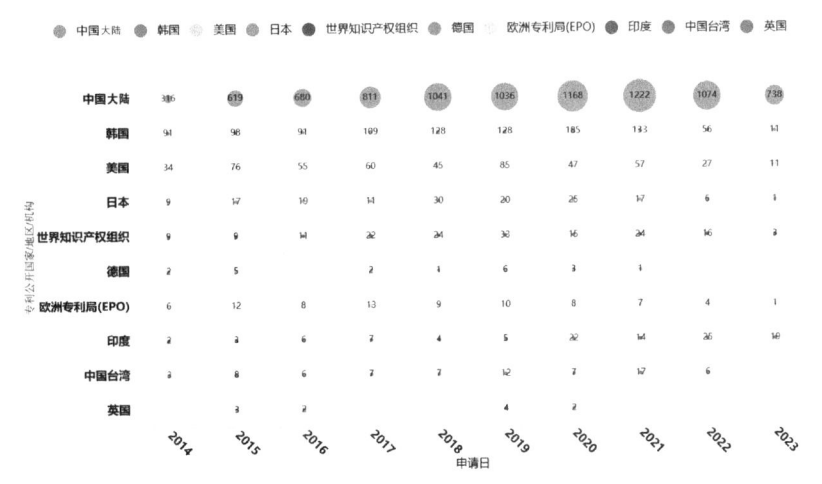

图12-6　增强现实和虚拟现实专利全球申请趋势

在incoPat中针对机构存在简称和全称混用、同一机构下的研究所未合并、公司名称／机构的不同书写格式、中英文名称不同等进行清洗，清洗后得到专利TOP20申请机构如图12-7所示。

专利数量

机构	专利数量
台湾积体电路制造股份有限公司	228
台湾大学	7
瑞士植物性膳食食品加工公司	2
安徽胜利精密制造科技有限公司	1
瑞士ABB集团	1
布拉特工业公司	1
富士仓株式会社	1
POWERCELL SWEDEN	1
SOLETAIR POWER	1
SYMPHONY TELECA CORPORATION	1

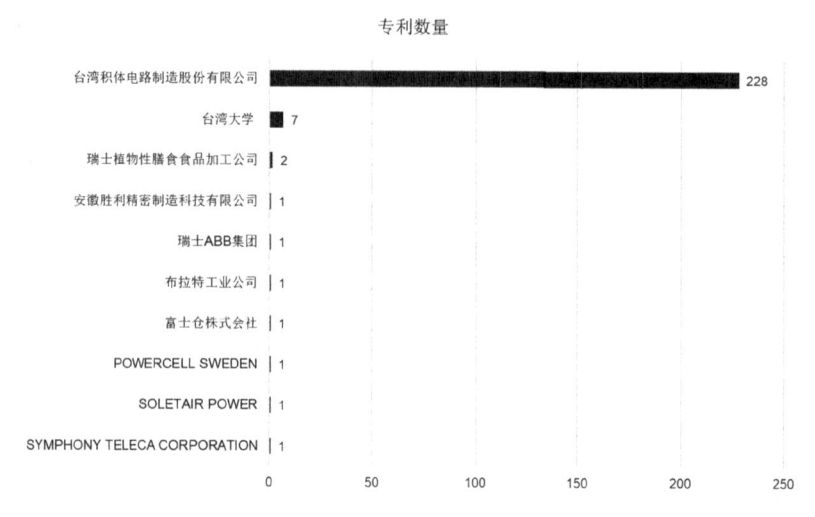

图12-7 增强现实和虚拟现实领域专利申请TOP10机构

专利申请量排名前10的申请机构来自中国（3个）、瑞士（2个）、美国（1个）、日本（1个）、丹麦（1个）、瑞典（1个）、芬兰（1个）。值得注意的是专利申请量排名前10的机构性质多为公司企业，台湾大学是唯一一个高校、研究院所性质的机构，其中中国公司申请数量占专利总申请量的95.8%，但申请公司主要来自台湾地区。总体来说，中国在增强现实和虚拟现实专利获取上占有明显的技术优势。

中国是近年来增强现实和虚拟现实领域专利技术申请量第一的国家，我国当前主要申请增强现实和虚拟现实专利的是台湾积体电路制造股份有限公司、台湾大学和安徽胜利精密制造科技有限公司。其中台湾积体电路制造股份有限公司整合智能化行动装置、物联网（Internet of Things，IoT）、增强／混和现实（augmented reality/mixed reality）和移动式机器人，结合智能自动物料搬运系统（Automated Material Handling System，AMHS），以整合晶圆生产数据收集与分析、有效利用生产资源，发挥最大制造效益。台湾积体电路制造股份有限公司

2014—2023年申请增强现实和虚拟现实专利共计228件，专利申请数量于2019年到达峰值，当年专利申请数量为62件。台湾大学虽然没有开设虚拟现实技术应用专业，但在增强现实和虚拟现实领域开展了前沿技术研究，并申请了7件专利。安徽胜利精密制造科技有限公司是一家精密模具及零部件制造商，在增强现实和虚拟现实领域申请专利1件。台湾积体电路制造股份有限公司和台湾大学，专利价值度≥9的专利数量超过208件，占申请总量的90.8%，说明其在增强现实和虚拟现实领域的专利价值整体较高。

瑞士在增强现实和虚拟现实技术方面也处于世界领先地位，当前主要的增强现实和虚拟现实布局公司为瑞士ABB集团、瑞士植物性膳食食品加工公司，均为制造业公司，但仅申请增强现实和虚拟现实专利3项。

2014—2023年，美国、日本、丹麦、瑞典、芬兰申请增强现实和虚拟现实技术各1件，处于技术开发的第二梯队。

12.2.2.3 专利技术热点分析

从专利申请的技术类别上看，增强现实和虚拟现实领域的技术类别相对较为稳定，主要以"H01L（半导体器件）""G03F（图纹面的照相制版工艺）""G06F（数据处理）""B08B（一般清洁；一般污垢的防除）""H10N（半导体器件）""C23C（金属材料的镀覆）""G01N（除免疫测定法以外包括酶或微生物的测量或试验）""H10B（未涵盖的半导体器件）""A23J（小类中的食品、食料或非酒精饮料）""G01J（红外光、可见光、紫外光的强度、速度、光谱成分、偏振、相位或脉冲特性的测量）"为主，但技术类别的占比有所变化。2014—2023年，增强现实和虚拟现实领域专利技术申请类别以"H01L"为主，2018—2020年"H01L"技术的专利申请均为55件，说明增强现实和虚拟现实技术在智能制造领域更多被应用于芯片制造。

通过筛选被引证次数前10 000篇的专利，并对技术类型进行分析获得图12-9中的技术类别沙盘图。从图中可知当前增强现实和虚拟现实领域的主要技术热点涉及：栅极堆叠／ild／间隔物、图案化／相变存储器件／籽晶层、mtj／mram／硬掩模、反应性物质／化学气相沉积低k介电层、euv／光电检测器／除胶工艺、鳍片/finfet/掺杂剂、静态分析/电路设计/电特性、铁磁共振/基准电压发生器预置电路、对准台/燃料电池堆/双极板。

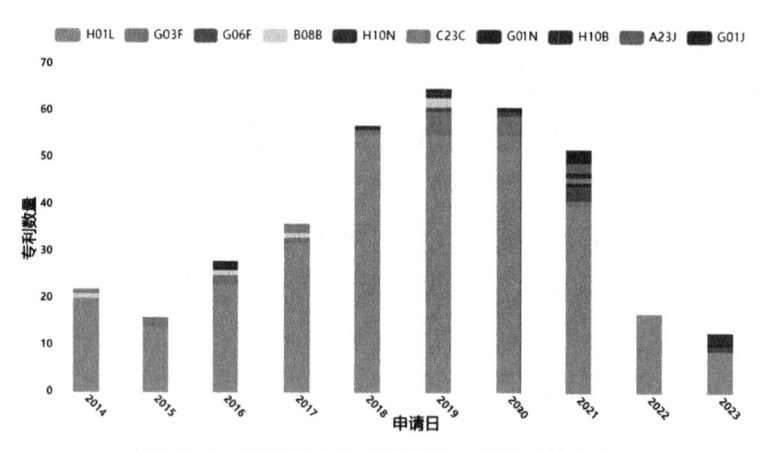

图12-8 增强现实和虚拟现实专利申请技术趋势

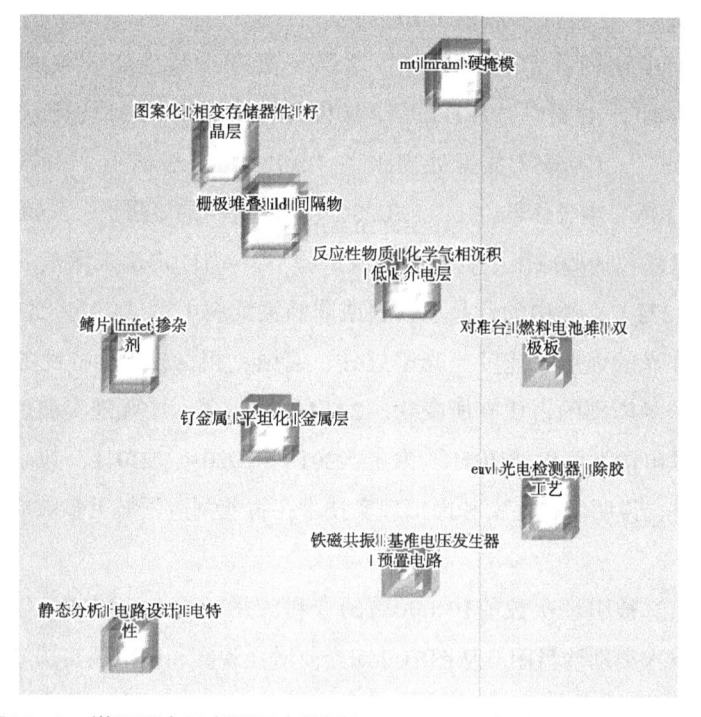

图12-9 增强现实和虚拟现实领域2014—2023年被引证前10 000的专利技术类别分布

由图12-10可以看出，增强现实和虚拟现实领域技术功效分布波动较大，成本降低、复杂性降低、可靠性提高和损失减少是专利申请人主要关注的研发路线。

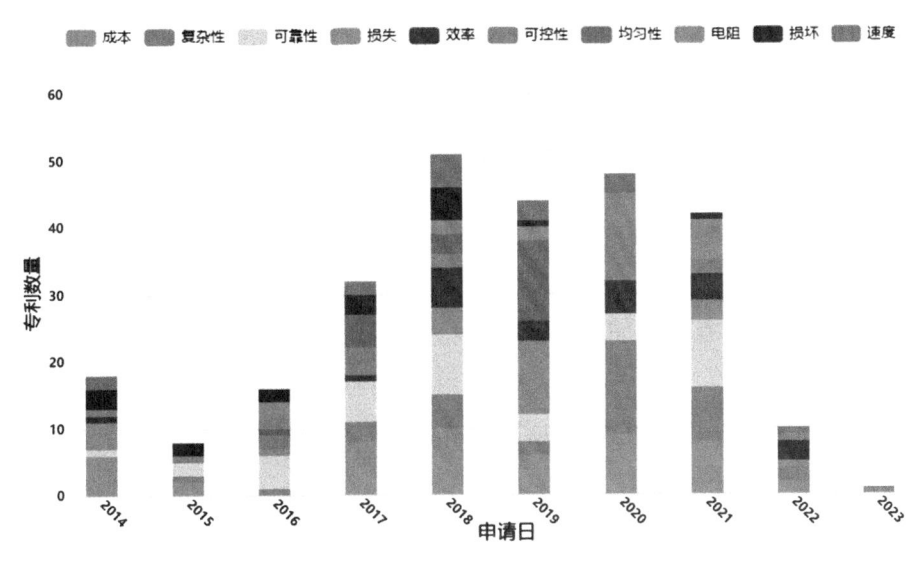

图12-10 增强现实和虚拟现实专利申请技术功效趋势

分析表明，目前增强现实和虚拟现实领域的专利前沿技术涉及以下几个方向。

（1）将增强现实和虚拟现实技术融入产品设计、生产作业、设备管理

①产品设计：通过VR的可视化设计展示，可以帮助制造商在实际生产前及时对产品的细节设计进行调整，提升产品品质；通过VR进行产品的预体验可以帮助发现潜在问题、优化设计和流程，减少返工和维修的成本。②生产作业：通过AR智能眼镜可以实时显示零件位置和配件安装说明书，提示工人按照标准化流程及指定位置进行组装和生产，提高产品合格率；生产管理人员可以通过VR进行远程监造，减少现场作业的违规行为，降低异地出差成本。③设备管理：利用AR设备辅助点检巡检，检修人员按照规定程序批量进行数字化检修，可以实时上传数据，摆脱纸质检修，提高检修效率；VR／AR远程维修指导，可以减少停机时间和维护人员的数量，降低维护成本。

（2）通过增强现实和虚拟现实技术进行员工技能培训

利用VR技术可以在虚拟环境中对员工进行装配、维修等的教育和培训，让员工沉浸式地进行学习和模拟练习，帮助其熟悉复杂的流程和操作，并减少对物理装置的需求，从而提高效率和安全性；AR实景培训可以在实物的基础上叠加信息进行解说，使培训内容更加直观。

（3）基于增强现实和虚拟现实的仓储物流管理

借助AR智能眼镜可以快速读取条形码，查看零件信息，可以提高查找效率，提高物流分拣效率。

（4）采用增强现实和虚拟现实技术进行产品营销展示

通过VR进行产品展示，可以提升客户体验感、提高转化率、缩短营销周期，有利于减少库存堆积，降低运输成本。

12.2.3 增强现实和虚拟现实前沿技术发展态势

国内外大部分厂商现阶段在VR设备方面的专利布局较多，然而对增强现实和虚拟现实技术在智能制造中应用的技术开发和研究较少，未来仍要继续推进虚拟场景和真实场景的相互融合。围绕市场需求，业界和学术界开展了大量的研究探索。其中，学术论文的计量分析可以发现面向市场和社会需求的增强现实和虚拟现实领域的研究热点，通过专利计量分析能够窥探出增强现实和虚拟现实的技术竞争热点。综上分析可见，增强现实和虚拟现实前沿技术热点呈现如下态势：

①从技术需求态势看，以增材制造为中心、以工业4.0为中心、以核磁共振成像为中心以及以磁流变液为中心的研究，是当前市场和社会发展重要的技术需求领域。

②从市场技术竞争态势看，增强现实和虚拟现实的智能制造应用实践开始逐渐涌现，相关技术主要用于芯片制造。

12.3 增强现实和虚拟现实前沿技术监测

12.3.1 国内增强现实和虚拟现实前沿技术监测

12.3.1.1 政策布局监测

近年来，中国增强现实和虚拟现实取得蓬勃发展，增强现实和虚拟现实作为一种新型显示器，得到了国家政策的大力支持，如《电子信息制造业2023—2024年稳增长行动方案》《虚拟现实与行业应用融合发展行动计划（2022—2026年）》《"十四五"数字经济发展规划》，明确鼓励进行推广应用。增强现实和虚拟现实行业相关政策具体如下。

（1）2020年：《关于推动工业互联网加快发展的通知》《关于推动5G加快发展的通知》

《关于推动工业互联网加快发展的通知》提出，要提升工业互联网平台核心能力，引导平台增强现实/虚拟现实等新技术的支撑能力，强化设计、生产、运维、管理等全流程数字化功能集成。工信部印发的《关于推动5G加快发展的通知》提出推广5G+VR/AR、赛事直播、游戏娱乐、虚拟购物等应用，培育新兴消费模式，拓展新型消费领域。

（2）2021年：《基础电子元器件产业发展行动计划（2021—2023年）》《"双千兆"网络协同发展行动计划（2021—2023年）》《5G应用"扬帆"行动计划（2021—2023年）》

工信部印发的《基础电子元器件产业发展行动计划（2021-2023年）》将引导产业转型升级作为重点工作之一，提出智能制造推进行动方案，强调推广智能化设计，引导软件企业开发各类仿真设计软件，鼓励使用虚拟现实等先进技术开展工业设计等。同年3月，颁布了《"双千兆"网络协同发展行动计划（2021—2023年）》，提出增强现实/虚拟现实（VR/AR）、超高清视频等高带宽应用进一步融入生产生活，典型行业千兆应用模式形成示范。7月，工信部等十部门颁布了《5G应用"扬帆"行动计划（2021—2023年）》，提出加快云VR/AR头显，5G+4K摄像机、5G全景VR相机等智能产品推广，拉动新型产品和新型内容消费，促进新型体验类消费发展。

（3）2022年：《"十四五"数字经济发展规划》《关于进一步释放消费潜力　促进消费持续恢复的意见》《虚拟现实与行业应用融合发展行动计划（2022—2026年）》

国务院发布《"十四五"数字经济发展规划》，提出创新发展"云生活"服务，深化人工智能、虚拟现实、8K高清视频等技术的融合，拓展社交、购物、娱乐、展览等领域的应用，促进生活消费品质升级。同年4月，发布了《关于进一步释放消费潜力　促进消费持续恢复的意见》，推进第五代移动通信（5G）、物联网、云计算、人工智能、区块链、大数据等领域标准研制，加快超高清视频、互动视频、沉浸式视频、云游戏、虚拟现实、增强现实、可穿戴等技术标准预研，加强与相关应用标准的衔接配套。同年10月，工信部等五部门发布了《虚拟现实与行业应用融合发展行动计划（2022—2026年）》，提出发展目标为到2026年，三维化、虚实融合沉浸影音关键技术重点突破，新一代适人化虚拟现实终端产品不断丰富，产业生态得到进一步完善，虚拟现实在经济社会重要行业领域实现规模化应用，形成若干具有较强国际竞争力的骨干企业和产业集群，打造技术、产品、服务和应用共同繁荣的产业发展格局。

（4）2023年：《电子信息制造业2023—2024年稳增长行动方案》

2023年8月，工信部和财政部发布《电子信息制造业2023—2024年稳增长行动方案》，指出培育壮大新增长点。要求紧抓战略窗口期，提升产业核心技术创新能力，推动虚拟现实智能终端产品不断丰富。深化虚拟现实与工业生产、文化旅游、融合媒体等行业领域有机融合，开展典型应用案例征集和产业对接活动，推动产业走深走实。

表12-1　我国国内增强现实和虚拟现实政策规划

时间	制定机构	政策规划名称
2020.3	工业和信息化部	《关于推动工业互联网加快发展的通知》
2020.3	工业和信息化部	《关于推动5G加快发展的通知》
2021.1	工业和信息化部	《基础电子元器件产业发展行动计划（2021—2023年）》
2021.3	全国人大	《中华人民共和国国民经济和社会发展第十四个五年规划和2035年远景目标纲要》
2021.3	工业和信息化部	《"双千兆"网络协同发展行动计划（2021—2023年）》
2021.7	工信部等十部门	《5G应用"扬帆"行动计划（2021—2023年）》
2021.11	工业和信息化部	《工业和信息化部办公厅关于组织开展国家新型数据中心（2021年）典型案例推荐工作的通知》
2022.1	国务院	《"十四五"数字经济发展规划》
2022.4	国务院	《关于进一步释放消费潜力　促进消费持续恢复的意见》
2022.5	国务院	《关于推动外贸保稳提质的意见》
2022.10	工信部等五部门	《虚拟现实与行业应用融合发展行动计划（2022—2026年）》
2023.8	工信部和财政部	《电子信息制造业2023—2024年稳增长行动方案》

12.3.1.2　国内技术创新发展态势监测

伴随各级政府对AR／VR、元宇宙等产业关注度的提升，VR行业在2022年整体迈上新台阶，涌现出数十款硬件新品，内容生态也在同步丰富与完善。2022年10月，工信部、教育部、文旅部等联合发布《虚拟现实与行业应用融合发展行动计划（2022—2026年）》，利好政策的出现，深化了VR行业发展的目标，引导业内相关方聚焦VR技术在工业生产、文化旅游、媒体、教育、体育、娱乐等多领域的落地。2023年，AIGC、ChatGPT等新技术的兴起与应用，将进一步丰富VR内容生产，特别是2023年6月5日举行的WWDC大会上，苹果MR头显的发布，为包含VR在内的XR行业乃至整个消费电子行业带来巨大影响，将吸引更多企业、资本、用户等产业角色，共同构建行业发展的良性循环。作为元宇宙的三大基础设施之一，近眼显示、感知交互、渲染处理、网络传输及内容制作等VR行业相关技术的发展，为构建虚实融合的沉浸式体验、服务提供可能，同步对业内各产业角色带来新的思考。

（1）多项产业政策支持虚拟现实行业发展

近年来，VR／AR行业受到政府的高度重视和国家产业政策的重点支持。国家陆续出台了多项政策，鼓励VR／AR行业发展与创新。2023年8月，《电子信息制造业2023—2024年稳增长行动方案》提出，落实《虚拟现实与行业应用融合发展行动计划（2022—2026年）》，紧抓战略窗口期，提升虚拟现实产业核心技术创新能力，推动虚拟现实智能终端产品不断丰富。

（2）技术进步推动行业发展

5G及Wi-Fi6的高带宽、低延迟特性为承载VR／AR内容及服务的驱动力。5G以及Wi-Fi6预期将丰富包括超高清流媒体在内的使用场景，同时无线设备将大幅提升用户体验，进一步支持室外场景的设备应用。基于云计算的云VR／AR服务可有效解决沉重设备费用高昂的痛点，并推动VR／AR普及以及VR／AR内容开发。同时，硬件设备技术进步明显，价格下降，优质内容和硬件设备形成良性循环。一方面，优质内容促进设备销售；另一方面，硬件设备渗透率提升将促进内容开发者加大投入。预期良性循环将促进VR／AR市场加速扩张。

（3）虚拟现实技术应用领域广泛且不断拓展

随着计算机硬件和软件技术的快速发展，虚拟现实技术也逐渐走向成熟，出现了头戴式显示器、虚拟现实眼镜、手柄控制器、全身追踪设备和触觉反馈设备等虚拟技术产品，以及以Oculus Rift、HTC Vive为代表的虚拟现实技术或系统，这也使得虚拟现实技术在各个行业中得到较为广泛的应用，如教育、医疗、游戏、艺术设计、建筑、娱乐等，特别是在教育领域的应用，虚拟现实技术与GPT类人工智能的结合，使其应用变得更加广泛，包括虚拟实验室、虚拟场景和浏览、三维可视化、虚拟人物、游戏教育、远程实验和交流等不同的场景。2021年3月出台的《中华人民共和国国民经济和社会发展第十四个五年规划和2035年远景目标纲要》将虚拟现实和增强现实产业列为数字经济重点产业，正式进入国家规划布局，未来VR／AR技术在教育、影视、游戏、军工、政务、金融、医疗等领域将大有可为。

12.3.1.3 国内技术创新布局特征

当前，元宇宙概念持续发酵，大量科技企业、投资机构、智库机构等从多种视角对元宇宙展开远景畅想与研讨。虽然元宇宙的终极定义尚未定音，但从各方口中的"下一代互联网""Web3.0的重要演进""全真互联网"等看出，人们对元宇宙最迫切的期待便是对已发展十余年的移动互联网来一次"改头换面"式的升级。因此，将2D升级为3D、将虚拟融合进现实的VR／AR设备被人们寄予厚望，期待其能成为元宇宙最重要、最普及的终端，正如智能手机之于当今的移动互联网。

（1）显示技术

显示技术是VR／AR设备中显示图像画面的硬件，由于VR／AR设备存在近眼显示特性，因此对显示硬件的PPI（像素密度）、分辨率、刷新率、反应速度、体积等性能指标要求非常高。目前主流的VR／AR设备采用Fast-LCD屏幕，从显示性能看，该屏幕色域广、反应速度快，从生产角度看，该屏幕生产成本低，量产供应稳定，但仍然存在分辨率不足、体积较大、像素密度不足、功耗较高的缺点，难以满足超高的观感体验。从未来看，Micro-LED屏幕将会是VR／AR设备的最优选择，其优势在于超高的显示性能，尤其在PPI、分辨率、反应速度、体积、功耗等性能指标上实现跨越式优化，但目前Micro-LED还处于研发阶段，成本耗费高、生产工艺复杂，还需一定时间发展以实现量产。由于AR是在现实画面的基础上叠加虚拟图像，所以AR除屏幕外还要额外配置成像元件，目前AR设备主流的成像元件采用棱镜式、自由曲面反射式和全面光栅衍射式3类，但都存在视场角与元件体积矛盾（获取大视场角的同时，元件体积、重量相应增大）的弊端，而光波导式在解决该问题上具有优势，可目前其设计门槛较高，难以商用，未来随着技术演进将会成为AR主流成像元件。

（2）交互技术

交互技术是VR／AR设备捕捉用户意图及行为、反馈拟真感官体验，以此进行人机交互的技术。能否降低交互手段的存在感、贴近人体自然感官体验是交互技术的重要衡量。目前来看，手势交互是VR／AR设备的主要交互手段，并且以控制器等外设感知手势为主，也有部分设备升级为计算机视觉识别手势，但识别效果欠佳；全视角的画面显示为VR／AR设备提供视觉反馈，也有部分设备补充了全真声场技术提供听觉反馈,但在嘈杂环境下效果欠佳。总体来看,交互技术的成熟度仍有不足,离自然、便捷、拟真交互体验的目标还有很长一段距离。未来须进一步升级、丰富交互技术:一是拓展更高级的用户意图及行为捕捉技术,如使用脑机接口来捕捉用户意识进行交互;二是拓展全方位的感官反馈,如触感反馈等。

(3)图形技术

图形技术是计算机中处理、构建、优化图形图像的技术,图形图像的精细度、拟真度、噪声干扰、时延等是评价该类技术优劣的关键指标。3D建模技术,用于构建出虚拟环境、虚拟建筑、虚拟人物等,目前主流的3D建模技术有unity、UNREAL(虚幻引擎)、Autodesk、Blender等,其中unity和UNREAL以高精细、高拟真占据主导地位。渲染技术,实现3D建模的空间、人物、建筑等向2D屏幕投射显示,目前VR/AR更多依赖传统游戏、电影制作使用的渲染技术,属于"静态渲染",是在既定的环境和素材的基础上进行渲染,但元宇宙需求内容自由制作、全方位感知交互,而当前的渲染技术难以满足元宇宙对渲染速度、渲染时延的要求,未来渲染技术将与云计算、人工智能等技术结合,向"云渲染""注视点渲染""人工智能+渲染"方向发展。定位技术,用于获取真实物理空间位置点以及捕捉用户动作、姿态等定位信息,辅助形成虚拟环境、人物等图像,目前VR/AR有两种定位技术路线,一种是Outside-in(特点在于使用外部基站辅助进行空间定位,适用于室内场景),另一种是Inside-out(特点是基于VR/AR自身摄像头与算法,实时计算空间位置,室内室外都适用),从需求看,Inside-out技术路线更适用于元宇宙场景。

12.3.2 国外增强现实和虚拟现实前沿技术创新监测

12.3.2.1 政策布局监测

(1)美国

美国智库信息技术与创新基金会(ITIF)2021年6月发布三份报告《AR/VR对增强公平和包容性的现状和潜力》(Current and Potential Uses of AR/VR for Equity and Inclusion)、《AR/VR的包容和公平的沉浸式体验的风险和挑战》（Risks and Challenges for Inclusive and Equitable Immersive Experiences）、《释放AR／VR的公平和包容性潜力的原则和政策》（Principles and Policies to Unlock the Potential of AR/VR for Equity and Inclusion），重点探讨了VR／AR在增强公平性和包容性方面的有关应用、可能风险与相关政策建议等。

（2）欧盟

2020年12月，欧洲的媒体和视听产业在消息告知和娱乐大众方面发挥了关键作用。为了进一步支持媒体和视听产业转型升级，并帮助受疫情打击的经济复苏与发展，欧盟发布了《数字时代的欧洲媒体：支持复苏和转型的行动计划》。这个计划将聚焦于三个主题（复苏、转型和赋权）和十项具体行动，并在七年周期内投资4亿欧元（约合人民币32亿元）。在所述的十项具体行动中，第五项行动是建立一个欧洲虚拟现实和增强现实产业联盟，并启动虚拟现实媒体实验室项目。

具体而言，欧盟希望建立一个统一的VR／AR产业联盟以促进跨行业合作，从而确保欧洲在所述领域的领先地位。另外，启动一个虚拟现实媒体实验室，并研究故事叙述与交互的新方式。欧盟指出，XR技术在娱乐、文化、医疗、设计、建筑、旅游和零售等领域能够创建富有吸引力的沉浸式体验。到2030年，虚拟现实和增强现实有望为全球经济带来约1.3万亿欧元的产值，高于2019年的390亿欧元。

然而，欧洲的VR／AR市场在不同行业、不同玩家之间存在着分化。所以，欧盟希望建立一个统一的VR／AR联盟以促进彼此之间的合作和发展，从而"确保欧洲在这个关键的、不断增长的市场中的领导地位"。

所述联盟将包括代表欧洲各个国家或区域的VR／AR企业和机构。到2021年底，联盟将提出一份战略文件，并阐明：媒体产业的VR／AR部署情况；到2026年的目标；关于如何实现所述目标的具体承诺。

另外，欧盟同时会启动一个虚拟现实媒体实验室，以支持基于虚拟现实和增强现实故事叙事和交互的项目。受资助的项目将侧重于娱乐、文化和新闻内容，以及虚拟现实在其他行业的应用，比方说旅游业。

（3）英国

英国政府为了本国VR·AR·MR产业技术的发展，将投资3300万英镑（折合人民币约为3亿元）。由英国政府主导的此项投资，目的是在未来20年内研发VR·AR·MR领域的革新性产品、服务，或发掘可以为相关领域带来革新的专家。此项投资计划从2017年开始到2019年为止持续2年，预计会促进英国企业更积极开发VR·AR·MR相关产品或服务。

（4）日本

日本政府积极拥抱元宇宙，并致力于将Web3技术纳入其国家议程。2022年10月，日本首相岸田文雄表示日本将投资数字转型服务，包括了NFT和元宇宙；2022年11月，日本数字部制订了创建去中心化自治组织（DAO）的计划，以帮助政府机构进入Web3领域。

（5）韩国

2022年12月，据Business Korea报道，韩国政府将在国家战略技术中纳入显示技术，扩大对显示面板制造商的税收抵免。落实后，韩国显示技术厂商最高可享受40%的研发投资税收抵免和6%的设施投资税收抵免。

12.3.2.2　国外技术创新发展态势监测

"沉浸式互联网"一词指的将是网络环境演变的下一阶段。它是关于超越平面网页、图像和视频，创造更具吸引力的体验，并有助于共享互动和协作，包括增强现实（AR）和虚拟现实（VR）等技术。从目前的时间节点来看，增强现实和虚拟现实技术呈现出以下几个方面的发展趋势。

趋势一：生成式AI。2023年最大的技术轰动是有许多应用程序与2024年将创建的身临其境、引人入胜的在线体验相一致。一个明显的用例是制作构成数字世界的环境、艺术品和其他资产。马克·扎克伯格（Mark Zuckerberg）本人曾表示，他看到了减少设计师构建3D环境所需时间的潜力。另一个是创造人物和角色来填充世界——从客户服务聊天机器人到以娱乐为导向的体验中的逼真角色，这些角色会像人类一样与您交谈。将逼真的会说话的角色融入现有的视频游戏虚拟世界表明了这一趋势的发展方向。

趋势二：多感官技术。沉浸式在线体验可以通过安装在头显上的屏幕和扬声器吸引用户，但要想真正体验到身临其境的感觉，没有什么比能够伸出手去触摸周围的世界更好的了。设备制造商正在研发触觉手套，这种手套可以提供重量或压力感，让用户相信他们在操纵周围世界的物体。其他人正在研发一种设备，通过面罩散发香味蒸汽来填补嗅觉等其他缺失的感官。全身套装也正在原型化并推向市场，随着制造商创造出能够增强沉浸在数字世界中的感觉的设备，我们可以期待以后在这一领域取得更多进展。

趋势三：混合现实——VR与AR融合。虚拟现实（VR）和增强现实（AR）是两种不同的技术，在构建沉浸式互联网方面发挥着巨大作用。不过，将它们融合起来更有潜力。例如，想象一场现场音乐会，它也有一个数字孪生兄弟作为虚拟活动并行运行。虚拟观众可以通过VR头显欣赏演出，而现场观众可以戴上AR眼镜，看到虚拟观众与他们并肩站在观众席上。这种沉浸式技术的融合，以创建混合现实环境，其中真实和数字之间的障碍变得模糊，也将变得越来越普遍。

趋势四：功能更强大、用途更广泛、重量更轻的设备。苹果旗舰推出了VR设备，将其价格定位为创意人士的工具或富人的玩具，以及潜在的苹果AR眼镜。Meta将推出新设备，有些设备，如苹果眼镜，将尝试提供新的体验，而另一些设备，如Meta Project Cambria，将致力于提供更高端、更精致的体验。其他设备将专注于轻巧和简单，因为许多人仍然发现当前头显的尺寸和重量是其被采用的障碍。

12.3.2.3 国外技术创新布局特征

AR和VR行业在过去几年发展迅速，尤其是在游戏、影视、军事等领域得到了广泛应用，预计将迎来爆发式增长。根据市场调查，2019年全球AR和VR市场规模达到185亿美元，2026年将达到727.7亿美元。其中，影视娱乐是最大的应用领域，占市场份额的35%。目前，AR和VR技术已经应用于医疗领域，例如手术前的训练和康复治疗等。此外，也在工业制造中得到了广泛应用，例如设计和模拟等。越来越多的公司也开始研究AR在分销、营销和客户服务中的应用。

（1）全球未来将会出现大量的AR和VR内容公司

当前，AR和VR技术不断成熟，但由于各行业领域内容服务方面有着不同需求，这就要求VR／AR公司结合行业和市场需求，定制化地开发VR／AR内容，如在工业培训领域，需要结合石油、电力、汽车、地铁等行业的生产研发、检修培训、特情处理、考核评估等进行开发，这也预示着未来将会涌现出大量的AR和VR内容公司。目前全球AR和VR技术市场正在经历快速成长和发展，其被广泛应用于各个领域。同时，通过硬件、软件技术的不断提升，以及5G技术的普及，AR和VR技术行业的应用前景将非常广阔。未来，可以预见AR和VR技术将在更多的应用领域得到深入的应用和发展，为经济和社会的进步提供强大的技术支撑。

（2）游戏、教育、医疗是未来重点应用领域

游戏行业：AR和VR技术在游戏行业中得到广泛应用。例如，任天堂公司推出的Switch游戏机，可提供VR体验，让游戏体验更加真实。VR游戏设备可以让玩家身临其境，感受到身体上的反馈，极大提高游戏的真实感和娱乐体验。

教育行业：AR和VR技术在教育领域内被广泛应用。例如，英国帝国理工学院推出了名为"Virtual Reality Classroom"的教育方案。该项目使用VR技术，帮助学生掌握有关增强现实和人工智能等科技的知识。通过AR和VR技术，学生可以更加直观、感性地了解科技知识，提高学生学习效果。

医疗行业：AR和VR技术也在医疗领域得到广泛应用。例如，针对手术过程中的角膜移植难点，中国医科大学附属盛京医院推出了一种"Virtual Reality Microsurgery"技术方案，医生可以在VR环境中操作手术，让操作更加准确，同时避免了现实手术中的风险。

（3）软硬件技术的提升和应用场景的拓展是未来发展的关键

未来五至十年，AR和VR领域的发展关键在于以下几点。①硬件技术的进步：AR和VR硬件设备的不断升级，将使人们在使用AR和VR时获得更为真实的体验。②软件技术的提升：AR和VR软件技术变得更加先进，将提高用户体验。③应用领域拓展：随着AR和VR技术在教育、医疗、工业制造等领域的应用不断深入，将为这些领域的发展带来更多机遇和竞争优势。④5G技术的普及：5G网络的普及将能够提供更快的网速，进一步促进AR和VR技术在各个领域的应用。

总之，随着AR和VR技术的发展，将为消费者带来沉浸式和高质量的体验。同时，各个领域的应用也将得到极大的发展，为推动经济和社会的进步贡

献力量。

12.4 增强现实和虚拟现实技术发展建议

增强现实和虚拟现实技术作为一种新兴技术，中国在技术发展初期就站在全球研究与应用的前列。在智能制造领域，虽然中国相关专利和论文有数量优势，但产业应用主要集中于某几个行业，技术研发应用面较窄。结合近年来全球增强现实和虚拟现实技术发展动态，为贯彻落实新发展理念，进一步加快我国增强现实和虚拟现实技术创新，提出以下建议。

（1）加强VR／AR技术研发与硬件创新

在硬件轻量化与便携化方面，继续研发更轻、更薄、更便携的VR／AR设备，如采用更先进的材料科学和设计理念，引入新型轻质材料，如碳纤维、钛合金等，降低设备的重量和体积，提高佩戴舒适度。在定位与追踪方面，引入更加先进的传感器技术，如激光雷达、毫米波雷达等，提高定位精度，开发先进的计算机视觉算法，实现对用户动作的精准捕捉和识别。在混合现实方面，研发高性能的MR硬件平台，支持实时渲染和交互；开发先进的融合算法，实现虚拟世界与现实世界的无缝融合。

（2）重视VR／AR内容创作与生态构建

优化内容创作工具，简化内容创作工具的操作流程，降低创作门槛，提供丰富的素材库和案例库，帮助创作者快速生成高质量内容；引入AI辅助创作功能，如自动场景生成、角色动画等。推动跨平台内容共享，制定统一的VR／AR内容标准；建立内容颁发平台，允许创作者发布和分享内容；鼓励设备商支持多种内容格式，提出创作内容的兼容性。鼓励创作者通过合作方式共同开发内容，拓宽内容来源，推出具有独特性和吸引力的产品和内容。

（3）加强VR／AR行业标准与安全保障

加快制定和完善VR／AR技术的行业标准，包括设备性能、内容质量、安全性等方面的要求。结合技术和市场发展的需求变化，对标准内容进行跟踪调整。加强安全性评估，对VR／AR设备和内容进行严格的安全性评估，防范恶意软件和漏洞，确保用户在使用过程中的安全。同时，建立隐私保护机制，确保用户的个人信息和数据安全。

（4）加大市场推广与应用普及力度

多渠道降低VR／AR设备成本，通过技术创新和规模化生产，降低VR／AR设备的成本。鼓励创作者提供免费或低价VR／AR内容，降低用户门槛。开展多种形式的体验活动，如在公共场所设置VR／AR体验区，吸引公众参与。举办VR／AR赛事或展览活动，提高影响力。

与人工智能、元宇宙等相关行业的机构建立合作关系或联盟组织，共同推动VR／AR技术的发展和应用。加大政策支持与引导力度，出台相关政策，支持VR／AR技术的研发和应用，为行业发展提供有力保障。

参考文献

[1] Zhou J, Li P, Zhou Y, et al. Toward new-generation intelligent manufacturing[J]. Engineering, 2018,4(1):11-20.

[2] 李颖.日本构建智能制造生态系统的战略举措[J].中国工业和信息化,2018, 8(12):54-58.

[3] 王威,王丹丹.国外主要国家制造业智能化政策动向及启示[J].智能制造,2022 (02):44-49.

[4] 中华人民共和国国民经济和社会发展第十四个五年规划和2035年远景目标纲要[EB/OL]. [2023-01-09]. https://www.gov.cn/xinwen/2021-03/13/content_5592681.htm?eqid=c391376a000197a100000005648abf56.

[5] 周勇,赵聃,刘志迎.我国智能制造发展实践及突破路径研究[J].中国工程科学,2022,24(02):48-55.

[6] 陈劲,阳镇,朱子钦."十四五"时期"卡脖子"技术的破解:识别框架、战略转向与突破路径[J].改革,2020(12):5-15.

[7] 周济.智能制造——"中国制造2025"的主攻方向[J].中国机械工程,2015, 26(17):2273-2284.

[8] Gillenwater E L, Conlon S, Hwang C. Distributed manufacturing support systems: the integration of distributed group support systems with manufacturing support systems[J]. Omega-international journal of management science, 1995,23(6):653-665.

[9] Frankowiak M, Grosvenor R, Prickett P. A review of the evolution of microcontroller-based machine and process monitoring[J]. International journal of machine tools and manufacture, 2005,45(4):573-582.

[10] Ruiz N, Giret A, Botti V, et al. An intelligent simulation environment for manufacturing systems[J]. Computers & industrial engineering, 2014,76:148-168.

[11] Choy K L, Lee W B, Lau H, et al. Design of an intelligent supplier relationship management system for new product development[J]. International journal of computer integrated manufacturing, 2004,17(8):692-715.

[12] Tso S K, Lau H, Ho J K L. Coordination and monitoring in an intelligent global manufacturing service system[J]. Computers Industry, 2000,43(1):83-95.

[13] Hu Y, Zhou X, Li C. Internet-based intelligent service-oriented system architecture for collaborative product development[J]. International journal of computer integrated manufacturing, 2010,23(2):113-125.

[14] Cagnin C, Könnölä T. Global foresight: lessons from a scenario and roadmapping exercise on manufacturing systems[J]. Futures, 2014,59:27-38.

[15] 杨叔子,丁洪.智能制造技术与智能制造系统的发展与研究[J].中国机械工程,1992(02):18-21.

[16] 朱剑英.智能制造的意义、技术与实现[J].机械制造与自动化,2013(03):1-6.

[17] 熊有伦.智能制造[J].科技导报,2013,31(10):1.

[18] 祁国宁,等.计算机集成制造（CIM）的背景、现状和发展[J].自然杂志,1995,(4):193-198.

[19] 毕学工,等.德国工业4.0、中国制造2025与智能冶金浅议[J].钢铁,2016,(3):1-8.

[20] 张爽生.全球信息化与中国企业生产模式[J].科技进步与对策,2000(01):103-104.

[21] 易开刚,孙漪.民营制造企业"低端锁定"突破机理与路径——基于智能制造视角[J].科技进步与对策,2014(06):73-78.

[22] 丁纯,李君扬.德国"工业4.0"：内容、动因与前景及其启示[J].德国研究,2014(04):49-66.

[23] 杜晓君,张序晶.发达国家制造业高技术化的国际经验[J].中国科技论坛,2003(04):116-119.

[24] 陈雪琴.国际制造业转移新趋势下的中国产业价值链升级路径[J].经济研究参考,2014(46):39-43.

[25] 胡春华,张智勇,程涛,等.智能制造环境下的企业集成[J].中国科学基金,2001(04):29-32.

[26] 蔡为民.智能制造助力轮胎工业提质增效[J].橡胶科技,2014(05):58-59.

［27］龚炳铮.智能制造企业评价指标及评估方法的探讨[J].电子技术应用,2015,(11):6-8.

［28］赵福民,等.Agent技术在智能制造系统中的应用研究[J].机械工程学报,2002,(7):140-144.

［29］张映锋,张党,任杉.智能制造及其关键技术研究现状与趋势综述[J].机械科学与技术,2019,38(3):329-338.

［30］陈佳贵.管理学百年与中国管理学创新发展[J].经济管理,2013(03):195-199.

［31］李伯虎,张霖,王时龙.云制造——面向服务的网络化制造新模式[J].计算机集成集制造系统,2010,16(01):1-7.

［32］姚锡凡,练肇通,杨屹,等.智慧制造——面向未来互联网的人机物协同制造新模式[J].计算机集成制造系统,2014,20(6):1490-1498.

［33］Wright P K, Bourne D A. Manufacturing intelligence[M]. Addison-weslev. 1988.

［34］Kusiak A. Intelligent manufacturing systems[J]. Journal of engineering for industry, 1990,113(2):581-586.

［35］Davis J, Edgar T, Porter J, et al. Smart manufacturing, manufacturing intelligence and demand dynamic performance[J]. Computers & chemical engineering, 2012,47(12):145-156.

［36］hoben K D, Wiesner S, Wuest T. "Industrie 4.0" and smart manufacturing-a review of research issues and application examples[J]. International journal of automation technology, 2017,11(1):4-19.

［37］Fach wrterbuch E, Wrterbuch T, Wrterbuch W. The McGraw-Hill dictionary of scientific and technical terms[M]. 2013.

［38］周佳军,姚锡凡.先进制造技术与新工业革命[J].计算机集成制造系统,2015,21(8):1963-1978.

［39］王喜文.智能制造：新一轮工业革命的主攻方向[J].人民论坛·学术前沿,2015(19):68-79.

［40］韩江波.智能工业化：工业化发展范式研究的新视角[J].经济学家,2017(10):21-30.

［41］工业和信息化部财政部.关于印发智能制造发展规划（2016-2020年）的通知[EB/OL].[2023-03-05].https://www.miit.gov.cn/zwgk/zcwj/wjfb/zbgy/art/2020/art_ef82844f3d864b44906f72bdd2eb14d8.html.

[42] 贾根良.第三次工业革命与工业智能化[J].中国社会科学,2016(6):87-106.

[43] 韩江波.智能工业化：工业化发展范式研究的新视角[J].经济学家,2017(10):21-30.

[44] 邱晓燕,张赤东.基于产业创新链视角的智能产业技术创新力分析：以大数据产业为例[J].中国软科学,2018(5):39-48.

[45] 王田苗,陶永.我国工业机器人技术现状与产业化发展战略[J].机械工程学报,2014,50(9):1-13.

[46] 李廉水,石喜爱,刘军.中国制造业40年：智能化进程与展望[J].中国软科学,2019(01):1-9.

[47] Li B, Hou B, Yu W, et al. Applications of artificial intelligence in intelligent manufacturing: a review[J]. Frontiers of information technology & electronic engineering,2017,18(1):86-96.

[48] 左世全.美国"再工业化"之路——美国"先进制造业国家战略计划"评析[J].装备制造,2012(6):65-67.

[49] 肖红军.韩国产业政策新动态及启示[J].中国经贸导刊,2015(4):12-14.

[50] 盛朝迅,姜江.德国的"工业4.0计划"[J].宏观经济管理,2015(5):85-86.

[51] 刘润生.工业新法国——法国总统奥朗德的讲话[J].科学中国人,2014(7):37-39.

[52] 李莉.试析"印度制造"战略与印度经济前景[J].现代国际关系,2016(9):46-53.

[53] 万勇.全球主要国家近期制造业战略观察[J].国防制造技术,2015(3):10-18.

[54] 邹俊."中国制造2025"战略下推进国有企业转型升级的难点及对策[J].经济纵横,2015,360(11):78-82.

[55] Richard L. Hughes, Katherine Colarelli Beatty, David L. Dinwoodie,等.战略型领导力：战略思考、战略行动与战略影响[M].电子工业出版社,2016.

[56] 澎湃研究所.从《绿色技术德国制造2018》看德国绿色技术行业的发展[EB/OL].[2023-10-25].https://www.thepaper.cn/newsDetail_forward_2119215.

[57] 魏笑笙.基于绿色制造转型的DT公司智能化体系研究[D].南昌大学,2022.

[58] 任磊,任明仑.新兴信息技术环境下智慧制造模式的支撑体系研究[J].管理现代化,2021,41(06):20-22.

[59] 姚振玖.国内外智能制造发展现状研究与思考[J].中国国情国力,2022(06):49-52.

[60] 成聿东,徐凯歌.新时代十年我国智能制造发展的成就、经验与展望[J].财经科学,2022(12):63-76.

[61] 张金柱.利用被引科学知识突变识别突破性创新[M].北京:科学出版社,2017.

[62] Christensen C M. The innovator's dilemma[M]. Boston: Harvard Business School Press,1997.

[63] 孙启贵,邓欣,徐飞.破坏性创新的概念界定与模型构建[J].科技管理研究,2006,26(8):175-178.

[64] Bengisu M, Nekhili R. Forecasting emerging technologies with the aid of science and technology databases[J]. Technological forecasting & social change, 2006,73(7):835-844.

[65] 黄鲁成,蔡爽.基于专利的判断技术机会的方法及实证研究[J].科学学研究,2010,28(2):215-220.

[66] 徐明,姜南.我国专利密集型产业及其影响因素的实证研究[J].科学学研究,2013,31(2):201-208.

[67] 龚惠群,刘琼泽,黄超.机器人产业技术机会发现研究——基于专利文本挖掘[J].科技进步与对策,2014,31(5):70-74.

[68] 埃森哲：人工智能2035年将把16个行业的盈利能力提升38%. https://cloud.tencent.com/developer/article/1078352[2023-10-8].

[69] 《新一代人工智能发展规划》政策解读.http://www.scio.gov.cn/gxjd/zcjd_27165/202207/t20220729_281024.html [2023-10-8].

[70] 刘嘉龙,丁晟春.产业领域前沿专利技术识别方法研究——以人工智能领域为例[J].信息资源管理学报,2021,11(06):95-104+115.

[71] Zhou S S, Li K, Min G Y. Attention-based genetic algorithm for adversarial attack in natural language processing. Parallel problem solving from nature-ppsn xvii, 2022, PTI.

[72] Liu T C, Ye X B, Sun B, Combining convolutional neural network and support vector machine for gait-based gender recognition. Chinese Automation Congress(CAC), IEEE, 2018.

[73] Goodfellow I, Pouget-Abadie J, et al. Generative adversarial networks. communications of the ACM, 2022,63(11),139-144.

[74] Xie X, Ge S L, Hu F P, Xie M Y, Jiang N. An improved algorithm for sentiment analysis based on maximum entropy. Soft computing, 2019,23(2),599-611.

[75] Han Y Y, Zhang M Y, Li Q, Liu S H. Chinese speech recognition and task analysis of

aldebaran nao robot. Proceedings of the 30th Chinese control and decision conference (CCDC). 2018.

[76] Fujii A, Kristiina J. Open source system integration towards natural interaction with robots. Proceedings of the 2022 17th ACM/IEEE international conference on human-robot interaction,2022.

[77] Li C, Yang H J. Bot-X: An AI-based virtual assistant for intelligent manufacturing. Multiagent and grid systems, 2021,17(1),1-14.

[78] Betriana F, Osaka K, Matsumoto K, Tanioka T, Locsin R C. Relating Mori's Uncanny Valley in generating conversations with artificial affective communication and natural language processing. Nursing philosophy, 2021,22(2).

[79] Kherwa P, Bansal P. Semantic pattern detection in COVID-19 using contextual clustering and intelligent topic modeling. International journal of e-health and medical communications, 2022,13(2).

[80] Sood P, Sharma C, Nijjer S, Sakhuja S. (2023). Review the role of artificial intelligence in detecting and preventing financial fraud using natural language processing. International journal of system assurance engineering and management.doi:10.1007/s13198-023-02043-7.

[81] Wang L, Hu G L, Zhou T H. (2018). Semantic analysis of learners' emotional tendencies on online MOOC education. Sustainability,10(6). doi:10.3390/su10061921.

[82]《中国新一代人工智能科技产业发展报告（2022）》. https://www.163.com/dy/article/ HANOIHTF0511B4G9.html.

[83] 于萍萍,徐高杰,徐文辉,等.人工智能技术与应用发展趋势[J].通信企业管理,2023,(10):62-63.

[84] 程晓光.全球人工智能发展现状、挑战及对中国的建议[J].全球科技经济瞭望,2022,1:64-70.

[85] 刘嘉龙,丁晟春.产业领域前沿专利技术识别方法研究——以人工智能领域为例[J].信息资源管理学报,2021,11(6):95-104+115.

[86] Lins R, Givigi S. Cooperative robotics and machine learning for smart manufacturing: platform design and trends within the context of industrial internet of things[J]. IEEE

Access, 2021,9:95444-95455.

［87］ The state of AI in 2023: Generative AI's breakout year. https://www.mckinsey.com/.

［88］ The information you need to win. https://pitchbook.com/ [2023-10-8].

［89］ Li Q, Xiao F, An L, Long X Z, Sun X C. Semantic concept network and deep walk-based visual question answering. ACM Transactions on multimedia computing communications and applications, 2019,15(2). doi:10.1145/3300938.

［90］ Guo J, He H, He T, Lausen L, Li M, Lin H B, Zhu Y. GluonCV and GluonNLP: Deep learning in computer vision and natural language processing. Journal of machine learning research, 2020,21.

［91］ Kortum H, Leimkuhler M, Thomas O. Leveraging natural language processing to analyze scientific content: proposal of an NLP pipeline for the field of computer vision. Innovation through information systems, vol ii: a collection of latest research on technology issues, 2021.

［92］ 36氪研究院.2021—2022年中国自动驾驶行业研究报告.https://36kr.com/p/1667053389797381[2023-10-8].

［93］ Zhang N, Fang X J, Wang Y, et al. Physical-layer authentication for internet of things via WFRFT-based gaussian tag embedding[J]. IEEE Internet of things journal, 2020,7(9):9001-9010.

［94］ 尉健一,吴菁晶.基于边缘计算的工业物联网中资源分配算法[J].东北大学学报(自然科学版),2023,44(8):1072-1077+1110.

［95］ 孙海丽,龙翔,韩兰胜,等.工业物联网异常检测技术综述[J].通信学报,2022,43(3):196-210.

［96］ 刘佳乐.5G+工业互联网综述[J].物联网技术,2021,11(12):53-58.

［97］ Pal K, Adepu S, Goh J. Effectiveness of association rules mining for invariants generation in cyber-physical systems[C]//Proceedings of 2017 IEEE 18th international symposium on high assurance systems engineering. piscataway: IEEE Press, 2017:124-127.

［98］ 武川,王宏起,王珊珊.前沿技术识别与预测方法研究——基于专利主题相似网络与技术进化法则[J].中国科技论坛,2023,4:34-42.

［99］ 陆剑峰,王盛,张晨麟,等.工业互联网支持下的数字孪生车间[J].自动化仪

表,2019,40(5):1-5.

[100] 唐明明.工业物联网技术在智能制造中的应用[J].电子技术,2023,52(9):378-379.

[101] Schreiber M, Klober-Koch J, Bomelburg-Zacharias J, et al. Automated quality assurance as an intelligent cloud service using machine learning[C]. the 7th CIRP global web conference-towards shifted producation value stream patterns through inference of data, models, and technology, 2019,86:185-191.

[102] Amoretti M, Pecori R, Protskaya Y, et al. A scalable and secure publish/subscribe-based framework for industrial iot. IEEE Transactions on industrial informatics, 2021,17(6):3815-3825.

[103] Chi H, Wu C, Huang N, Tsang K, et al. A survey of network automation for industrial internet-of-things toward industry 5.0[J]. IEEE Transactions on industrial informatics, 2023,19(2):2065-2077.

[104] Yu Y, Liu S, Yeoh P, Vucetic B, et al. LayerChain: a hierarchical edge-cloud blockchain for large-scale low-delay industrial internet of things applications[J]. IEEE Transactions on industrial informatics, 2021,17(7):5077-5086.

[105] Khan A, Al-Badi A. Open source machine learning frameworks for industrial internet of things[C]. the 11th international conference on ambient systems, networks and technologies (ANT) / The 3rd international conference on emerging data and industry 4.0 (EDI40)/Affiliated workshop, 2020,170:571-577.

[106] Naeem H, Ullah F, Naeem M, et al. Malware detection in industrial internet of things based on hybrid image visualization and deep learning model[J]. AD HOC networks,2020,105:102154.

[107] Kaur G, Chanak P. An intelligent fault tolerant data routing scheme for wireless sensor network-assisted industrial internet of things[J]. IEEE Transactions on industrial informatics, 2023,9(4):5543-5553.

[108] Xu H, Wu J, Li J, Lin X. Deep-reinforcement-learning-based cybertwin architecture for 6G IIoT: an integrated design of control, communication, and computing[J]. IEEE Internet of things Journal,2021,8(22):6337-16348.

[109] da Silva M, Rocha A, Gomes R, et al. Lightweight data compression for low energy

consumption in industrial internet of things[C]. IEEE 18th Annual Consumer Communications & Networking Conference (CCNC). 2021.

[110] 中国联通.5G+工业互联网重点行业白皮书[EB/OL].[2023-10-28].中国联通,http://www.ecconsortium.org/Uploads/file/20230628/1687936326357243.pdf.

[111] 中国科学院文献情报中心战略前沿科技团队,于杰平,王丽.趋势观察：数字经济背景下物联网发展态势与热点[J].中国科学院院刊,2022,37(10):1522-1527.

[112] Xu X, Han M, Nagarajan S, et al. Industrial internet of things for smart manufacturing applications using hierarchical trustful resource assignment[J]. Computer communications, 2020,160:423-430.

[113] 杨道州,苗欣苑,邱祎杰.我国集成电路产业发展的竞争态势与对策研究[J].科研管理,2021,42(5):47-56.

[114] 张云涛,陈家宽,温浩宇.中国集成电路制造供应链脆弱性研究[J].世界科技研究与发展,2021,43(3):356-366.

[115] 赵正平.FinFET纳电子学与量子芯片的新进展(续)[J].微纳电子技术,2020,57(2):85-94.

[116] Leong H W, Yeap K H, Tan Y C. Designs and simulations of millimetre wave on-chip single turn inductors for 0.13 mu m RF CMOS process technology. International journal of nanoelectronics and materials, 2020,13(1),189-198.

[117] Ludwig M, Bette A C, Lippmann B, Sigl G. Counterfeit detection by semiconductor process technology inspection. IEEE European test symposium, ETS, 2023.

[118] Gupta M, Kumar R, Gupta S, Tara V. Comparative design and simulation of different architecture of a differential amplifier using the electronic design automation tool. Proceedings of the 2019 6th international conference on computing for sustainable global development (indiacom), 2019.

[119] Ni L, Da X Y, Hu H, Zhang M, Cumanan K. Outage constrained robust secrecy energy efficiency maximization for EH cognitive radio networks. IEEE Wireless communications letters, 2020,9(3),363-366.

[120] Jun J, Song J, Kim C. A near-threshold voltage oriented digital cell library for high-energy efficiency and optimized performance in 65nm CMOS Process. IEEE Transactions

on circuits and systems i-regular papers, 2018,65(5),1567-1580.

[121] Pan C, Fu Y J, Wang J X, Zeng J W, Su G X, Long M S, Miao F. Analog circuit applications based on ambipolar graphene/MoTe2 vertical transistors. Advanced electronic materials, 2018,4(3).

[122] Budak A F, Gandara M, Shi W, Pan D Z, Sun N, Liu B. An efficient analog circuit sizing method based on machine learning assisted global optimization. IEEE Transactions on computer-aided design of integrated circuits and systems, 2022,41(5),1209-1221.

[123] Kulkarni V, Kulkarni M, Pant A. Quantum computing methods for supervised learning. Quantum machine intelligence, 2021,3(2).

[124] Sun J W, Han G Y, Zeng Z G, Wang Y F. Memristor-based neural network circuit of full-function pavlov associative memory with time delay and variable learning rate. IEEE Transactions on cybernetics, 2020,50(7),2935-2945.

[125] Mennel L, Symonowicz J, Wachter S, Polyushkin D K, Molina-Mendoza A J, Mueller T. Ultrafast machine vision with 2D material neural network image sensors. Nature, 2020,579(7797),32-33.

[126] 人工智能战略院发布《中国新一代人工智能科技产业发展2023》[EB/OL]. [203-10-8]. https://cingai.nankai.edu.cn/2023/0519/c10232a512669/page.htm.

[127] 尹茗,杨梦竹.我国主要城市集成电路产业政策及发展建议[J].通信世界,2022,4:31-34.

[128] 雷宇,张国龙,张武毅,唐若寻,舒美.我国集成电路产业发展现状及未来趋势探讨[J].信息技术与标准化,2022,4:17-19.

[129] 刘建丽.芯片设计产业高质量发展：产业生态培育视角[J].企业经济,2023,42(02):5-16.

[130] 董源,程宝忠.集成电路关键战略材料的研发和产业化[J].张江科技评论,2023(01):32-34.

[131] 朱晶.集成电路前沿技术趋势研判及对北京的启示[J].电子技术应用,2021,47(12):51-56.

[132] 闫梅,刘建丽.赶超与发展：我国集成电路产业链布局与优化对策[J].齐鲁学刊,2023, (06): 125-136.

［133］段博文,王卷乐,石蕾,等.前沿领域国内外典型数据库调研与启示[J].农业大数据学报,2023,5(1):46-54.

［134］陈磊,赵聪鹏,葛婕,等.全球集成电路技术与产业发展实践与创新发展趋势[J].数据与计算发展前沿,2021,3(5):55-64.

［135］王文武,罗军,王晓磊,等.全球集成电路技术合作研发的发展现状及其经验启示[J].前瞻科技,2022,1(03):10-19.

［136］《5G应用"扬帆"行动计划(2021-2023年)》解读[EB/OL].[2023-10-28].https://www.gov.cn/zhengce/2021-07/13/content_5624612.htm.

［137］李芄达."十四五"信息通信行业发展规划发布——勾勒新型数字基建蓝图[N].经济日报,2021-11-18.

［138］Akpakwu G A, Silva B J, Hancke G P, Abu-Mahfouz A M. A survey on 5G networks for the internet of things: communication technologies and challenges. IEEE Access, 2018,6,3619-3647.

［139］Saad W, Bennis M, Chen M Z. A vision of 6G wireless systems: applications, trends, technologies, and open research problems. IEEE Network, 2020,34(3),134-142.

［140］Guo F X, Yu F R, Zhang H L, Li X, Ji H, Leung V C M. Enabling massive IoT toward 6G: a comprehensive survey. IEEE Internet of things journal, 2021,8(15),11891-11915.

［141］Zhai D S, Zhang R N, Cai L, Li B, Jiang Y. Energy-efficient user scheduling and power allocation for NOMA-based wireless networks with massive IoT devices. IEEE Internet of things journal, 2018,5(3),1857-1868.

［142］Wang X F, Han Y W, Wang C Y, Zhao Q Y, Chen X, Chen M. In-edge AI: intelligentizing mobile edge computing, caching and communication by federated learning. IEEE Network, 2019,33(5),156-165.

［143］Li E, Zeng L K, Zhou Z, Chen X. Edge AI: on-demand accelerating deep neural network inference via edge computing. IEEE Transactions on wireless communications, 2020,19(1),447-457.

［144］Basar E, DiRenzo M, DeRosny J, Debbah M, Alouini M S, Zhang R. Wireless communications through reconfigurable intelligent surfaces. IEEE Access, 2019,7,116753-116773.

［145］Kim Y, Park J S, Oh B K, Cho T, Kim J M, Kim S H, Park H S. Practical wireless safety monitoring system of long-span girders subjected to construction loading a building under construction. Measurement, 2019,146,524-536.

［146］LG公布2022年财报全年营收创历史新高[EB/OL].[2023-10-28].https://www.lg.com/tw/about-lg/press-and-media/lg-2022-q4-financial-report.

［147］中国信通院发布信息通信业(ICT)十大趋势[EB/OL].[2023-10-29].https://www.rmzxb.com.cn/c/2023-01-17/3279521.shtml.

［148］后领先时代,中国通信产业走向何方？[EB/OL].[2023-10-29].https://mp.weixin.qq.com/s/iyq6UicMWLgfhghpRl9GRA.

［149］李玮.下一代通信技术在专网通信中的应用[J].信息系统工程,2023,2:48-50.

［150］李伯虎,柴旭东,刘阳,等.工业环境下信息通信类技术赋能智能制造研究[J].中国工程科学,2022,24(2):75-85.

［151］赛迪智库无线电管理研究所.6G全球进展与发展展望白皮书[OL].2021年4月.https://www.xdyanbao.com/doc/7m02vgelxs?bd_vid=10940815411119187823.

［152］中国数控机床产业研究报告2021[EB/OL].[2025-1-25].http://www.iii.tsinghua.edu.cn/info/1058/2717.htm.

［153］Pang K H, Wang D, Roy A, Redman I, Castelli M, Dunleavey J, Lidgett M. Vibration-assisted robotic machining in advanced materials. Advances in engineering materials, structures and systems: innovations, mechanics and applications, 2019.

［154］Lenz J, Westkaemper E. Wear prediction of woodworking cutting tools based on history data. Manufacturing systems 4.0, 2017.

［155］Hopkins C, Hosseini A. A review of developments in the fields of the design of smart cutting tools, Wear Monitoring, and Sensor Innovation. IFAC Papersonline, 2019.

［156］Qianl N H, Zhou N R. Precision machining technology of jewelry on CNC machine tool based on mathematical modeling. Applied mathematics and nonlinear sciences, 2023,8(1),611-620.

［157］Shindo R, Nishiwaki S. Latest Machine Tool structural design technology for ultra-precision Machining. International journal of automation technology, 2020,14(2),304-310.

[158] Liu T H, Chen P Y, Li A H, Fang Y Y, Lin R S, Chu Y S. ASIC Design and implementation of the real-time collision detection for machine tool automation. IEEE Access, 2023,11,21192-21198.

[159] Ramesh R, Jyothirmai S, Lavanya K. Intelligent automation of design and manufacturing in machine tools using an open architecture motion controller. Journal of manufacturing systems, 2013,32(1),248-259.

[160] Wang S C, Wang H J, Han Q S, Gao Y J, Ge L. Analysis of dynamic characteristics of five-axis CNC machine tool. Journal of engineering-joe, 2019(23),8790-8793.

[161] Shindo R, Nishiwaki S. Latest machine tool structural design technology for ultra-precision machining. International journal of automation technology, 2020,14(2),304-310.

[162] Ji Q Q, Li C B, Zhu D G, Jin Y, Lv Y, He J X. Structural design optimization of moving component in CNC machine tool for energy saving. Journal of cleaner production, 2020,246.

[163] Thien A, Saldana C J, Feldhausen T, Kurfess T, Asme. Iot devices and applications for wire-based hybrid manufacturing machine tools. Proceedings of the asme 2020 15th international manufacturing science and engineering conference (MSEC), 2020.

[164] VDW独家分析中国机床行业全球表现,技术案例,MM金属加工网 (jgvogel.cn)[EB/OL].[2025-1-25].https://mw.vogel.com.cn/c/2021-09-16/1133731.shtml.

[165] 国内外高档数控机床技术现状及发展趋势,机械工业经济管理研究院 (miem.org.cn)[EB/OL].[2025-1-25].http://www.miem.org.cn/html1/report/1704/270-1.htm.

[166] BR报告,2021年中国高端数控机床行业调研报告[EB/OL].[2025-1-25].https://zhuanlan.zhihu.com/p/343486605.

[167] 郑永杰.数控机床功能部件产业发展现状与发展路径研究[J].机械工业标准化与质量,2022,6(1):31-33.

[168] 苏铮,李栋,阿力甫·阿不都克里木.增强我国产业链韧性的思路与建议——以数控机床产业链韧性分析为例[J].金属加工:冷加工,2023,3:11-15. https://Qys3y_2GMO1XcgENDnfEjw.

[169] 刘鸿雁.浅谈中国制造与系统工程应用[J].山东工业技术,2019,280(2):34+38.

[170] 代小龙.中国工业软件发展现状与趋势分析[J].软件导刊,2022,21(10):31-35.

[171] 佚名.中国软件产业数智化转型的三条道路[J].中国集体经济,2021,32:7-10.

[172] Li R Q, Dai W B, He S, Chen X S, Yang G K. A knowledge graph framework for software-defined industrial cyber-physical systems. The 45th annual conference of the IEEE industrial electronics society (IECON), 2019.

[173] Tanha F E, Hasani A, Hakak S, Gadekallu T R. Blockchain-based cyber physical systems: Comprehensive model for challenge assessment. Computers & electrical engineering, 2022,103.

[174] Cheng K Q, Wang Q, Yang D Y, Dai Q Y, Wang M L. Digital-twins-driven semi-physical simulation for testing and evaluation of industrial software in a smart manufacturing system. Machines, 2022,10(5).

[175] Ferko E, Bucaioni A, Behnam M. Architecting digital twins. IEEE Access, 2022,10,50335-50350.

[176] Minerva R, Crespi N. Digital twins: properties, software frameworks, and application scenarios. IT Professional, 2021,23(1),51-55.

[177] Loreggia A, Faccio F, Mussolin D, Zambonin M. Simulating floating head pressure control with artificial intelligence. IEEE Access, 2022,10,125963-125971.

[178] Sofian H, Yunus N A M, Ahmad R. Systematic mapping: artificial intelligence techniques in software engineering. IEEE Access, 2022,10,51021-51040.

[179] Hu Q W, Asghar M R, Zeadally S. Blockchain-based public ecosystem for auditing security of software applications. Computing, 2021,103(11),2643-2665.

[180] Sunny J, Pillai V M, Nath H V, Shah K, Ghoradkar P P, Philip M J, Shirswar M. Blockchain-enabled beer game: a software tool for familiarizing the application of blockchain in supply chain management. Industrial management & data systems, 2022,122(4),1025-1055.

[181] Jha A, Singh S R, Meenakshi. human-machine convergence and disruption of socio-cognitive capabilities. International journal of next-generation computing, 2022,13(3),754-762.

[182] Tadeus D Y, Yuniarto, Yuwono T. Design and implementation of SCADA training module: Human Machine Interface (HMI) based on open software. Advanced science

letters. 2018.

［183］Leng J W, Ruan G L, Jiang P Y, Xu K L, Liu Q, Zhou X. L, Liu C. Blockchain-empowered sustainable manufacturing and product lifecycle management in industry 4.0: A survey. Renewable & sustainable energy reviews, 2020,132.

［184］Khan A A, Abonyi J. Simulation of sustainable manufacturing solutions: tools for enabling circular economy. Sustainability, 2022,14(15).

［185］陶卓,黄卫东.中国工业软件产业发展路径研究[J].技术经济与管理研究,2021,(04):78-82.

［186］郭刚,鲁金屏,窦俊豪,王憧,陈怡红.我国工业软件产业发展现状与机遇[J].软件导刊,2022,21(10):26-30.

［187］知乎:中国工业软件行业发展现状及未来发展趋势分析[EB/OL].[2025-1-25]https://zhuanlan.zhihu.com/p/400975867.

［188］郭朝先,苗雨菲,许婷婷.全球工业软件产业生态与中国工业软件产业竞争力评估[J].西安交通大学学报(社会科学版),2022,42(02):22-30.

［189］白金鑫,程文亮.基于3D打印技术的郑州市制造业智能化升级[J].中国经贸导刊(中),2020,(09):62-63.

［190］工欲善其事必先利其器中国3D打印行业报告[C]//艾瑞咨询系列研究报告(2022年第10期),2022:40.

［191］张枕河.人工智能挂帅日本抢占尖端制造高地[J].中国职工教育,2015,(11):32+34.

［192］丁思齐,刘国柱.增材制造及其对国际安全的影响[J].国家安全研究,2023,(02):67-84+164.

［193］EPO. Patent filings in 3D printing grew eight times faster than average of all technologies in last decade[R]. https://www.epo.org/en/news-events/news/patent- filings-3d-printing-grew-eight -times-faster-average-all-technologies-last.

［194］陆峰.传感器产业发展的现状与问题[J].中国工业和信息化,2022,(07):18-23. DOI:10.19609/j.cnki.cn10-1299/f.2022.07.011.

［195］殷毅.智能传感器技术发展综述[J].微电子学,2018,48(04):504-507+519. DOI:10.13911/j.cnki.1004-3365.180179.

［196］孙晨霞,施羽暇.近年来大数据技术前沿与热点研究——基于2015—2021年

VOSviewer相关文献的高频术语可视化分析[J].中国科技术语,2023,25(01):88-96.

［197］张洁,汪俊亮,吕佑龙,等.大数据驱动的智能制造[J].中国机械工程,2019,30(02):127-133+158.

［198］张洁.工业大数据研究方向未来五年发展规划[C]//中国机械工程学会机械自动化分会,中国自动化学会制造技术专业委员会.2020·中国制造自动化技术学术研讨会论文集.东华大学;,2020:5.

［199］汪俊亮,高鹏捷,张洁,等.制造大数据分析综述：内涵、方法、应用和趋势[J].机械工程学报,2023,59(12):1-16.

［200］周松兰,邱文伟.基于论文和专利计量的大数据技术差距比较分析[J].江苏科技信息,2023,40(31):20-23.

［201］中国政府网.中共中央国务院关于构建更加完善的要素市场化配置体制机制的意见[EB/OL].(2020-04-09)[2024-05-19].http://www.gov.cn/zhengce/2020-04/09/content_ 5500622.htm.

［202］刘迎.全球工业数据空间最新进展及对我国的启示[J].信息通信技术与政策,2020,(06):51-54.